国家科学思想库
决策咨询系列

科技创新与美丽中国：西部生态屏障建设

科技支撑西部水资源综合利用

中国科学院水资源利用专题研究组

科学出版社
北京

内 容 简 介

水资源是西部生态屏障建设的关键要素，高效的水资源供给和有效的水资源保护是西部地区社会经济发展和生态屏障建设的重要保障。

本书通过回顾和总结中国西部生态屏障区域水循环和水资源变化研究成果，指出西部生态屏障区存在水循环稳定性下降、水资源供给保障难度加大，以及跨境河流开发利用与保护矛盾众多等问题，对我国与中亚国家及东南亚国家的外交关系产生了一定影响。因此，深入研究变化环境下西部生态屏障区水资源及其利用变化规律，提出支撑西部生态屏障建设的水资源科技保障举措，具有重要的战略意义。

本书可供我国西部生态环境保护、科技管理和区域发展规划相关部门参考，也可供水文与水资源和生态学相关领域科研人员参考。

图书在版编目（CIP）数据

科技支撑西部水资源综合利用 / 中国科学院水资源利用专题研究组编. 北京：科学出版社，2024.10.（科技创新与美丽中国：西部生态屏障建设）. ISBN 978-7-03-079700-1

Ⅰ．TV213.9

中国国家版本馆 CIP 数据核字第 2024PR5560 号

丛书策划：侯俊琳　朱萍萍
责任编辑：常春娥　宋　丽 / 责任校对：何艳萍
责任印制：师艳茹 / 封面设计：有道文化
内文设计：北京美光设计制版有限公司

科学出版社 出版
北京东黄城根北街16号
邮政编码：100717
http://www.sciencep.com

北京中科印刷有限公司印刷
科学出版社发行　各地新华书店经销

*

2024年10月第 一 版　开本：787×1092　1/16
2024年10月第一次印刷　印张：20 1/4
字数：260 000
定价：198.00元
（如有印装质量问题，我社负责调换）

"科技创新与美丽中国：西部生态屏障建设"战略研究团队

总负责

侯建国

战略总体组

常　进　高鸿钧　姚檀栋　潘教峰　王笃金　安芷生
崔　鹏　方精云　于贵瑞　傅伯杰　王会军　魏辅文
江桂斌　夏　军　肖文交

水资源利用专题研究组

组　长　夏　军　陈　曦
顾　问　刘昌明　陆大道　张楚汉
成　员　（按姓氏拼音排序）
　　　　　包安明　中国科学院新疆生态与地理研究所
　　　　　陈　杰　武汉大学
　　　　　陈　曦　中国科学院新疆生态与地理研究所
　　　　　陈仁升　中国科学院西北生态环境资源研究院

陈亚宁	中国科学院新疆生态与地理研究所
邓　伟	中国科学院成都山地灾害与环境研究所
杜　鹏	中国科学院科技战略咨询研究院
冯　起	中国科学院西北生态环境资源研究院
郭　雯	中国科学院科技战略咨询研究院
胡铁松	武汉大学
黄河清	中国科学院地理科学与资源研究所
黄天明	中国科学院地质与地球物理研究所
贾根锁	中国科学院大气物理研究所
贾绍凤	中国科学院地理科学与资源研究所
康绍忠	中国农业大学
李　新	中国科学院青藏高原研究所
李小雁	北京师范大学
刘宝元	北京师范大学
刘俊国	南方科技大学
卢宏玮	中国科学院地理科学与资源研究所
吕爱锋	中国科学院地理科学与资源研究所
马金珠	兰州大学
倪晋仁	北京大学
庞忠和	中国科学院地质与地球物理研究所

彭建兵	长安大学
邵明安	中国科学院地理科学与资源研究所
司建华	中国科学院西北生态环境资源研究院
宋进喜	西北大学
孙向阳	四川大学
汤秋鸿	中国科学院地理科学与资源研究所
王　磊	中国科学院青藏高原研究所
王　平	中国科学院地理科学与资源研究所
王安志	中国科学院沈阳应用生态研究所
王根绪	四川大学
王宁练	西北大学
王焰新	中国地质大学（武汉）
王忠静	清华大学
夏　军	武汉大学
杨大文	清华大学
于静洁	中国科学院地理科学与资源研究所
余钟波	河海大学
赵文智	中国科学院西北生态环境资源研究院
左其亭	郑州大学

总 序

"生态兴则文明兴,生态衰则文明衰。"党的十八大以来,以习近平同志为核心的党中央把生态文明建设纳入"五位一体"总体布局和"四个全面"战略布局,放在治国理政的重要战略地位。构建生态屏障是推进生态文明建设的重要内容。习近平总书记在全国生态环境保护大会、内蒙古考察、四川考察、新疆考察、青海考察等多个场合,都突出强调生态环境保护的重要性,提出筑牢我国重要生态屏障的指示要求。西部地区生态环境相对脆弱,保护好西部地区生态,建设好西部生态屏障,对于进一步推动西部大开发形成新格局、建设美丽中国及中华民族可持续发展和长治久安具有不可估量的战略意义。科技创新是高质量保护和高质量发展的重要支撑。当前和今后一个时期,提升科技支撑能力、充分发挥科技支撑作用,成为我国生态文明建设和西部生态屏障建设的重中之重。

中国科学院作为中国自然科学最高学术机构、科学技术最高咨询机构、自然科学与高技术综合研究发展中心,服务国家战略需求和经济社会发展，始终围绕现代化建设需要开展科学研究。自建院以来，中国科学院针对我国不同地理单元和突出生态环境问题，在地球与资源生态环境相关科技领域，以及在西部脆弱生态区域，作了前瞻谋划与系统布局，形成了较为完备的学科体系、较为先进的观测平台与网络体系、较为精干的专业人才队伍、较为扎实的研究积累。中国科学院党组深刻认识到，我国西部地区在国家发展全局中具有特殊重要的地位，既是生态屏障，又是战略后方，也是开放前沿。西部生态屏障建设是一项长期性、系统性、战略性的生态工程，涉及生态、环境、科技、经济、社会、安全等多区域、多部门、多维度的复杂而现实的问题，影响广泛而深远，需要把西部地区作为一个整体进行系统研究，从战略和全局上认识其发展演化特点规律，把握其禀赋特征及发展趋势，为贯彻新发展理念、构建新发展格局、推进美丽中国建设提供科学依据。这也是中国科学院对照习近平总书记对中国科学院提出的"四个率先"和"两加快一努力"目标要求，履行国家战略科技力量职责使命，主动作为于2021年6月开始谋划、9月正式启动"科技支撑中国西部生态屏障建设战略研究"重大咨询项目的出发点。

重大咨询项目由中国科学院院长侯建国院士总负责，依托中国科学院科技战略咨询研究院（简称战略咨询院）专业化智库研究团队，坚持系统观念，大力推进研究模式和机制创新，集聚了中国科学院院内外60余家科研机构、高等院校的近

400位院士专家，有组织开展大规模合力攻关，充分利用西部生态环境领域的长期研究积累，从战略和全局上把握西部生态屏障的内涵特征和整体情况，理清科技需求，凝练科技任务，提出系统解决方案。这是一项大规模、系统性的智库问题研究。研究工作持续了三年，主要经过了谋划启动、组织推进、凝练提升、成果释放四个阶段。

在谋划启动阶段（2021年6~9月），顶层设计制定研究方案，组建研究团队，形成"总体组、综合组、区域专题组、领域专题组"总分结合的研究组织结构。总体组在侯建国院长的带领下，由中国科学院分管院领导、学部工作局领导和综合组组长、各专题组组长共同组成，负责项目研究思路确定和研究成果指导。综合组主要由有关专家、战略咨询院专业团队、各专题组联络员共同组成，负责起草项目研究方案、综合集成研究和整体组织协调。各专题组由院士专家牵头，研究骨干涵盖了相关区域和领域研究中的重要方向。在区域维度，依据我国西部生态屏障地理空间格局及《全国重要生态系统保护和修复重大工程总体规划（2021—2035年）》等，以青藏高原、黄土高原、云贵川渝、蒙古高原、北方防沙治沙带、新疆为六个重点区域专题。在领域维度，立足我国西部生态屏障建设及经济、社会、生态协调发展涉及的主要科技领域，以生态系统保护修复、气候变化应对、生物多样性保护、环境污染防治、水资源利用为五个重点领域专题。2021年9月16日，重大咨询项目启动会召开，来自院内外近60家科研机构和高等院校的

220余名院士专家线上、线下参加了会议。

在组织推进阶段（2021年9月～2022年9月），以总体研究牵引专题研究，专题研究各有侧重、共同支撑总体研究，综合组和专题组形成总体及区域、领域专题研究报告初稿。总体研究报告主要聚焦科技支撑中国西部生态屏障建设的战略形势、战略体系、重大任务和政策保障四个方面，开展综合研究。区域专题研究报告聚焦重点生态屏障区，从本区域的生态环境、地理地貌、经济社会发展等自身特点和变化趋势出发，主要研判科技支撑本区域生态屏障建设的需求与任务，侧重影响分析。领域专题研究报告聚焦西部生态屏障建设的重点科技领域，立足全球科技发展前沿态势，重点围绕"领域—方向—问题"的研究脉络开展科学研判，侧重机理分析。在总体及区域、领域专题研究中，围绕"怎么做"，面向国家战略需求，立足区域特点、科技前沿和现有基础，研判提出科技支撑中国西部生态屏障建设的战略性、关键性、基础性三层次重大任务。其间，重大咨询项目多次组织召开进展交流会，围绕总体及区域、领域专题研究报告，以及需要交叉融合研究的关键方面，开展集中研讨。

在凝练提升阶段（2022年10月～2024年1月），持续完善总体及区域、领域专题研究报告，围绕西部生态屏障的内涵特征、整体情况、科技支撑作用等深入研讨，形成决策咨询总体研究报告精简稿。重大咨询项目形成"1+11+N"的研究成果体系，即坚持系统观念，以学术研究为基础，以决策咨询为目标，形成 1 份总体研究报告；围绕 6 个区域、5 个领域专题研究，形成 11 份专题研究报告，作为总体研究报告的附件，既分别自成体系，又系统支撑总体研究；面向服务决策咨询，形成 N 份专报或政策建议。2023 年 9 月，中国科学院和国务院研究室共同商议后，确定以"科技支撑中国西部生态屏障建设"作为中国科学院与国务院研究室共同举办的第九期"科学家月谈会"主题。之后，综合组多次组织各专题组召开研讨会，重点围绕总体研究报告要点，西部生态屏障的内涵特征和整体情况，战略性、关键性、基础性三层次重大科技任务等深入研讨，为凝练提升总体研究报告和系列专报、筹备召开"科学家月谈会"释放研究成果做准备。

在成果释放阶段（2024 年 2~4 月），筹备组织召开"科学家月谈会"，会前议稿、会上发言、会后汇稿相结合，系统凝练关于科技支撑西部生态屏障建设的重要认识、重要判断和重要建议，形成有价值的决策咨询建议。综合组及各专题组多轮研讨沟通，确定会上系列发言主题和具体内容。2024 年 4 月 8 日，综合组组织召开"科技支撑中国西部生态屏障建设"议稿会，各专题组代表参会，邀请有关政策专家到会指导，共同讨论凝练核心观点和亮点。4 月 16 日上午，第九期"科学家月谈会"召开，侯建国院长和国务院研究室黄守宏主任共同主持，12 位院士专家参加座谈，国务院研究室 15 位同志参会。会议结束后，侯建国院长部署和领导综合组集中研究，系统凝练关于科技支撑西部生态屏障建设的重要认识、

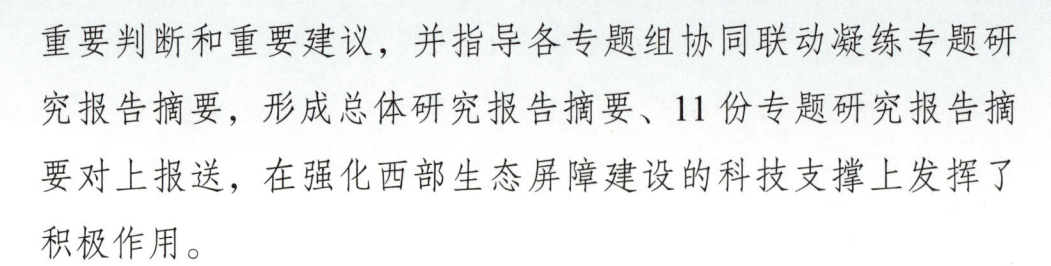

重要判断和重要建议,并指导各专题组协同联动凝练专题研究报告摘要,形成总体研究报告摘要、11份专题研究报告摘要对上报送,在强化西部生态屏障建设的科技支撑上发挥了积极作用。

经过三年的系统性组织和研究,中国科学院重大咨询项目"科技支撑中国西部生态屏障建设战略研究"完成了总体研究和6个重点区域、5个重点领域专题研究,形成了一系列对上报送成果,服务国家宏观决策。时任国务院研究室主任黄守宏表示,"科技支撑中国西部生态屏障建设战略研究"系列成果为国家制定相关政策和发展战略提供了重要依据,并指出这一重大咨询项目研究的组织模式,是新时期按照新型举国体制要求,围绕一个重大问题,科学统筹优势研究力量,组织大兵团作战,集体攻关、合力攻关,是新型举国体制一个重要的也很成功的探索,具有体制模式的创新意义。

在研究实践中,重大咨询项目建立了问题导向、证据导向、科学导向下的"专家+方法+平台"综合性智库问题研究模式,充分发挥出中国科学院体系化建制化优势和高水平科技智库作用,有效解决了以往相关研究比较分散、单一和碎片化的局限,以及全局性战略性不足、系统解决方案缺失的问题。一是发挥专业研究作用。战略咨询院研究团队负责形成重大咨询项目研究方案,明确总体研究思路和主要研究内容等。之后,进一步负责形成了总体及区域、领域专题研究报告提纲要点,承担总体研究报告撰写工作。二是发挥综合集成作用。战略咨询院研究团队承担了融合区域问题和领域问题的综合集成深入研究工作，在研究过程中紧扣重要问题的阶段性研究进展，遴选和组织专家开展集中式研讨研判，鼓励思想碰撞和相互启发，通过反复螺旋式推进、循证迭代不断凝聚专家共识，形成重要认识和判断。同时，注重吸收青藏高原综合科学考察、新疆综合科学考察、全国生态系统调查评估、全国矿产资源国情调查等最新成果。三是强化与政策研究和主管部门的对接。依托中国科学院与国务院研究室共同组建的中国创新战略和政策研究中心，与国务院研究室围绕重要问题和关键方面，开展了多次研讨交流和综合研判。重视与国家发展和改革委员会、科技部、自然资源部、生态环境部、水利部等主管部门保持密切沟通，推动有关研究成果有效转化为相关领域政策举措。

"科技支撑中国西部生态屏障建设战略研究"重大咨询项目的高质高效完成，是中国科学院充分发挥建制化优势开展重大智库问题研究的集中体现，是近400位院士专家合力攻关的重要成果。据不完全统计，自2021年6月重大咨询项目开始谋划以来，项目组内部已召开了200余场研讨会。其间，遵循新冠疫情防控要求，很多研讨会都是通过线上或"线上+线下"方式开展的。在此，向参与研究和咨询的所有专家表示衷心的感谢。

重大咨询项目组将基础研究成果，汇聚形成了这套"科技创新与美丽中国：西部生态屏障建设"系列丛书，包括总体研究报告和专题研究报告。总体研究报告是对科技支撑中国西部生态屏障建设的战略思考,包括总论、重点区域、重点领域三个部分。总论部分主要论述西部生态屏障的内涵特征、整体情况,以及科技支撑西部生态屏障建设的战略体系、重大任务和政策保障。重点区域、重点领域部分既支撑总论部分,也与各专题研究报告衔接。专题研究报告分别围绕重点生态屏障区建设、西部地区生态屏障重点领域,论述发挥科技支撑作用的重点方向、重点举措等,将分别陆续出版。具体包括:科技支撑青藏高原生态屏障区建设,科技支撑黄土高原生态屏障区建设,科技支撑云贵川渝生态屏障区建设,科技支撑新疆生态屏障区建设,科技支撑西部生态系统保护修复,科技支撑西部气候变化应对,科技支撑西部生物多样性保护,科技支撑西部环境污染防治,科技支撑西部水资源综合利用。

西部生态屏障建设涉及的大气、水、生态、土地、能源等要素和人类活动都处在持续发展演化之中。这次战略研究涉及区域、领域专题较多,加之认识和判断本身的局限性等,系列报告还存在不足之处,欢迎国内外各方面专家、学者不吝赐教。

科技支撑西部生态屏障建设战略研究、政策研究需要随着形势和环境的变化,需要随着西部生态屏障建设工作的深入开展而持续深入进行,以把握新情况、评估新进展、发现新问题、提出新建议,切实发挥好科技的基础性、支撑性作用,因此,这是一项长期的战略研究任务。系列丛书的出版也是进一步深化战略研究的起点。中国科学院将利用好重大咨询项目研究模式和专业化研究队伍，持续开展有组织的战略研究，并适时发布研究成果，为国家宏观决策提供科学建议，为科技工作者、高校师生、政府部门管理者等提供参考，也使社会和公众更好地了解科技对西部生态屏障建设的重要支撑作用，共同支持西部生态屏障建设，筑牢美丽中国的西部生态屏障。

总报告起草组
2024 年 7 月

前　言

　　水资源是西部生态屏障建设的关键要素，高效的水资源供给和有效的水资源保护是西部地区社会经济发展和生态屏障建设的重要保障。西部青藏高原地区是中国和周边国家众多大江大河的发源地，例如长江和黄河，因此被称为"亚洲水塔"；同时也是我国"南水北调""西水东引"等跨流域调水工程的水源地和我国重要的水电能源基地。近年来，西部地区生态环境发生重大变化，西北暖湿化、"亚洲水塔"失衡、北方防沙带变化等都是我国西部生态屏障建设面临的重大挑战性问题。为此，中国科学院在2021年部署了"科技支撑中国西部生态屏障建设战略研究"重大咨询项目，并设立了水资源利用专题，以推进水资源利用领域科技支撑西部生态屏障建设。

　　气候变化、人口增长和经济发展加剧了西部水资源供需矛盾，导致水循环异常、跨境河流矛盾尖锐、水资源利用效率低下等问题。已有研究显示，在全球气候变化背景下，西部地区气温升温速率达到全球平均升温速率的2倍，年均气温显著上升，致使近50年来"亚洲水塔"的冰川整体上处于退缩状态，冰川储量减少约20%，面积减少约18%。因此，深入研究变化环境下西部生态屏障区水资源及其利用变化规律，提出支撑西部生态屏障建设的水资源科技保障举措，具有重要的战略意义。水资源利用专题将西部生态屏障区域分为青藏高原、黄土高原、云贵川渝、蒙古高原和北方防沙治沙带五个区，从水资源利用发展态势及总体研判、已取得的成效与存在的问题、战略性任务及促进发展的举措和建议等几个方面，分别在每个区域开展了深入总结和分析工作，并在此基础上形成本书。

本书通过回顾和总结各个生态屏障区域的水循环和水资源变化研究成果，阐述了各个区域的水资源利用总体态势，总结了西部生态屏障区水资源变化的基本情况，指出了青藏高原地区"亚洲水塔"失衡，蒙古高原、黄土高原和西南地区降水呈减少趋势，极端降水和极端干旱事件增多，总体上区域水循环稳定性下降，水资源供给保障难度加大，以及跨境河流开发利用与保护矛盾众多等问题。此外，本书指出了西部水资源利用面临的主要科学问题，包括现有水文与水资源利用监测网络体系和技术无法满足变化环境下水文与水资源的非稳态预测和管理需求，"水–能源–粮食"的传统水资源配置理论与方法无法适应西部生态屏障建设对生态系统安全的需求，并据此提出了尽快开展西部水循环变化和水文与水资源预测与效应的研究，设立我国跨境河流"水–能源–粮食–生态"纽带关系与区域可持续发展国际科学计划，以及构建新的跨境水资源合理分配与利益共享模式等建议。

自重大咨询项目启动以来，水资源利用领域开展了以下专题工作。

2021年9月18日召开了水资源利用领域专题启动会，会上确定了专题顾问组，设置了本专题综合组和5个区域小组，明确了专题工作目标，提出了工作安排建议。

2021年10月23日组织了水资源利用领域专题第二次研讨会，会上细化了专题的研究提纲，明确了跨区域、跨领域的研究问题，听取了各区域小组的工作进展报告和咨询专家意见，确定了下一步工作重点。

2022年1月10日组织了水资源利用领域专题第三次研讨会，听取了各区域小组的工作进展报告，安排了各区域小组的研究报告摘要撰写工作。

2022年2月16日组织了水资源利用领域专题第四次研讨会，审阅了各区域小组提出的科技任务战略主攻方向、重大科技任务和需要解决的关键问题等，部署了专题报告撰写等下一步工作安排。

本书是水资源利用领域专题研究小组集体工作的结晶，专题组顾问刘昌明、陆大道、张楚汉等院士专家提出了宝贵建议。本书主要撰写工作安排如下：第一章总论部分由夏军院士、陈曦研究员和汤秋鸿研究员撰写，第二章青藏高原区域由卢宏玮研究员、王磊研究员等撰写，第三章黄土高原区域由贾绍凤研究员、吕爱锋研究员等撰写，第四章云贵川渝区域由王根绪研究员、孙向阳副研究员等撰写，第五章蒙古高原区域由

于静洁研究员、王平研究员等撰写，第六章北方防沙治沙带由马金珠研究员、黄天明研究员等撰写。本书最后由夏军、陈曦、汤秋鸿等负责统稿。

最后，感谢中国科学院科技战略咨询研究院在专题工作开展、报告撰写及出版过程中提供的便利条件，同时向所有为本书做出贡献和提供帮助的专家和同仁表示衷心的感谢！

夏军、陈曦、汤秋鸿
2024 年 7 月

目　录

i	总序
xi	前言

1　第一章　西部水资源利用科技战略布局和任务

2	第一节　水资源利用领域科技支撑西部生态屏障建设的战略形势
5	第二节　水资源利用领域科技支撑西部生态屏障建设的战略布局
8	第三节　水资源利用领域科技支撑西部生态屏障建设的战略任务
17	第四节　促进水资源利用领域科技发展的战略保障

19　第二章　青藏高原生态屏障区水资源利用领域发展战略

20	第一节　青藏高原水资源基本特征、战略地位及科研态势
40	第二节　水资源领域科技支撑青藏高原生态屏障建设的战略布局
43	第三节　水资源领域科技支撑青藏高原生态屏障建设的战略任务
61	第四节　促进青藏高原水资源利用领域科技发展的举措建议
70	第五节　促进青藏高原水资源利用领域科技发展的战略保障

72　第三章　黄土高原生态屏障区水资源利用领域发展战略

73	第一节　黄土高原区域特色与水和生态问题

85	第二节	黄土高原生态屏障建设涉及的水资源利用科技态势
106	第三节	水资源利用领域支撑黄土高原生态屏障建设的科研布局
122	第四节	水资源利用领域支撑西部生态屏障建设的战略保障

127　第四章　云贵川渝生态屏障区水资源利用领域发展战略

128	第一节	云贵川渝水资源科技支撑西部生态屏障建设的战略形势
139	第二节	云贵川渝水资源科技支撑西部生态屏障建设的战略布局
148	第三节	云贵川渝水资源科技支撑西部生态屏障建设的战略任务
172	第四节	促进云贵川渝地区水资源领域科技发展的战略保障

176　第五章　蒙古高原生态屏障区水资源利用领域发展战略

177	第一节	蒙古高原水资源利用的全球科技发展态势总体研判
191	第二节	蒙古高原水资源利用的成效及存在的问题
212	第三节	蒙古高原水资源利用领域支撑西部生态屏障建设的战略任务
221	第四节	促进蒙古高原水资源利用领域科技发展的举措建议

227　第六章　北方防沙治沙带生态屏障区水资源利用领域发展战略

228	第一节	北方防沙治沙带水资源利用领域科技支撑西部生态屏障建设的战略形势
246	第二节	水资源利用领域科技支撑西部生态屏障建设的战略布局
248	第三节	水资源利用领域科技支撑西部生态屏障建设的战略任务
258	第四节	促进水资源利用领域科技发展的战略保障

271　**参考文献**

第一章

西部水资源利用科技战略布局和任务

第一节　水资源利用领域科技支撑西部生态屏障建设的战略形势

一、水资源利用领域全球科技发展态势的总体研判

随着地球演化进入人类主导的新地质时代——"人类世",在气候变化、土地利用/覆盖变化、水资源开发等因素的影响下,陆地水循环正在发生快速变化,水文过程呈现出非稳态特征,这些给水资源可持续利用带来巨大挑战。针对上述问题,当前全球水资源利用领域科技前沿正从地球系统的整体视角,研究全球变化对水资源系统的影响,探索变化环境下水资源可持续利用与应对全球变化的长效解决方案,提出区域水安全保障策略。在 Web of Science 中检索 2000~2021 年国际学术期刊发表的水资源利用领域相关文献并进行计量分析后发现,水文模型(model)和模拟(simulation)技术、气候变化(climate change)及其影响(impact)、水资源(water resource)、水资源管理(water management)等是水资源利用领域研究长盛不衰的重要关键词(图 1-1),反映了全球水资源利用研究的总体状况和趋势。从时序上看,2000~2021 年水资源利用领域对政策、水资源短缺、粮食安全、人类活动、生态系统以及多学科交叉研究的关注日益增加,推动了社会水文学和地球系统模型的发展。研究关注的科学问题主要可以归纳为以下几个方面:①气候变化和人类活动对水循环的影响;②水–生态–社会经济互馈关系和耦合机制;③"水–能源–粮食–生态"协同与可持续发展;④水资源高效利用与节水;⑤跨境河流水安全;⑥冰冻圈水循环;⑦空–天–地一体化水文监测。

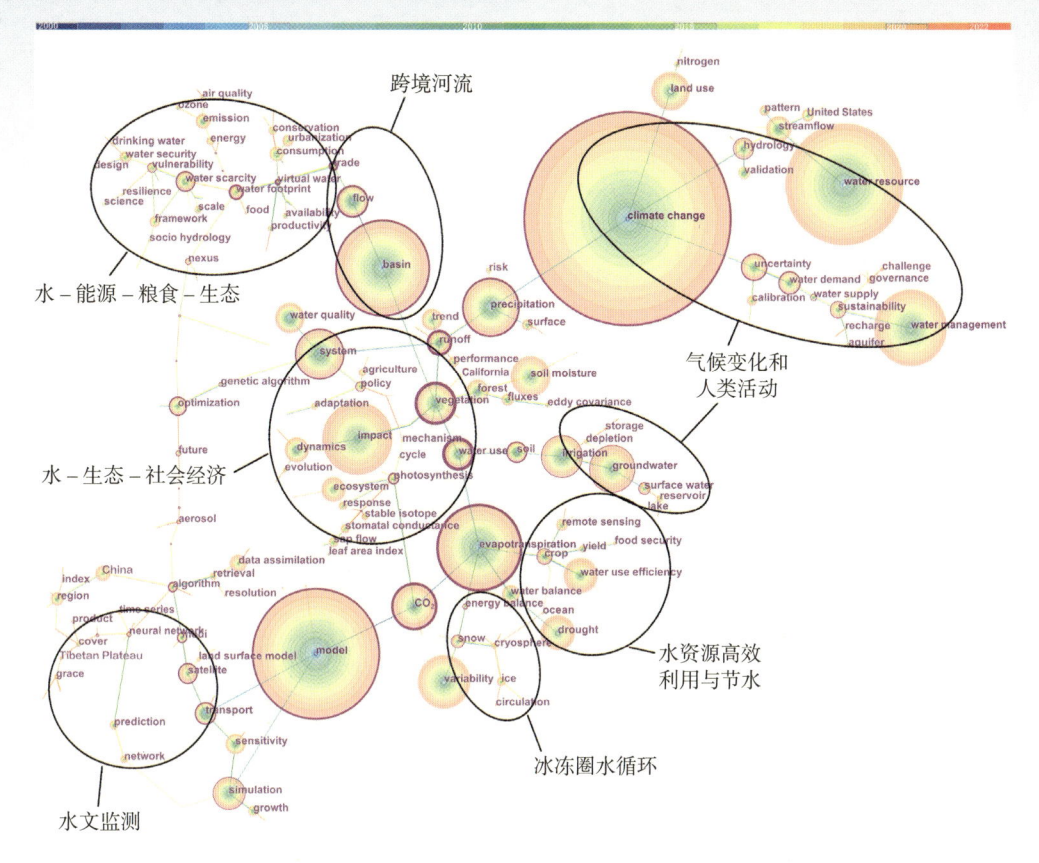

图 1-1　2000～2021 年 Web of Science 国际学术期刊水资源利用领域文献关键词共现图

由于气候变化和人类活动的影响，我国西部各个生态屏障区域的水资源在过去几十年中都发生了不同程度的变化，总体上呈现出固态水储量减少、液态水储量增加的趋势，各个区域的水资源利用研究热点有差异。青藏高原生态屏障区主要存在冰川退缩、积雪减少、冻土活动层加深或退缩、湖泊扩张、河川径流增大、草场退化等问题，"亚洲水塔"的保护和跨境河流水安全是该区域水资源研究热点；黄土高原生态屏障区的植被恢复加剧了部分区域的水资源短缺，促进了水-沙-生态的耦合作用等交叉学科研究；云贵川渝生态屏障区的水能资源丰富，同时也是生物多样性热点区域，大型水利工程的生态环境效应及跨境河流水安全问题是该区域的主要研究热点；蒙古高原地区的城镇化和采矿等经济活动迅速发展，水资源短缺，水质污染严重，地下水超采现象普遍，该区域的研究重点关注水资源高效利用和节水技术；地表水–地下水联合调控、水资源高效利用和生态用水保障是北方防沙治沙带水资源利用研究关注的热点。

二、水资源利用领域科技支撑西部生态屏障建设的成效与问题

针对西部各个生态屏障区的水资源研究，相关部门先后部署了多个专项和常规研究项目，并取得了丰富的研究成果，补充和完善了区域水资源要素观测网络，加深了对区域水系统和水资源变化的科学认识，部分区域水环境污染防治成效显著，水资源利用效率大幅提升，为西部生态屏障建设奠定了良好基础。目前存在的主要问题包括以下几点：对水–生态–社会经济的相互作用和耦合机制尚不清晰，在地表水–土壤水–地下水–水沙等演变及联合调控方面研究不足；在生态水文学方面研究不够深入和充分，对宏观规律和微观机理的认识仍然有限，对宏观尺度上水与植被建构的格局关系和差异性尚不清楚，对水生态和水环境关注不够；跨境河流水资源保护与利用研究相对滞后，监测预报中高新技术利用不够，监测网络还不完善，缺少从事相关研究的青年骨干人才等。

三、水资源利用领域科技支撑西部生态屏障建设的新使命和新要求

联合国 2021 年《世界水发展报告》和《2030 年可持续发展议程》中明确指出，正确认识水资源价值、提高水资源利用效率对保障生态脆弱区和贫困区域的水资源安全、实现可持续发展目标具有重要性。在我国新时代生态文明建设背景下，"山水林田湖草沙冰"统筹治理和"节

水优先、空间均衡、系统治理、两手发力"的治水思路是水资源利用支撑西部生态屏障建设的新使命和新要求。为支撑西部生态屏障建设，实现绿色高质量发展目标，亟须加深对水–生态–社会经济的相互作用和耦合机制的认识，优化区域和流域水资源利用与生态保护调控措施。中国科学院需要在已有成果的基础上，面向水资源利用领域科技支撑西部生态屏障建设重大需求，加强相关科研任务布局和人才培养，加快推进水系统综合科学观测网络平台建设，加大对水–生态–社会经济的综合研究，构建人水和谐的生态系统，为水安全保障与水生态文明建设提供支撑。

第二节　水资源利用领域科技支撑西部生态屏障建设的战略布局

一、总体思路

按照"节水优先、空间均衡、系统治理、两手发力"的治水思路，紧密围绕国家西部生态屏障建设重大需求和水文与水资源国际科技发展前沿，以"山水林田湖草沙冰"一体化治理理念为指导，统筹推进生态保护修复、水资源节约与优化配置、水灾害防治、水环境治理的科技创新，全面提升西部水资源利用、保护和管理能力，突破数字化、网络化和智能化等一批现代水文与水资源关键技术，建设空–天–地一体化监测预警平台和精准化决策模拟器，培育西部水文与水资源人才高地，构建西部水生态和水安全保障体系，引领国际生态脆弱区水资源研究领域创新发展。

二、体系布局

汇聚中国科学院内外科技力量，以国家、中国科学院及地方项目为依托，针对西部生态屏障建设组织和协调重大科技任务部署，搭建跨区域跨学科的科技协作平台，整合已有的野外观测与监测站点，统一观测标准和规范，形成以水资源及其利用要素为核心的大型观测网络和研究平台支持系统，从战略性、关键性和基础性三个层次分期部署多层次科技任务（图1-2），促进西部生态屏障建设研究。

```
                    战略性科技方向
                        西部
                      生态屏障区
                    水－生态－社会经济
                    相互作用和耦合机制

              关键性科技方向
          气候变化与人类活动对西部
          水循环的影响机制、水－能源－
          粮食－生态协同与可持续发展、水
          资源高效利用与节水技术、跨境流域
          水安全问题、冰冻圈水文过程研究

        基础性科技方向
    变化环境下水文与水资源监测新技术和新方法、
    流域/区域水综合模拟重大科学装置建设、区域
    水资源承载力与水安全要素基础性调查、跨境河流
    水资源利用综合科学考察、西部水文与水资源人才基地建设
```

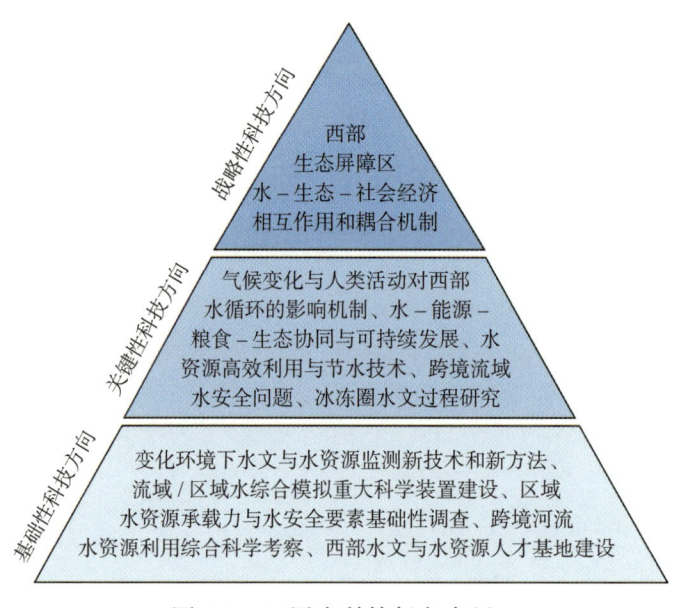

图 1-2　三层次科技任务布局

（1）战略性科技方向。围绕水生态文明建设、区域水安全保障等国家重大战略性和全局性需求，瞄准世界科技前沿和未来学科发展方向，亟待布局西部生态屏障区水－生态－社会经济相互作用和耦合机制的战略性综合科技研究。

（2）关键性科技方向。瞄准水资源及其利用领域科技布局中的关键点与核心技术，亟待布局以下关键性科技重点研究方向：①变化环境下

气候变化与人类活动对西部水循环的影响机制；②水-能源-粮食-生态协同与可持续发展；③水资源高效利用与节水技术；④跨境流域水安全问题；⑤冰冻圈水文过程研究等。

（3）基础性科技方向。瞄准水资源及其利用领域的基础研究和水文与水资源发展能力建设，解决本领域基础条件不足的问题，亟待布局以下基础性科技重点研究方向：①变化环境下水文与水资源监测新技术和新方法；②流域/区域水综合模拟重大科学装置建设；③区域水资源承载力与水安全要素基础性调查；④跨境河流水资源利用综合科学考察；⑤西部水文与水资源人才基地建设等。

三、阶段目标

（一）近期（2025年）

战略性科技方向：水-生态-社会经济相互作用的交叉学科基础理论研究。

关键性科技方向：突破水资源高效利用与节水技术、水-能源-粮食-生态互馈关系及水资源绿色调控技术、河-库系统生态环境累积效应监测及健康维持技术、水库群联合调度技术、国家水网智能化协同管理技术。

基础性科技方向：初步构建西部水文与水资源监测网络和流域模拟器科学装置体系，开展水安全要素基础性调查和跨境河流综合科学考察，推进西部水文与水资源人才基地建设，完成水文与水资源模型软件基础研发和建设。

（二）中期（2035年）

战略性科技方向：建立水-生态-社会经济相互耦合的理论方法体系。

关键性科技方向：在中国西部水循环、水－生态－社会经济协同、冰冻圈水文与水资源理论和方法上进行原始创新。

基础性科技方向：完成西部水文与水资源监测网络和西部典型流域/区域综合模拟重大科学装置建设，以及西部水文与水资源人才基地建设。

(三) 远期（2050年）

战略性科技方向：建成"山水林田湖草沙冰"统筹治理科学体系。

关键性科技方向：引领国际水资源可持续利用研究发展，创建流域/区域多尺度水资源绿色调控关键技术体系。

基础性科技方向：实现西部生态屏障区水资源可持续利用的统一监测与管理。

第三节 水资源利用领域科技支撑西部生态屏障建设的战略任务

一、三层次科技任务

水资源利用领域科技支撑西部生态屏障建设的战略任务是查清变化环境下西部水资源及其利用变化规律，构建支撑西部绿色高质量发展的水资源战略和科技体系。三层次问题在各个区域具体表述如下。

(一) 战略性科技任务

1. "泛第三极"水循环变化及其水资源效应

在全球变暖背景下，属于"泛第三极"地区的青藏高原地区水文与水资源情况发生了很大变化，整体呈现"固态水储量减少，液态水储量增加"的失衡特征。青藏高原冰川储量近50年来减少约20%，积雪覆盖日数和雪深在1980~2018年呈明显下降趋势，湖泊面积显著扩张，冻土活动层增厚，地温升高，冻土区土壤含水量显著增加。这些变化将对我国西部生态屏障建设、社会经济发展和"一带一路"倡议的推行产生重要影响。因此，开展气候变化背景下"泛第三极"水循环和水资源演变及其影响研究十分必要和迫切。按照不同的功能定位和需求设计研究任务，重点开展"泛第三极"冰冻圈水文生态过程与响应机制、高原寒区水文循环与生态过程耦合机理、多尺度多过程水文与水资源模拟与预测、水资源演变趋势及影响、高原寒区水源涵养与生态环境保护等方面研究。

2. 水–能源–粮食–生态协同与可持续发展

水资源、粮食和能源是实现区域可持续发展的关键资源。生态系统是自然资源的重要组成部分，生态系统服务是水–能源–粮食–生态发展的重要支撑。西部不仅是我国传统能源的富集区，也是新能源的富集区，同时还是承接高耗能产业转移的地区。西北地区还是我国潜在可开垦耕地的集中地。在日益加剧的人类活动影响下，水–能源–粮食需求的大幅提升加剧了生态系统的脆弱性，降低了自然环境的自我调节和修复能力，增加了环境压力，由此产生了资源管理的环境外部性，反过来影响了水、粮食和能源安全。变化环境下如何科学权衡水–能源–粮食–生态纽带间的互馈关系，探索基于水资源节约、高效利用的协调发展路径，并制定流域应对环境变化的适应性管理机制与政策，是西部生态屏障建设亟待解决的关键问题之一。水–能源–粮食–生态纽带关系与可持续发展密切相关，亟待重点开展水资源多目标间的交互影响与耦合机制、梯级水电开发对纽带关系的影响、流域"水–能源–粮食–生态"关联纽带模型、多目标需求下的流域水–沙–环境系统适应性管理、水资源利用安全调控及阈值界定理论方法等方面研究。

（二）关键性科技任务

1."山水林田湖草沙冰"流域水文与水资源统筹与权衡

山、水、林、田、湖、草、沙、冰等要素组成的有机统一体是社会发展的环境和物质基础，对地球系统的生态安全有着直接影响，水循环则是串联这些要素的核心。当前对于单一要素的科学研究已有大量成果，然而对于各要素间的互馈影响机理尚缺乏深入认识，难以实现高精度的综合系统模拟与决策支持。由于特殊的自然地理条件，西部生态屏障区各类自然资源要素共存，是进行"山水林田湖草沙冰"系统耦合机理研究和综合治理的天然实验场。因此，揭示气候变化背景下西部地区"山水林田湖草沙冰"系统各要素的关联机制，并以水资源承载力为约束条件，提出整体性、一体化的生态保护和修复方案，对于我国整个西部生态安全屏障建设具有重要意义。因此，建议重点布局水文与水资源对生态系统各要素的影响机制、"山水林田湖草沙冰"一体化生态修复的水文与水资源效应、"山水林田湖草沙冰"水系统过程模拟、"山水林田湖草沙冰"水系统对管理措施的响应及其演变机制、"山水林田湖草沙冰"水系统综合治理的理论方法和技术体系等方面的研究任务。

2.跨境流域水资源可持续利用

跨境河流往往是水资源冲突事件的焦点。澜沧江—湄公河、怒江—萨尔温江、雅鲁藏布江—布拉马普特拉河、恒河、森格藏布（狮泉河）—印度河、额尔齐斯河、伊犁河等亚洲大陆的主要国际大河都发源于我国西部生态屏障区，特殊的区位使得我国成为亚洲乃至全球最重要的上游水道国之一，也因此面临复杂的跨境水资源分配和开发利用问题。跨境河流贯穿了"一带一路"建设的大部分重点区域，区域水安全和水资源的科学分配对绿色"一带一路"建设具有重要的现实意义。在全球性水资源短缺和跨境水资源冲突问题日益突出的背景下，跨境流域水资源的合理分配利用与复杂的地缘政治、区域经济交互影响，日益受到国际社会的普遍关注。建议重点在跨境河流上下游水文过程的关联机制、跨境河流全流域水循环过程综合集成模型、跨境流域水资源系统恢复力和风险评估、全球变化背景下跨境河流水资源精准评估与配置技术、跨境河流水安全保障机制与应对措施等方面部署研究任务。

3. 地表水－地下水－生态系统互馈机制与安全保障技术

西部生态屏障区域地貌类型丰富，地形和生态系统多样，地表水和地下水相互作用的规律复杂，对生态系统的演变有重要影响。深入理解地表水－地下水－生态系统互馈机制，对认识西部生态屏障区域水循环演变，制定水资源高效利用方案，以及保障水资源和生态安全具有重大战略意义。目前有关西部生态屏障区地表水－地下水－生态系统耦合作用和水生态健康保障技术等方面的研究还很少见。因此，亟须瞄准国际水科学研究前沿，聚焦国家重大战略，重点解决下述关键性科技任务：揭示地表水－地下水－生态系统互馈过程与机制，完善区域性水库群调控和生态流量保障技术，建立地表水－地下水－生态系统耦合模型，研发水生态安全阈值与保护技术，保障生态安全的地表水－地下水联合调控。

4. 西部生态屏障区水－生态－社会经济相互协调发展问题

西部生态屏障区域大部分属于生态脆弱区和经济欠发达地区，社会经济发展与生态环境保护之间存在较为突出的矛盾。近几十年来，一方面，区域内的气候、植被覆盖、水循环和水资源发生了显著变化，降水量呈微弱上升趋势，但区域间差异显著，气候整体趋向"暖干化"，仅局部地区呈现"暖湿化"态势；另一方面，人类活动和社会经济发展，尤其是农业用水大量挤占生态用水，导致西北内陆河下游断流、部分区域生态景观退变，制约了当地社会经济进一步发展。西部相当部分地区（如蒙古高原、黄土高原）可利用水资源匮乏，呈现出降水分配不均、季节性缺水严重，水土流失严重、林草植被恢复难度大，以及水分垂直梯度差异明显等特点。由高山冰雪－山地涵养林－戈壁绿洲－河流尾闾湖泊所构成的西部生态屏障区域典型生态系统的平衡状态已遭到不同程度的破坏。评估不同气候条件下水资源演变、生态系统变化和社会经济发展需水量，确定水资源对维持生态系统和社会经济发展的承载能力，是水－生态－社会经济协调发展战略科学问题的核心。因此，应深入了解西部生态屏障区域气候、生态系统变化、水资源时空演变特征和机理，重点明确气候变化和人类活动对生态水文和水资源的影响，揭示人类活动和社会经济不同发展模式下生态景观和水文过程的相互影响机制，发展水－生态－社会经济耦合模型，提出水－生态－社会经济协同管理与调控理论和技术。

5. 水资源高效利用与节水技术

受社会经济发展和全球气候变化的影响，水资源安全已经成为制约我国西部地区可持续发展的瓶颈，高效合理利用水资源成为区域可持续发展和生态文明建设的重要内容。西部地区拥有多条跨境河流，也是我国众多大江大河的发源地，因此该区域同时兼具上下游、国内外的复杂水资源利用问题。西部生态屏障区既有构筑国家生态安全屏障的战略需求，又有谋求经济社会内在发展的实际需要，因此该区域水资源供需存在多样性特点。西部生态屏障区存在水资源利用相对粗放和浪费相对比较严重等问题，其万元国内生产总值用水量和耕地实际灌溉亩均用水量均高于全国平均水平。开展西部生态屏障区水资源高效利用与节水技术研究具有重要的区位战略研究意义，对推动西部地区经济社会可持续发展和生态文明建设有重要作用，对提升我国水资源优化配置和粮食安全体系建设能力有重大现实意义。因此，在贯彻落实"创新、协调、绿色、开放、共享"的新发展理念和"节水优先、空间均衡、系统治理、两手发力"新时期治水思路的基础上，要着力提高水资源利用效率和效益，发挥多学科交叉优势，重点发展灌溉农业节水优化技术，开展跨区域多部门综合节水技术集成研究，发展非常规水资源开发利用方法与技术。

6. 跨流域调水与水资源优化配置

西部生态屏障区的水资源、自然环境、生态系统等具有强烈的区域分异特征，水资源分布与经济社会发展、生态建设布局不协调，生态环境较为脆弱。西部内陆河流域水资源总量不足，加之结构性、水质性、季节性缺水交织，流域水资源配置不够科学合理，使得水资源问题尤为突出。在气候变化与强人类活动的影响下，开展跨流域调水及其优化配置特别是"南水北调"西线工程和水资源配置研究十分必要和迫切。跨流域调水可以为生态脆弱地区提供水资源，可以有效遏制土地沙漠化，恢复并建立新的生态系统，大大提高这一地区的环境容量及承载力，极大地改善西部地区的生态环境。按照"生态优先、生态保护"的理念，结合西部生态屏障建设的新形势和新战略，重点布局变化环境下供水区与受水区的水资源供需平衡、跨流域调水的生态环境效应、跨流域调水的优化配置，以及跨流域调蓄洪水协同生态建设优化配置等方面研究任务。

（三）基础性科技任务

1. 极端环境下空-天-地一体化水文立体观测站网布置优化及智能化

水资源与生态监测是生态建设的基础。在全球气候变化和人类活动的作用下，西部生态脆弱区面临的生态风险压力不断增加。水资源与生态系统监测、自然和人为作用下生态系统结构与功能的变化过程模拟和预测，是当前面临的基础科技问题，特别是西部脆弱生态区空-天-地一体化观测站网的布置优化和智能化亟待加强。西部陆面过程复杂，观测难度大，观测平台数量有限，各类站点的分布密度均低于东部地区和全国平均水平。稀疏的观测平台难以支撑西部地区复杂的生态水文过程

13

研究。如何实现多元传感器在不同搭载平台上（卫星、雷达、无人机、水文监测站等）的数据快速传输、处理及数据同化与信息融合，解决水资源监测应用时设备延时和移动性的问题，仍需进一步的深入研究。此外，随着水资源、生态系统监测新技术和新方法的不断涌现，如何实现区域空－天－地一体化实时监测是一个亟待解决的问题。建议利用空－天－地一体化观测技术对观测站网进行升级创新和布置优化，构建智能化的空－天－地一体化观测体系，重点布局极端环境下缺资料地区空－天－地一体化水文观测站网优化方案、空－天－地一体化水文智能化观测站网优化布置和建设、空－天－地一体化水文大数据智能化管理与共享等方面的研究任务，为构建西部水资源与生态安全监测预警决策平台奠定基础。

2. 重大水灾害与水环境综合监测与预警问题

在全球变暖背景下，西部地区极端气候事件的增加与冰川的快速消融给区域及周边地区带来潜在危害，可能造成滑坡、泥石流、冰湖溃决、山洪、雪灾、干旱和冻胀融沉等自然灾害，对生态系统、人员生命和区域可持续发展造成威胁，特别是在喜马拉雅山脉、兴都库什山脉和喀喇昆仑山脉等地区。随着人类活动的影响日益强烈，西部河流水环境污染也较为严重。因此，亟须开展西部地区重大水灾害形成机理、水灾害与水环境监测和预警方法研究，以最大限度地规避水旱灾害影响、改善水环境质量。由于精准调查及观测数据的匮乏，对不同种类的水旱灾害机理的定量认知十分困难，针对西部特殊地理环境条件的灾害预警、防范与减灾技术研发不足，水环境观测缺乏，难以支撑区域水旱灾害与水环境监测和预警。建议重点布局水灾害和水环境风险专项调查与评估、重大水灾害和水环境综合监测系统、重大水灾害和水环境隐患识别和预警等方面的研究任务，形成重大水灾害和水环境"监测—预警—响应"技术体系及方案。

3. 变化环境下生态脆弱区水文与水资源模拟与预估

西部生态屏障区由于水资源要素监测网络不够完善、地下水资源调查不足等原因，水文与水资源模拟技术的发展相对缓慢，矿区水污染和干旱区水生态等问题未受到足够关注。在全球变暖背景下，极端气候水文事件频繁发生，泥石流、崩塌、滑坡、冰湖溃决、山洪、雪灾、干旱和冻胀融沉等水灾害呈现多发趋势，严重威胁西部地区水资源、生态环境和人民生命安全。因此，发展变化环境下西部生态脆弱区水文与水资源模拟和预估技术对于区域水资源高效利用、精细化管理、可持续利用以及防灾减灾都具有重要意义。构建适合该区的基于特殊山盆结构的分布式水文与水资源模型，探讨水资源时空分布特点及对经济社会系统和生态系统可能造成的重大影响，成为西北干旱区水文循环研究的关键。建议重点布局变化环境下生态脆弱区水文过程和生态系统演变的相互影响机制、变化环境下水文过程可预报性和不确定性分析、基于多源数据和人工智能的生态脆弱区水文模拟技术、变化环境下水文与水资源模拟与预报平台等方面的研究任务，为生态脆弱区短期、中期和长期水文模拟和预报提供支持。

4. "山水林田湖草沙冰"系统水与生态综合模拟及决策支持平台建设

"山水林田湖草沙冰"这一理念科学地界定了人与自然及生态系统要素之间的内生关系，蕴含着丰富的生态哲学思想，为人类认识自然界和协调人与自然的关系提供了重要的理论依据，是对人地关系的一种生动阐述。应科学认识山、水、林、田、湖、草、沙、冰等生态资源之间存在的物质、能量流动与交换，改变过去对单一要素进行生态修复的割裂格局，实现对生态系统的整体保护、系统修复和综合治理。结合已有的生态修复工程，全面总结值得借鉴和推广的经验、存在的问题和改进方向，"山水林田湖草沙冰"系统水与生态综合模拟对于西部生态屏障建设和进一步巩固生态修复工程的成效具有重要意义。生态屏障建设是一项复杂的系统工程，涵盖了自然、社会、经济、文化等众多要素；构建水与生态综合模拟及决策支持平台，统筹兼顾"山水林田湖草沙冰"，深入分析水资源生态修复工程在修复模式、修复技术、修复制度等方面的作用，以此促进不同区域的生态屏障建设合理有序展开。建议重点布局流域/区域综合模拟重大科学装置建设、"山水林田湖草沙冰"系统水与生态综合模拟及决策支持平台等方面的研究任务，加强"山水林田湖草沙冰"系统水与生态人才队伍建设。

二、组织实施

根据国家部委和中国科学院已有的科技任务部署成效与当前部署情况，依托相关研究成果与已建成的观测研究网络，针对三层次科技任务进行多层次任务布局，围绕不同阶段的目标以递进模式推广"揭榜挂帅"机制并开展科研攻关；推动中国科学院各个研究所与高校和相关地方单位开展合作，共同承担国家、中国科学院与地方重要科研项目，建立常态化合作机制，为相关科技任务的实施提供地方配套条件和支撑。

针对战略性科技任务，由中国科学院科技战略咨询研究院和学部牵头，联合全国相关部门组织布局长期重大科技计划，对目标进行分解，在全国范围内跨机构、跨部门、跨领域组织科研团队，依托在水资源领域具有核心竞争力的高校或研究机构建立协同研究中心，充分发挥学科交叉和人才优势，开展协同集中攻关，确保产出关键性、引领性、系统性的重大科研成果。

针对关键性科技任务，在上述长期重大科技计划框架下，由中国科学院设立专项，组织相关研究所，着力解决水资源领域支撑西部生态屏障建设的关键性科学问题，针对各个区域提出系统解决方案。

针对基础性科技任务，在中国科学院和国家其他部委部署的重大科技任务基础上，发挥中国科学院和水利部等网络平台建设基础和积累优势，积极与各个生态屏障区相关地方部门开展合作，利用中央和地方配套科研资源，组织布局重大研究网络和平台建设任务。

第四节 促进水资源利用领域科技发展的战略保障

一、体制机制保障

成立水资源利用支撑西部生态屏障建设领导小组，统筹各方力量，自上而下与自下而上相结合，完善生态屏障建设"中央—地方—科研机构"联动协作机制；探索多元化生态补偿机制，建立跨地区、跨流域补偿示范区。

二、平台建设保障

完善和优化山区和高寒高海拔地区空–天–地多维水资源要素观测技术和网络，加强水资源和生态环境保护数据库平台建设；推动水资源利用领域国家实验室建设；构建流域/区域综合模拟重大科学装置；通过现有的中华人民共和国科学技术部（简称"科技部"）和国家自然科学基金委员会等平台加大针对西部生态屏障区域的科研经费保障力度。

三、数据协同保障

按照《科学数据管理办法》，制定西部生态屏障建设科学数据汇交标准和共享方案，所有相关的科技任务成果、科技文献、科学数据、生物种质资源等科技资源，都应提交到国家各个科学数据中心或国家生物种质与实验材料资源库，并按照规定开放共享。

四、人才资源保障

加大人才队伍建设经费投入，针对水资源支撑西部生态屏障建设研究领域，培养百人规模的科技人才，包括10%的领军人才、20%的学科带头人和70%的青年骨干。

五、国际合作保障

发挥中国在联合国教科文组织（United Nations Educational, Scientific and Cultural Organization, UNESCO）、国际水资源协会（International Water Resources Association, IWRA）等国际科学组织中的作用，推动西部生态屏障水资源利用相关科技计划项目的开展。

依托已有双边和多边国际合作平台，如"一带一路"国际科学组织联盟（Alliance of National and International Science Organizations for the Belt and Road Regions, ANSO）、澜沧江—湄公河合作机制、国际山地综合开发中心（International Centre for lntegrated Mountain Development, ICIMOD）等，以及科技部、国家自然科学基金委员会和中国科学院与其他国家相关机构之间的合作平台，开展针对西部生态屏障区的水资源国际合作研究项目，积极引进科技人才，输出科技影响力，加强该领域的国际合作研究力量。

第二章

青藏高原生态屏障区水资源利用领域发展战略

第一节 青藏高原水资源基本特征、战略地位及科研态势

一、青藏高原水资源的基本特征

青藏高原被称为世界"第三极",是亚洲多条主要河流的发源地,蕴藏着我国乃至亚洲地区主要的淡水资源,被誉为"亚洲水塔"(姚檀栋等,2019)。该区域也是全球高寒、干旱、高湿等特征共存的特殊环境区,是全球除了南北极高寒地区之外冰雪资源赋存最多的区域,聚集了大量的湖泊、冰川、积雪和冻土,与河流共同成为"亚洲水塔"水资源的重要组成部分。其中湖泊面积约 5×10^4 千米^2;冰川面积约 1×10^5 千米^2;常年积雪面积约 3×10^5 千米^2;多年冻土面积约 1.3×10^6 千米^2(姚檀栋等,2019)。不同组分间保持动态平衡,以维系"亚洲水塔"的水循环过程。青藏高原是我国甚至亚洲地区水资源产生、赋存和运移的战略要地,对"第三极"地区人类的生存和社会稳定及发展都有重要影响(Pritchard,2019)。在西风–季风的相互作用和全球变暖背景下,"亚洲水塔"的河流正在发生剧烈的变化。近半个世纪以来,不同源区的河流径流量发生了不同程度的变化,不同区域呈现出较大差异。

本章中青藏高原水系统包括水圈(河流、湖泊、地下水、土壤水等)和冰冻圈(冰川、积雪、冻土等)等水体多项态转换的不同形式。高原东部长江源区年径流量总体表现为不显著的增加趋势,而黄河源区年径流量则总体呈不显著的减少趋势。北部的黑河、疏勒河以及塔里木河上游出山口年径流量变化均表现为显著的增加趋势。西部的阿姆河、锡尔

河虽同属于咸海流域，但二者的年径流量变化差异明显，锡尔河出山口年径流量呈微弱增加趋势，而阿姆河出山口年径流量则表现出减少趋势。南部河流出山口年径流量整体呈从西向东减少的变化特征，其中森格藏布（狮泉河）—印度河出山口年径流量呈显著增加趋势，恒河和怒江—萨尔温江出山口年径流量呈显著减少趋势，雅鲁藏布江—布拉马普特拉河和澜沧江—湄公河出山口年径流量均未表现出显著变化趋势。降水变化和冰雪消融是引起径流变化的主要原因，但是因地而异。

作为河流源区，"亚洲水塔"为下游河流贡献了相当可观的水资源量。区域内13条河流的出山口在2018年向下游提供了6.56×10^{10}米^{3}的水量（Wang L et al.，2021）。三江源地区平均每年分别向长江（直门达水文站）、黄河（唐乃亥水文站）和澜沧江—湄公河（香达水文站）下游供水 1.26×10^{10}米^3、2×10^{10}米^{3}和4.66×10^9米^3，雅鲁藏布江—布拉马普特拉河中上游径流量（羊村水文站）占流域径流总量（奴下水文站）60%以上（汤秋鸿等，2019a）。"亚洲水塔"区年出境水量约占我国年用水总量的80%，水电蕴藏量为4.5亿千瓦，占全国总量的68%，是我国重要的水能水资源战略储备区。恒河流域承载了印度42%的人口和33%的国内生产总值；森格藏布（狮泉河）—印度河流域承载了巴基斯坦88%的人口和92%的国内生产总值（汤秋鸿等，2019b）。此外，雅鲁藏布江—布拉马普特拉河、澜沧江—湄公河和怒江—萨尔温江均为跨境河流，其水资源量的变化和洪水灾害关系到下游多个国家。"亚洲水塔"对流域下游的水资源安全与经济社会发展具有至关重要的意义。

由于独特的地理和气候特征，"亚洲水塔"地表水循环受到冰冻圈、水圈、大气圈及生物圈之间的相互作用的影响，水分多相态转化频繁（Yang et al.，2014）。冰川、积雪和冻土是冰冻圈的重要组成要素，也是地球系统科学研究中不可或缺的变量。青藏高原是我国现代冰川的主要分布区，在喜马拉雅山、藏东南地区、西昆仑山、喀喇昆仑山及帕米尔高原等地区都有一定数量的冰川（姚檀栋等，2019）。冰川作为一种动态水资源和固态水体，其消融与后退不仅会影响冰川径流的变化，还会影响河流径流及湖泊、湿地等的变化。积雪是固态水体的一种短期存在形式，积雪的季节变化会显著影响地表反照率的变化，进而引起地气能量收支平衡和区域热力差异；在水循环过程中，积雪的积累和消融过程具有水的年内再分配作用，是干旱半干旱地区春季最重要的淡水资源（车涛等，2019）。青藏高原积雪水储量还关系着区域的生活和灌溉用水，影响高原植被的生长。冻土通过独特的水分运移影响着区域水循环过程和水资源储备，青藏高原是全球中低纬度地区多年冻土面积最大的分布区，多年冻土区丰富的地下冰是青藏高原重要的固态水资源，调节着"亚洲水塔"的水资源结构和水量平衡及变化（程国栋等，2019）；冻土活动层的变化引起的地表水分条件的改变是影响冻土区产汇流过程的重要因素，地下冰融化则会导致更多的水分被释放并参与水循环过程，进而影响地表径流和地下水运移（赵林等，2019）。此外，青藏高原是我国最大的湖泊分布区，面积大于 1 千米^2 的湖泊有 1000 多个，湖泊面积约占全国湖泊总面积的一半，并且湖泊主要为内流湖；湖泊是地球表层系统多圈层（冰冻圈、大气圈、水圈、生物圈）相互作用的典型区，其变化可为定量评估区域水循环提供依据（张国庆，2018）。冰川、积雪、冻土和湖泊是青藏高原天然的调蓄水库，具有蓄水和调节河川径流量的生态服务功能（汤秋鸿等，2019b），其变化在区域水循环、地表系统与气候相互作用及水资源空间格局分布等方面均发挥着重要的作用。

近 30 年来，青藏高原的升温幅度是全球平均升温幅度的两倍。由于气候变暖和冰冻圈的敏感性，"亚洲水塔"地表环境发生了显著的变化，整体呈现出失衡特征（姚檀栋等，2019），威胁着生态系统的安全。造成"亚洲水塔"失衡的因素众多，极其复杂。青藏高原受到西风和季风两大环流系统的影响，气候复杂多变，是全球气候变化的敏感区域；季风和西风的共同作用增强了青藏高原的水循环过程，导致降水、冰川、湖泊和径流变化的空间差异进一步加剧，严重影响了"亚洲水塔"对水资源的调节作用。同时，极端天气事件增加，进而导致洪涝灾害、冰湖溃决、泥石流灾害等事件的发生，造成水土资源流失，给下游水环境安全带来威胁。冰川和积雪的融水是"亚洲水塔"河流径流补给的重要水分来源，在气候变暖的影响下，短时间内河流径流量会由于冰雪融水量的增加而增加，但在长时间尺度上会造成冰雪储量的减少，以冰雪融水补给为主的河流的不稳定性加剧。源区河流径流量的变化将顺流向下传播，影响下游地区的供水安全、防洪安全及生态安全。因此，正确认识青藏高原地表水资源和区域气候调控的相互作用，是科学规划下游水资源利用与开发的重要前提，也是预防与应对相应的水灾害的重要指导依据。

二、青藏高原水系统在我国西部生态屏障建设中的战略地位

习近平总书记在给第二次青藏高原综合科学考察研究队的贺信中指出："青藏高原是世界屋脊、亚洲水塔，是地球第三极，是我国重要的生态安全屏障、战略资源储备基地，是中华民族特色文化的重要保护地。开展这次科学考察研究，揭示青藏高原环境变化机理，优化生态安全屏障体系，对推动青藏高原可持续发展、推进国家生态文明建设、促进全球生态环境保护将产生十分重要的影响。"[1] 作为全球最重要的冰雪融水补给区，在季风和西风的共同作用和水循环过程加强的背景下，青藏高原的河流径流变化的空间差异进一步加剧，严重影响了其作为"亚洲水塔"对水资源的调节作用。

随着社会经济的发展和人口的快速增长，青藏高原下游相关各国（如

---

[1] https://www.gov.cn/xinwen/2017-08/19/content_5218974.htm[2024-5-20]。

巴基斯坦等）的用水需求（如农业灌溉等）都在日益增长，尤其是在依赖冰雪融水的内陆河干旱流域。在全球变暖的大背景下，发源于青藏高原的十多条江河的径流呈现出不稳定的变化，不仅表现在径流总量上，也表现在径流的季节分配上，对下游数亿人口的水供给和食品安全造成了很大的负面影响。此外，冰川退缩、冻土退化、湖泊扩张等冰冻圈要素的显著变化深刻影响着该地区河流径流的季节变化和年径流总量及水资源的时空格局，以冰雪融水补给为主的河流的不稳定性加剧，给流域水资源的调控和利用带来新的问题。青藏高原河流径流的变化，是多圈层（大气圈、冰冻圈、水圈和生物圈）相互作用引起的连锁反应，也是气候变暖影响下西风和季风相互作用的变化及其对青藏高原的影响与远程效应。

青藏高原水系统是我国西部生态屏障建设的重要保障。青藏高原河流径流的变化及其影响关系到我国西部的社会经济发展和"一带一路"倡议的推进。开展青藏高原河流水文过程和径流变化及其影响机制的研究，是正确认识青藏高原对地表水资源和区域气候调控作用的科学基础，是科学规划下游水资源的利用与开发的重要前提，也是预防与应对相应水灾害的重要指导依据。

三、青藏高原水资源利用科研态势

青藏高原以其独特的地形和地理位置成为我国重要的生态安全屏障，其主要功能体现在以下方面：①提供了独特且多样的生态系统；②是亚洲许多大江大河的发源地；③草地生态系统具有水土保持作用；④草地和森林生态系统具有碳源/碳汇作用（孙鸿烈等，2012；傅伯杰等，2021）。上述生态安全屏障功能与水资源息息相关。本小节从水循环各分量包括大气环流与陆面过程、降水、冰冻圈、河川径流、湖泊、地下水等角度出发，以及通过各分量之间的联系纽带（大气环流和陆面过程），全面阐述青藏高原水文与水资源的研究现状、前沿及趋势,并简要指出水资源利用态势。

(一)大气环流与陆面过程

西风带和印度季风是形成青藏高原降水的两大主要水汽输送路径与来源(Tang et al.,2016;Yao et al.,2013)。印度夏季风由5月中旬开始由印度次大陆南部向北部推进(钱维宏等,2010),约一个月后推进到青藏高原南部,青藏高原6~9月的雨季随即开始;9月中旬印度夏季风开始撤退,青藏高原雨季结束,南支西风带开始建立;9月下旬到次年5月,青藏高原受西风带控制,降水系统主要是西风带槽脊系统以及南部的孟加拉湾风暴和阿拉伯海风暴,这些系统随西风带进入青藏高原后造成高原冬季降水,其中西风带槽脊系统在冬半年长期存在,而孟加拉湾风暴活跃时期是在5月和10~11月。青藏高原北部以及西北部全年均受偏北西风的影响,寒冷干燥,除了少数山脉的迎风坡,其余地区全年降水稀少。

青藏高原土壤含水量各季节空间的相对分布规律相似,整体自东南向西北逐渐降低,与降水的空间分布基本一致,在柴达木盆地附近最低。青藏高原土壤含水量空间格局也可以通过植被类型区分,各植被区土壤含水量依次为:森林＞草甸＞草原＞荒漠。由于观测资料的缺乏,长历时、大范围时空演变规律的研究大多借助卫星遥感等替代资料,对青藏高原土壤含水量时空演变规律的描述还比较粗略。基于陆面数据同化方法,结合遥感反演和模型模拟获取/重构青藏高原时空连续、长序列、高质量土壤含水量数据,将是未来研究青藏高原土壤水含量时空变化的主要途径。

青藏高原蒸散发在空间上分异特征明显,总体呈现东高西低、南高北低的分布格局(Ma et al.,2019),其中藏南谷地和藏东谷地蒸散发最大，包括雅鲁藏布江下游以及四川省北部，最大蒸散发可达到 1017.2 毫米/年（Song et al., 2017），蒸散发在藏东南部分地区甚至接近 1000 毫米/年，而藏北高原和巴颜喀拉山以北的蒸散发最小，在羌塘高原腹地则降至 300~400 毫米/年。青藏高原西部的改则县、森格藏布（狮泉河）地区蒸散发一般不足 200 毫米/年。

被称为"亚洲水塔"的青藏高原孕育着众多大江大河，其蒸散发、降水和径流之间的水量平衡会极大影响下游水资源的可利用性。Zhao 和 Zhou（2021）采用了最新的高分辨率 ERA5 再分析数据，基于 Brubaker 再循环模型，给出了青藏高原夏季 77.4% 的降水是由外部输入水汽贡献的结论，只有 22.6% 的降水是通过局部蒸发再循环形成的，外部输入水汽主导了高原降水来源。青藏高原夏季总蒸发量的 64.12% 会流出高原。流入青藏高原的外部水汽量为 9.05×10^7 千克/秒，水汽流入后约有 71.49% 转化为降水，约 28.51% 穿过青藏高原流向下风向。青藏高原总水汽输出量（包括本地蒸发水汽和外部流经水汽）为 5.94×10^7 千克/秒，约为青藏高原外部水汽输入量的 65.64%。

（二）降水

降水是源于青藏高原的河川径流的绝对主要补给，降水的年际变化与流出高原的主要河流的径流年际变化基本一致（Cuo et al., 2014），降水的变化也决定了高原上冰川和积雪的积累与消融。青藏高原及周边地区的降水主要受印度季风和西风带急流的直接影响。这两个环流系统的变化深刻影响该地区的降水。当季风系统加强时，高原上的夏季降水就会增加；而当西风带急流加强时，高原北部的冬季降水就会增加（Ding et al., 2021）。其他大尺度天气系统如青藏高压也会直接影响青藏高原的降水，比如 Ding 等（2021）的相关分析发现，春秋季节高原上的大部分站点与青藏高压的强度呈正相关性，尤其在春季，多个站点的正相关性超过 95% 的可信度。除此之外，赤道中东太平洋的厄尔尼诺–南方涛动（El Niño-Southern Oscillation，ENSO）和大西洋北部的北大西洋涛动（North Atlantic Oscillation，NAO）等也与高原上的降水具有相关关系。另外，青藏高原的复杂地形有利于中小尺度天气系统的形成，从而影响高原局部地区的降水。

上述大尺度和局地环流系统提供了降水发生所需的热力、动力以及水汽条件。Gao 等（2014）指出高原水汽增加主要源于动力传输部分的加强。关于青藏高原的水汽来源，水汽数值模式实验和降水氧同位素分析研究有不同的结果（汤秋鸿等，2020；Yao et al.，2013）。数值模式实验表明高原水汽的来源主要是西风、南亚季风以及当地蒸散发的水汽，同时也有东亚季风的小部分贡献（汤秋鸿等，2020）。也许是由于观测资料不足，降水氧同位素分析研究只指出了西风和南亚季风（Yao et al.，2013）的水汽来源。数值模式实验指出青藏高原水汽增加主要是局地蒸散发加强以及西南部水汽来源增加导致（汤秋鸿等，2020）。前期研究均指出青藏高原降水量有很大的年际变化，但总的趋势是微弱增加，并不具有统计显著性。

当前青藏高原降水研究的态势以分析现象为主，对现状和变化的机理探究不够，尤其是有关科学量化的机理分析欠缺。此外，青藏高原降水观测点分布极不均衡，西部偏远地区观测点稀少，缺乏长期观测资料，这加剧了对降水机理认识的欠缺。正因为对青藏高原降水机理缺乏深刻认识，没有一套准确的降水产品，所以许多水文与水资源研究的成果存在很大的不确定性，无法有效指导决策机构的水资源管理和长期规划。加强基础研究和长期观测都应该是今后青藏高原降水研究亟须加强的方面。

（三）冰冻圈

有关积雪覆盖率的研究均指出青藏高原积雪空间分布很不均匀，高山区积雪覆盖率高，腹地和河谷积雪覆盖率低（Huang et al.，2017；Li C et al.，2018；Chen X et al.，2018），积雪覆盖率高的区域主要分布在念青唐古拉山-横断山脉、帕米尔高原-喜马拉雅山西段-西昆仑段、唐古拉山-昆仑山-阿尼玛卿山和祁连山，积雪覆盖率低的区域主要位于雅鲁藏布江河谷中部、羌塘高原、柴达木盆地和黄河谷地。青藏高原的平均积雪覆盖率约为16%（Huang et al.，2017）。积雪覆盖率的季节变化特征表现为2月最高（29.2%），8月最低（2.7%）（Huang et al.，2017；Li C et al.，2018）。积雪覆盖率随海拔的变化呈不同的变化。有研究者基于中分辨率成像光谱仪（moderate-resolution imaging spectroradiometer，MODIS）数据的分析指出，海拔2000米以下，积雪覆盖率在2001~2014年增加不显著，在其余海拔范围内，积雪覆盖率均以下降为主（Huang et al.，2017）。总体而言，高原气候快速变暖，高原上的初雪日推迟，终雪日提前，使得积雪日数缩短，雪深也减少（唐小萍等，2012；车涛等，2019）。

1951~2017年，青藏高原年均积雪融水量约为1150亿米^3。藏北高原和柴达木盆地是积雪融水量相对低值区，唐古拉山和横断山地区则是相对高值区。整体上，青藏高原积雪融水量呈西北向东南增加趋势。青藏高原积雪融水量占各大河流源区径流量的20%以上，在部分源区小流域的占比高达50%以上，积雪变化可使青藏高原流域融雪早期（3~5月）径流量增加，在降雪量变化不大的情况下，6~9月融雪径流量明显减少，这种现象在长江源区表现得尤为明显。未来融雪径流量的年内分配变化，一方面可能会增加春季土壤含水量和河流径流量，另一方面可能会影响其他季节的径流供给，特别是干旱区春季的"卡脖旱"问题。同时，未来积雪径流调节功能减弱，融雪径流量减少，极端升温和积雪加速消融，可能会造成青藏高原径流变化加剧，融雪洪水事件增多、增强，因此需提前谋划，合理应对。

据多种估算成果，青藏高原多年冻土地下冰储量约为1万千米^3，是中国冰川储量的2.2倍。不同的估算方法导致数值不确定性范围较大。例如，南卓铜等（2002）、赵林等（2010）、赵林等（2019）和Li等（2021）估算的结果分别为10 923~17 444千米^3、9528千米^3、12 700千米^{3}和9492千米^3。青藏高原多年冻土地下冰储量为全国冰川储量的2~3倍，冻土退化的地下冰融水作为地质历史时期的储存水量已经参与了当前的水循环，但对其的相关认识尚处于定性水平（南卓铜等，2002；常启昕等，2022）；冻土退化不仅影响了植被根系层水分供应，而且导致青藏高原多年冻土覆盖率低于40%的流域的径流年内分配发生了明显变化，未来可能会影响整个青藏高原地区（Wang et al.，2019）。

青藏高原及其周边地区冰川广泛发育，冰川总面积近10万千米^2，是全球中低纬度最大的现代山地冰川分布区（Brun et al.，2017；Yao et al.，2012）。冰川作为陆地重要的固态水资源，为青藏高原及周边地区的大江大河提供了重要的水分补给（Immerzeel et al.，2010）。冰川融水不仅影响着该地区的河流径流变化、湖泊变化（Treichler et al.，2019；Song et al.，2016；Lutz et al.，2014；Sorg et al.，2012），也影响着周边低海拔地区人类的生产生活（Biemans et al.，2019；Pritchard，2019；Farinotti，2017）。随着全球气候变暖，青藏高原地区的升温幅度是全球平均升温幅度的两倍（陈德亮等，2015），由此引发该地区冰川的快速变化受到了国内外的广泛关注（Bhattacharya et al.，2021；Miles et al.，2021；Yao et al.，2019；Dehecq et al.，2019；姚檀栋等，2019，2016，2013），研究人员也对青藏高原及周边地区冰川的面积、物质平衡和物质平衡线高度等变化与空间格局展开了相关研究。

（四）河川径流

根据第二次青藏高原综合科学考察研究队对"亚洲水塔"径流量的初步估算，10多条主要河流的总径流量约为6.56×10^{11}米^3。青藏高原也是全球最重要的水塔（Immerzeel et al.，2020），其中长江源区（直门达水文站）、黄河源区（唐乃亥水文站）、澜沧江源区（昌都水文站）、怒江源区（嘉玉桥水文站）及雅鲁藏布江源区（奴下水文站）平均每年分别向下游供水 1.27×10^{10} 米³、2.11×10^{10} 米³、1.49×10^{10} 米³、2.14×10^{10} 米³ 及 5.82×10^{10} 米³（汤秋鸿，2019a）；塔里木河三源流（阿克苏河、和田河及叶尔羌河）平均每年向下游供水 1.91×10^{10} 米³（刘静等，2019），"亚洲水塔"供应下游 20 多亿人口的生产生活用水（王欣等，2023）。在气候变化及与之相关的冰冻圈消融背景下，青藏高原河流径流量发生了显著的变化（Cuo et al.，2014；Wang X et al.，2021），雅鲁藏布江、塔里木河等河流均呈现出高度脆弱性（Immerzeel et al.，2020），这对青藏高原水循环、下游供水安全及水资源规划管理产生了重要影响（姚檀栋等，2019；汤秋鸿等，2019b）。因此，深入理解青藏高原径流变化具有重要的科学与现实意义。本小节将从年径流、季节径流及水文极值三个方面讨论长江、黄河、澜沧江、怒江、雅鲁藏布江、塔里木河的径流变化。

　　季风主导的长江、黄河、澜沧江、怒江和雅鲁藏布江流域 70%~80% 的年均降水量集中在 6~9 月，径流补给以降水（55%~78%）为主（Zhang et al.，2013；Khanal et al.，2021）。融雪径流、冰川融水对年径流的贡献存在明显差异，Zhang 等（2013）指出，季风主导的河源区融雪径流贡献相对适中，占比为 20%~23%，冰川融水对年径流的贡献最低，占比为 0.8%~11.6%；Lutz 等（2014）指出，季风主导的澜沧江、怒江和雅鲁藏布江源区融雪径流的贡献占 9%~32%，冰川融水的贡献占比为 0.9%~15.9%；而 Khanal 等（2021）的研究表明，融雪径流对季风主导的河源区年径流的贡献占 5.1%~13.2%，冰川融水贡献占比均不足 2%。总体上，相对于其他季风主导的河源，冰川融水对雅鲁藏布江年径流的贡献更高（Zhang et al.，2013；Lutz et al.，2014；Khanal et al.，2021）。冰川融水和融雪径流对西风主导的塔里木河三源流流域年径流的贡献较大，冰川径流贡献占25%~65%，融雪径流贡献占17%~58%，而降水径流补给占比为7%~22%（Gao et al.，2010；Sun et al.，2016；Kan et al.，2018；Luo et al.，2018；赵求东等，2011；王妍，2021）。但是高原上气象站点稀少，降水存在很大不确定性，加上各研究所使用的冰川水文模型不同，导致模型计算的同一流域的径流组分贡献比差别较大，特别是受气温降水影响较大的冰川径流。

关于青藏高原河源未来径流的季节变化，研究一致认为，季风主导的长江、黄河、澜沧江、怒江、雅鲁藏布江源区未来的季节分配特征将保持不变，但受降水影响，未来径流量增加将主要集中在湿季（5~10月）（Lutz et al.，2014；Su et al.，2016；Zhao et al.，2019）。由于基准期和气候模式输出的不同，Zhao等（2019）认为在RCP2.6和RCP8.5情景下，到21世纪末，黄河、长江、怒江、澜沧江和雅鲁藏布江在湿季（5~10月）相对于基准期（1971~2010年）的径流变化幅度为−11%~23%，在干季（11月至次年3月）增加到29%~173%；并且认为干季径流量增加幅度远大于湿季，主要是由于冻土层消融深度持续增加，提高了暖季冻土层的下渗率，从而导致了冷季径流量的增加。对于西风主导的塔里木河三源流的季节径流变化，相关研究指出，受融雪及降水增加影响，塔里木河三源流的春季径流量将显著增加（Luo et al.，2019；Duethmann et al.，2016）。Luo等（2019）在研究中指出，在RCP4.5及RCP8.5情景下，相对于基准期（1965~2004年），塔里木河源区2021~2060年春季径流量显著增加，夏季径流量也呈现增加趋势。

在水文极值方面，20世纪60年代至21世纪初青藏高原多数河流源区年最小径流量呈现增加趋势，部分河源区年最小径流量下降。季风主导的雅鲁藏布江源区与西风主导的塔里木河源区历史极端洪涝事件的径流量均呈现增加趋势，这受到极端降水量增加及极端气温升高导致的冰川积雪融水增加的影响。季风主导的多数河流源区未来洪水发生风险增强，而西风主导的塔里木河源区未来以水文干旱为主，这可能与未来极端降水及蒸散发变化相关。

水电是青藏高原水资源的重要利用方式之一。水电类型主要包括河流发电站及引水渠式电站两类，其中河流发电站主要利用河流流量和大坝产生的高差来发电，而引水渠式电站是从高海拔地区取水，并通过管道将河水引到低海拔地区的电站。Zhou 等（2015）基于流量、数字高程数据及涡轮性能估算了全球水电总潜力，指出 1971～2000 年全球平均水电总潜力约为 1.28×10^{14} 千瓦·时，并且青藏高原周边地区是水电总潜力最大的地区；Farinotti 等（2019）基于全球伦道夫冰川清单（Randolph Glacier Inventory，RGI 6.0），在除南极洲外的每条冰川最低点设定了一个大于 0.05 千米^2 的虚拟水库，并使用冰下地形的数字高程模型来模拟水库蓄水量，进一步利用 GloGEM 模型预测径流及从虚拟水库位置到周边地形的最大高差来估算高山区冰川消融后 2017～2100 年的潜在水库发电量。结果表明，在考虑环境、技术和经济等因素的情况下，每年可实现发电量 3.33×10^{11}～7.33×10^{11} 千瓦·时，同时亚洲高山地区冰川融水发电量对下游国家能源供应具有重要贡献；Hunt 等（2020）将全球地形、河网、水文数据、基础设施成本估算及项目设计等五个关键要素整合在一起，估计了全球季节性抽水蓄能的潜力，结果表明，考虑到所有梯级蓄能项目，全球季节性抽水蓄能潜力约为 1.73×10^{13} 千瓦·时，并且高山区显示出更大的季节性抽水蓄能潜力。此外，高山区水电开发必须充分考虑自然保护、生物多样性保护以及当地和下游地区的生态恢复力（Liu et al.，2015）。

（五）湖泊

青藏高原湖泊数量多、分布密集、所占面积大，是"亚洲水塔"的重要组成部分，其受到人类活动的干扰较少，是了解高原生态环境变化机理的钥匙。大于1千米²的湖泊有1400个左右，总面积约5万千米²，约占中国湖泊数量与面积的一半（Ma et al.，2011；Zhang G et al.，2019）。这些湖泊受人类活动的影响较小，且多数位于封闭的内流区，对气候与冰冻圈变化的响应极为迅速，是研究圈层相互作用的重要纽带（Yang et al.，2011；Yao et al.，2015）。

青藏高原的湖泊数量（大于1千米²）从20世纪70年代的1080个增加到2018年的1424个（增长32%）。相应地，湖泊总面积从4万千米²增加到5万千米²（净增长25%）（Zhang G et al.，2019）。青藏高原湖泊面积呈现快速但非线性增长模式，在20世纪70年代至1995年，大部分湖泊呈现萎缩状态；但在1995年之后，除2015年因受强厄尔尼诺事件影响，降水减少，导致湖泊面积略有萎缩外，青藏高原湖泊面积总体呈现出持续扩张态势（Zhang G et al.，2019）。20世纪70年代至2018年，青藏高原湖泊平均水位上升了约4米（Zhang Q et al.，2020）。湖泊水位在1976~1995年略有降低，而在1995~2018年，除2015年略有降低外，总体呈快速升高趋势（Zhang Q et al.，2020）。

研究表明（Zhang et al.，2016），降水增强对湖泊水量增加贡献最大（约74%），其次为冰川消融（约13%）与冻土退化（约12%），雪水当量贡献较少（约1%）。更多定性分析（Lei et al.，2014；Song et al.，2014）、单个湖盆的水量平衡模型模拟（Biskop et al.，2016；Li D et al.，2017）及遥感监测的冰川质量损失对湖泊水量增加的贡献比例估算等（Brun et al.，2020；Zhang et al.，2021），均直接或间接地表明了降水增加是湖泊扩张的主要驱动因素，且远远大于冰川消融的贡献。

在不同的未来气候情景（RCP2.6/SSP1-2.6、RCP4.5/SSP2-4.5和RCP8.5/SSP5-8.5）下，青藏高原均保持暖湿化趋势，这将导致湖泊扩张趋势进一步加剧（Su et al.，2013）。有研究者通过采用湖泊质量平衡模型预测青藏高原整个内流区的未来降水，对内流区湖泊的面积、水位与水量变化近期发展（2015～2035年）进行模拟，发现未来湖泊将会持续扩张，但速度会降低（Yang et al.，2018）。另外，从长期来看，由于降水是湖泊扩张的主要影响因素，降水持续增加将导致湖泊不断扩张，湖泊灾害风险发生概率也将进一步增加。

青藏高原的湖泊数量和面积约占全国的一半，且多为大型湖泊，周围分布着大量湖滨湿地，涵养水源的能力较强。相比受不合理围垦影响较大的中国东部湖泊，青藏高原的湖泊受人类不合理开垦的影响较小（杨桂山等，2010）。2000～2020年，青藏高原湖泊透明度主要呈上升趋势，受降水影响较大。湖泊透明度主要为3～10米，与湖泊面积呈现显著的正相关关系（Liu et al.，2021）。但在局部地区，湖泊扩张可能会威胁水环境和区域生物多样性安全。例如，青海湖2011～2019年扩张了105千米^2，周边草地、湿地变为长期被淹没的湖泊沉积物，氮磷营养盐循环模式被改变，更多磷被释放到水体中，局部湖区总磷浓度不断上升，伴随着水量增加，部分湖区刚毛藻等浮游藻类的密度增加了近10倍（郝美玉等，2020）。此外，色林错、纳木错等湖中的水产资源较少被开发，其中大量水体生物可以持续有效地吸收大量化学物质。

青藏高原湖泊扩张的主要影响因素是降水增加，其中相比湖泊表面的降水（占比约为20%），流入湖泊的降水径流占比更高（70%）（Zhou et al.，2021）。同时，大部分湖泊分布于内流区，多为封闭湖。因此，湖泊对气候变化的响应通常是作为终端起到蓄水的作用。随着湖泊的持续扩张，部分子流域内的湖泊发生溢出和重组（Zhang G et al.，2019）。例如，在2011年9月，卓乃湖发生溃决，形成宽100米、深20米的溃决口，溃决洪水进入库赛湖、海丁诺尔湖和盐湖，导致四湖连通，盐湖成为新的流域尾闾湖（Lu et al.，2020）。另外，青藏高原湖气相互作用与湖面蒸发在小湖和大湖间存在显著差异，湖泊对局部气候起到调节作用，尤其是大型湖泊（Wang B et al.，2020）。

（六）地下水

西藏河川径流的补给类型多样，年内各时段的各种补给占径流量的比重也相差很大。冬季径流主要为地下水补给，水量少；夏季随着气温的升高，以雨水和融水补给为主，水量大；春秋两季为过渡期，水量介于冬季和夏季之间。以地下水补给为主的河流要比以雨水或融水补给为主的河流的径流月分配相对均匀。青藏高原地表水与地下水的交互过程及其影响因素仍然需要进一步研究。

气候变暖加速了青藏高原永久冻土和冰川的融化，增加了区域地下水的补给，对青藏高原地下水文过程产生了重要影响。永久冻土退化可能改变青藏高原地区原本的水文地质框架，冻土融化加速了原本阻塞的垂直和侧向流动的通道的发育，延长了降水对地下水的补给路径（Chang et al.，2018）。很多研究表明，这些通道将显著增加地下径流通量，包括土壤的涵水能力和补排过程、冻土层上和冻土层下的水量与流速、地表水–地下水交换速率等（Walvoord and Kurylyk，2016）。冻土融化形成的贯穿融区可以使得大气降水、地表水及浅层地下水直接补给多年冻土层下水或者层间水，增强了多水源间的水力联系（王振兴，2020）。冻土退化导致的冻土活动层厚度增大可能会增加地下水水储量，从而增加河道基流量，减少源区径流的季节性变化。南京水利科学研究院张建云院士团队对青藏高原阿里地区和雅鲁藏布江流域的河流水系、湖泊、冰川等的考察结果显示，青藏高原多数区域的地表河川径流量呈现增加趋势，地下水增加了对河流的补给。长江、澜沧江、怒江和雅鲁藏布江源区年径流量有增加趋势，黄河源区年径流量呈现微弱减少趋势。春季、秋季和冬季径流量增长趋势更为明显（巩同梁等，2006），夏季径流量变化不显著，降水和升温导致的冰川与积雪消融增多是径流量增加的主要原因。此外，冻土层退化还会导致地下含水层的蓄水能力增强、冻土层上潜水水位下降等现象。在全球变暖背景下，部分冰川融水补给的河流径流量会呈现先增加后减少的演变态势。

此外，人类活动对青藏高原水文过程的影响愈发显著。在过去的几十年里，人类活动（如修建青藏铁路、公路等）已经成为青藏高原热融湖塘发育和萎缩的主要因素（Lin et al., 2016；Luo et al., 2015）。热融湖塘的"产生—发育—消失"过程增强了冻土层上、层间和层下多水源的水分和溶质交互作用。Jin 等（2009）指出，热融湖塘的发育有助于增加流域内大型河流的冬季径流量，并影响地下水水位。

尽管很多学者已经开展了大量关于青藏高原气候变化和人类活动影响下的水文过程响应的研究，但是由于地质信息的固有空间异质性、高海拔和高寒地区气象水文监测站点不足等问题，青藏高原地区的气象、水文、地质等资料十分匮乏，严重影响了高寒区冰川和冻土消融下的产汇流机理和水资源演变格局研究，也限制了对未来气候情景下或人类活动影响下局部和区域地下水文过程方面的研究。因此，亟须深入发展多尺度、高分辨率的融合同化技术，增强高寒区空－天－地一体化监测手段，以提高我们对青藏高原地下水文机理与水资源演变的认识。

四、问题与挑战

（一）问题

过去几十年，在国家部委和中国科学院的共同资助及推动下，针对青藏高原水资源保护和开发利用的研究虽然取得了丰硕的成果，但在水文与水资源监测设备研发与监测网络构建、研究区域覆盖范围、地下水系统研究、水环境质量研究、社会经济系统水资源利用效率研究、未来气候变化和人类活动影响下青藏高原水资源演变趋势研究，以及跨境河流水资源管理研究等方面仍需要进一步加大经费支持和增加项目立项。

（1）青藏高原水文与水资源监测方法和设备研发不足。青藏高原是世界上海拔最高、面积最大的高原，其在中国境内的面积就达到258万千米^2，约占中国国土面积的26.88%。高耸的海拔、复杂的地形地势及辽阔的面积使得青藏高原地区的水文、土壤、气候和植被覆盖等条件显著不同于平原地区。一些适合在平原地区使用的水文与水资源监测方法和设备在缺氧、低温、冻土广布和强紫外线辐射的高原地区可能无法正常使用，监测精度难以保证。与此同时，高原地区人口稀少，且集中分布在地势平坦的河谷地带；而在河源地区、冰川冻土分布区、湖泊集中分布的羌塘地区等区域基本没有常住人口，这给水文与水资源的常态化监测提出了挑战。因此，亟须研发适合在青藏高原地区作业的水文与水资源监测方法和设备，如便携式监测设备、原位监测设备、无人机及高分遥感传感器等，以提高高原地区水文与水资源监测水平。

（2）青藏高原水文与水资源监测网络不健全。青藏高原水资源总量丰富，赋存形式多样，加之自然地理条件恶劣，因此水文与水资源监测难度大。目前，高原地区水文与水资源监测台站稀少，且来源复杂，国家站和地方站共存。不同台站之间缺少有效的沟通机制和数据共享机制，它们的监测规范和监测项目存在不同之处，这导致不同台站获得的监测资料在完整性、均一性和连续性等方面较差，不利于大区域水文与水资源的对比分析，更不利于科研项目价值的发挥。另外在研究区域的覆盖上，已有部署也主要关注三江源地区、雅鲁藏布江流域、黑河流域、澜沧江流域，而关于羌塘地区、柴达木盆地等地区水资源保护与利用方面的项目部署较少，相关监测站点也较少。

（3）地下水资源调查不足。地下水是青藏高原水系统的重要组成部分，是一种重要的淡水资源，然而已有任务部署主要聚焦于青藏高原地区河水、湖泊水、冰川积雪等地表水体，对地下水的调查报道相对较少。研究表明，青藏高原地表水资源虽然总量丰富，但空间分布严重不均，呈现东南多、西北少的特征。地表水资源的这种空间分布格局对区域生态环境和经济发展产生了深远的影响。在此背景下，摸清青藏高原地下水资源总量及其时空分布格局不仅有助于全面掌握高原地区水资源特征，而且有望消除区域地表水资源分布不均带来的不利影响，对区域生态保护和经济发展具有重要意义。

（4）已有部署重水资源量而轻水环境水生态。青藏高原是中国及周边国家众多河流的发源地，矿产资源和草地资源丰富，但生态环境脆弱。长期不合理的矿产资源开发、灌溉和放牧等人类活动对高原水系统造成了不同程度的破坏，导致生态环境不同程度地退化。高原水系统的退化不仅影响当地生态安全和人体健康，还通过河川径流进一步影响中下游地区的水资源和生态环境安全。然而，已有项目部署主要聚焦气候变化对青藏高原（生态）水文过程、水资源量的影响，忽略了气候变化和人类活动可能给水环境水生态造成的破坏。

（5）水利设施建设相关研发项目不足，水资源利用效率低。青藏高原是众多河流的发源区，地质结构复杂，生态环境敏感脆弱，农业以畜牧业和青稞种植业为主。该地区虽然拥有丰富的淡水和水能资源，但水利工程建设滞后，水电开发和农业灌溉水平有待提高。国家部委和中国科学院已有项目部署侧重于高原地区河流径流量、湖泊水量时空演变趋势及驱动等基础理论研究，对河湖地区地质地貌结构、生态环境状态、水利工程选点布局、农业灌溉设施、水利工程建设的生态环境影响等水资源保护与利用工程方面的综合性研究较少。

（6）青藏高原地区跨境河流水资源保护与开发利用研究滞后。青藏高原作为"亚洲水塔"，孕育了澜沧江—湄公河、怒江—萨尔温江、雅鲁藏布江—布拉马普特拉河、独龙江—伊洛瓦底江、森格藏布（狮泉河）—印度河等多条国际性河流。在这些跨境河流流域，中国都属于上游国，水能和水资源丰富。如何可持续地开发利用高原地区的跨境河流水资源既是一个重要的科学问题，也是一个亟待解决的政治问题。总体而言，截至目前，国家部委和中国科学院对青藏高原地区跨境河流的研究部署较少，在研究区域上主要关注澜沧江—湄公河流域，而在研究内容上也侧重于水资源的分配问题，对跨流域水资源管理、水文与水资源信息共享、水环境协同治理，以及以水为核心的地缘政治关系问题缺少关注。

（二）挑战

1990~2020年，青藏高原的升温幅度是中国乃至全球平均升温幅度的两倍，显著快于其他同纬度低海拔地区。气候变暖改变了"亚洲水塔"的水汽供应和区域气候特征，也极大改变了水循环过程和天然水文条件，使得河流径流年际/年内分布和区域水资源空间格局发生了明显分异。同时，由于冰冻圈对气候变化的敏感性，"亚洲水塔"的地表环境发生了显著的变化，固态水储量减少，液态水储量增加，主要表现为冰川退缩、积雪减少、冻土活动层加深、湖泊扩张、河流径流量增大、草场退化等，整体呈现出失衡特征（姚檀栋等，2019）。"亚洲水塔"的冰川储量1970~2020年减少约20%，积雪覆盖日数和雪深在1980~2018年呈明显下降趋势，湖泊面积从20世纪70年代的4万千米^{2}扩张到2010年的4.74万千米^2，1980~2018年冻土活动层增厚，地温升高，冻土区土壤含水量显著增加（姚檀栋等，2019；车涛等，2019；赵林等，2019）。这些变化进一步影响了青藏高原地区的水循环规律和水资源时空分布格局，威胁到区域生态系统安全。

在全球变暖的背景下，青藏高原地区未来极端高温事件将会增加，极端低温事件将会减少，极端强降水量将会增加，冰湖溃决等灾害将会加剧。例如，青海省年暴雨日数呈微弱增加趋势，平均每10年增加1.5天；伴随着降水增加、冰川冻土退化，青藏高原冰湖个数与面积增加，冰湖年扩张率为0.3%~1.6%；冰湖扩张增大了冰湖溃决、洪水和泥石流等灾害发生的风险，自20世纪30年代以来西藏地区就记载了30余次冰湖溃决事件（汤秋鸿等，2019b）。

"亚洲水塔"的变化除了影响青藏高原本身外，还深刻影响着下游地区的水循环过程、水资源时空分布格局、生态环境演变及经济生产活动（汤秋鸿等，2019b）。"亚洲水塔"的变化可以直接改变河源区下泄径流量及其季节分布，从而影响下游流域的水文过程和水资源量。气温上升通常导致冰雪、冻土融化时间提前，从而改变下游水文过程的季节特征。随着全球气候变暖，冰川流域的春季径流量增加甚至可能引发洪水，但夏季径流量可能减少，从而影响夏季供水量。短期来看，气候变化可能会增加冰雪、冻土融水，从而增加下游径流量；但长期而言，将导致冰川等固态水库库容减少，进而减少下游供水量，引发干旱和供水危机。气候变化下"亚洲水塔"河流源区的径流变化与取水、筑坝等人类活动共同影响下游的洪水脉冲、泥沙补给、供水和地下水开采需求，从而对下游河道和河口三角洲的生态与环境、农业生产产生影响。这些变化给跨境流域水资源分配带来了严峻挑战，增加了上下游国家之间的水资源纠纷、水资源冲突风险。

第二节 水资源领域科技支撑青藏高原生态屏障建设的战略布局

一、总体思路

面向青藏高原水资源领域的关键和前沿科学问题，聚焦高原水循环各过程、水系统关键要素的演变规律及相互作用关系，推动水科学及相关学科发展；面向国家重大需求，全面支撑"两屏四地"建设、"稳定、发展、生态、强边"四件大事和"一带一路"倡议下的地缘安全战略，破解高原水资源当前面临的瓶颈和挑战；坚持水资源开发利用与生态环境保护、经济社会发展相协调原则，紧密联系水资源与其他领域，合力提升高原生态环境质量和绿色发展水平。

二、体系布局

面向水资源领域科技前沿方向、科技支撑青藏高原生态屏障建设需求和现有科技体系短板，聚焦青藏高原"水循环、水资源、水源涵养、水灾害、水保护、水–能源–粮食"等核心涉水问题，从关键性科技方向和基础性科技方向两个方面分期部署科技任务，促进青藏高原生态屏障建设研究。

关键性科技方向：聚焦水资源领域科技支撑青藏高原生态屏障建设的关键与前沿科技问题，瞄准该领域科技布局中的关键点与核心技术，亟待布局以下方面的研究：①高原寒区水文循环与生态环境过程耦合机理；②水源涵养功能保护与修复；③"山水林田湖草沙冰"系统耦合机制与综合治理；④重大水灾害形成与防控。

基础性科技方向：瞄准青藏高原水资源及其利用领域的基础研究和水文与水资源发展能力建设，解决本领域基础条件不足的问题，亟待布局以下方面的研究：①高寒环境条件下水循环全要素高频自动化监测网络建设；②水文与水资源模拟预报预警平台研发；③高原水资源与生态环境专题数据汇交与共享平台建设；④科普教育基地建设等基础性科技重点研究任务。

三、阶段目标

（一）关键性科技方向

近期（2025年）：突破高寒地区水碳耦合模拟、水源涵养功能保护与修复、"山水林田湖草沙冰"系统综合治理、重大水灾害监测等技术。

中期（2035年）：在青藏高原"山水林田湖草沙冰"系统耦合机制、冰冻圈水文与水资源理论和方法上进行原始创新。

远期（2050年）：引领青藏高原水资源可持续利用研究发展，提出面向青藏高原生态屏障建设的水资源绿色开发利用方案。

（二）基础性科技方向

近期（2025年）：完成高寒环境下缺资料地区空–天–地一体化水文观测站网优化方案、水文与水资源模拟预报预警平台与数据共享平台设计方案，开展水安全要素基础性调查，推进科普教育基地建设。

中期（2035年）：完成青藏高原生态屏障区水文与水资源监测网络、预报预警平台、数据共享平台建设，以及青藏高原水文与水资源科普教育基地建设。

远期（2050年）：实现青藏高原生态屏障区水资源可持续利用的统一监测与管理。

第三节 水资源领域科技支撑青藏高原生态屏障建设的战略任务

一、重点布局方向

（一）三江源水源涵养问题

近些年来，三江源地区始终坚持自然修复与工程措施相结合，围绕水源涵养功能巩固提升这一核心目标，推进江河源头区的水土保持、植被恢复工作。2005~2012年三江源生态保护和建设一期工程基本上扭转了整个三江源地区生态环境恶性循环的趋势，保护和恢复了源区林草植被，遏制了草地植被退化、沙化等高原生态系统失衡的趋势，提升了保持水土、涵养水源的能力。三江源自然保护区于2000年设立，有效促进了生态系统功能的稳定提升，生态环境得到了持续改善。

三江源自然保护区生态保护和建设工程的实施，有效维持和修复了区域水源涵养能力。在工程实施后，保护区的植被生长状况恢复良好，沙漠化得到有效遏制，水源涵养量有所增加，但与20世纪80年代比较，仍有较大差距。同时，面对全球复杂的气候变化，有学者模拟了未来三江源地区的生态系统及植被覆盖状况，发现在不同气候模式下，三江源地区的降水、气温及森林覆盖面积均呈现上升趋势，同时草地面积减少。对青藏高原地区潜在自然植被的研究结果也表明，在未来气候变化情景下，年平均降水量、年平均温度均呈现增加趋势，同时森林面积将显著增加，草地面积呈一定的下降趋势（Fan and Bai，2021）。另外，在全球升温背景下，三江源地区的水源供给能力将会受到影响，冻土严重退化，并引起沼泽湿地的发育，在降水增加和气温升高引起的融水增加的影响下，三江源地区的湖泊沼泽持续扩张。

因此，应该重点针对该区域，继续加强三江源地区的水源涵养功能保护与修复，全面查清源区存在的生态环境问题，查明草原、沼泽、湿地等生态系统的现状，通过自然恢复和实施重大生态修复工程，遏制生态退化趋势，恢复高寒草甸草原、沼泽湿地等重要生态系统，提高水源涵养能力。提高水源涵养能力的核心是保护好本土植被，必须坚持"山水林田湖草沙冰"综合治理、系统治理、源头治理的原则，加强森林、草原、湿地等生态系统的保护与建设。实施水土保持、生态修复、地表蓄水等工程措施，增强水源涵养和地表蓄水能力，保障国家生态安全。

（二）大江大河上下游关系

1. 协调黄河、长江等流域上中下游水资源分配及利益关系

黄河、长江等流域的水资源开发利用强度日益提高，水资源短缺问题愈发严重，生态用水被大量挤占，水生态损害严重，流域上下游之间竞争性用水矛盾突出。从节约和高效利用角度看，要推广"量水而行、节水优先"原则。节水的关键在于发展节水产业、水资源循环利用，以及在坚持黄河水资源分配方案的基础上适当提高水价，并开展水资源指标的市场化配置试点工作。上游河源区人口较少，农业社会经济相对不发达，水资源利用主要集中在中下游，因此上游水资源的变化直接关系到下游可利用的水量。干旱区的黄河与内陆河流域中下游农业灌溉、生态耗水增加，以及工业取水日益增加，伴随着全球气候变化，水危机将进一步加剧。

2. 合理利用跨境河流水资源

我国西南诸河区现有水资源利用规划或目标单一（以水能开发为主），或是属于区域性的。近年来，随着区域社会经济发展，在以流域内的干

流和主要支流的水能资源开发为主要目标的前提下，农业灌溉、防洪、河道航运、水产养殖、生态保护等目标也逐渐得以兼顾。必须基于《全国水资源综合规划》要求，尽快开展西南诸河区基于多目标协调的流域整体开发模式的研究和规划，推进西南诸河区的河川径流资源的开发。既要考虑国内社会经济发展需求，也要考虑与"共享自然资源"有关的国际法、国际准则、国际惯例，还要考虑有关流域国的区域条约/协定，如湄公河四国间《湄公河流域可持续发展合作协定》、中老缅泰四国间《澜沧江—湄公河商船通航协定》等。国际上已经形成的一些重要国际宣言等也往往成为处理跨境河流水资源开发问题的重要准则。从国际关系准则出发，尊重各流域国水资源利用权的历史和现状，尊重跨境河流水资源的相对主权，尽可能避免因水资源开发给下游造成严重危害，在公平合理利用和有效保护并重的基本原则下，加快河川径流资源的开发进度，是本区跨境河流水资源开发的必然选择。

森格藏布（狮泉河）—印度河和雅鲁藏布江—布拉马普特拉河沟通了中国与南亚印度、孟加拉国的水利联系，但跨境流域存在水资源争端，且由于不同国家面临的水资源问题各不相同，以及气候变化导致水资源问题具有多变性，给地区稳定和发展带来了诸多挑战。跨境河流的流量分配是引发国家水资源纠纷和冲突的主要原因。伴随着降水和温度的改变，未来气候变化将加剧中下游主要用水地区的水资源压力，用水量的快速增加会导致洪水风险增加、春季融水和整体水资源稀缺等问题。区域水资源变化的焦点应集中在跨境河流的流量分配、源头森林植被开发和保护、上下游水文信息沟通与共享等问题上。

（三）水－能源－粮食关系

1. 合理开发水资源，推行节水灌溉

青藏高原地广人稀，河谷地土壤肥沃，同时水资源充沛，水能资源

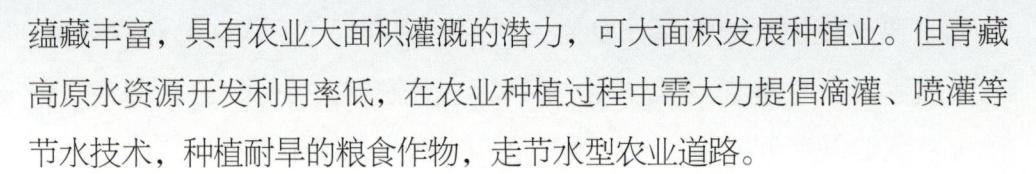

蕴藏丰富，具有农业大面积灌溉的潜力，可大面积发展种植业。但青藏高原水资源开发利用率低，在农业种植过程中需大力提倡滴灌、喷灌等节水技术，种植耐旱的粮食作物，走节水型农业道路。

2. 合理开发水能资源，推行现代农业技术

青藏高原海拔高，气温年变化小、日变化大，日照充足，光照条件得天独厚，大部分地区的年日照时数达2800小时以上，其中柴达木盆地和西藏西部最多，达3200小时以上（华维等，2010），极其有利于光合作用，这就大大弥补了海拔高造成的热量不足对粮食作物的不利影响，特别适宜种植喜凉的晚熟品种，并且有利于作物高产。另外，青藏高原晴天多、光照强、太阳能丰富、地势平坦、水源较为充足，与其他地区相比，病虫害发生频率较低，有利于粮食作物的生长。但青藏高原的生态环境却十分脆弱，热量严重不足是青藏高原发展粮食生产的限制性因素。在热量资源严重匮乏的情况下，青藏高原的农业主要分布在海拔较低的河谷地带，如雅鲁藏布江谷地、湟水谷地等。该区域种植业具有多样性，水稻、小麦、玉米、青稞等各种粮食作物均能获得适宜的栽培地。尤其是在高原东部的川滇藏接壤地区，能够种植稻谷及只适应高原生长条件的青稞，甘孜藏族自治州的泸定大渡河谷地、迪庆藏族自治州的中甸金沙江谷地等是稻谷的主要种植区。但青稞仍是高原的主要粮食品种，在高原的粮食作物产量中占比较高。同时，粮食生产结构问题造成了高原粮食生产和消费结构的不对称。因此，在高寒地区发展粮食生产，温室、大棚等现代密集农业技术是必不可少的。在优越的自然条件下，再结合青藏高原水资源条件的优越性，应大力发展种植－灌溉一体化现代农业种植。

因此，统筹规划水能资源开发利用，推进现代农业技术的实施，发挥青藏高原的自然条件优势，促进水－能源－粮食协调发展，搭建水－能源－粮食发展框架，构建水－能源－粮食发展新格局，对促进青藏高

原地区的可持续发展意义重大。

（四）气候变化对水资源及相关重大水利工程的影响

1. 冰川退缩，河流补给减少

气候变化引起我国冰川退缩，导致水资源发生了显著变化。自1985年以来，我国西北内陆干旱区冰川融雪对河川径流的调蓄能力降低，增加了内陆干旱区水资源可持续利用的风险。我国天山及青藏高原地区以冰川积雪融化补给为主的内陆河径流的年内分布正在发生变化，出现了汛期径流提前和增大的趋势。5~6月的径流量显著增加，有些河流下半年的径流量也出现了增大趋势。根据黄河水资源供需形势分析，在今后相当长的时期内，缺水将成为黄河流域及相关地区经济社会发展最主要的制约因素，同时，也将成为维持黄河健康生命最关键的约束条件。

2. 水资源时空分布不均加剧

青藏高原虽水资源丰沛，但水资源时空分布不均。随着全球气温的升高，降水的变化进一步改变了水资源的时空分布规律。青藏高原作为全球系统中的一个典型单元，对全球气候变化的响应具有敏感性和强烈性，气温升高导致大气环流变化进而影响降水的时空分布，降水强度增加，降水季节分布不均衡，导致季节流量相对全年流量失调，暴雨洪涝、干旱频发。目前国家已经确认大规模跨流域调水工程分为东、中、西三条线路，三条线路的走向自南向北，与东西走向的长江、淮河、黄河、海河四条河流形成"四横三纵、南北调配、东西互济"的国家水资源网络。在南水北调三条线路中，西线工程是唯一从长江上游干支流调水直接进入黄河且以补充黄河水资源为目标的调水方案，对解决黄河资源性缺水问题具有至关重要的作用。

3. 干旱、洪涝等灾害频发，水利工程建设管理难度加大

气候变化是目前重大的环境问题之一，建设水利工程是应对气候变

化的重要举措，也直接受到气候变化的影响。以全球变暖为重要特征的气候变化通过加剧水文循环而影响大型水利工程的设计、运行和安全。全球变暖导致海平面上升，极端气候事件的强度和频次增加，将影响水利工程相关标准的制定。极端低温和长期干旱或高温等也将降低水利工程的安全系数。此外，气候变化对水利工程自身安全的影响主要体现为水利工程的服役环境将发生明显恶化，主要表现在：①极端低温使得工程材料的抗冻融指标无法满足需求，从而引发严重损坏；②持续干旱高温导致水利工程的应力变化和趋势性变形；③江河径流量减少和海平面上升导致水体盐度和导电率增加，大气中二氧化硫等酸性气体含量增高造成水利工程被腐蚀破坏。目前黄河、雅鲁藏布江等流域上游已修建数座水利枢纽，形成梯级水电站群，在防洪、抗旱、减灾方面发挥了重要的作用。为了应对未来气候变化带来的干旱、洪涝等水资源问题，需要修建大量的水利工程，这对于资金和技术的要求比较高，在跨境河流上面兴建水利工程，还会引起流域内其他国家的质疑和国际关系的紧张。干旱灾害一般和洪灾对应，也需要建设调蓄工程来缓解，更需要水资源管理规划、节水措施和非常规水资源利用等多种措施多管齐下。

（五）极端气候事件的预测、预警及响应

青藏高原气候变化敏感性强、幅度大，而极端天气是高原生态、环境变化的重要驱动因素。过去几十年，高原气温升高幅度明显大于全国平均值，高原绝大部分地区极端高温事件的发生频次显著上升，极端低温事件的发生频次显著下降，并伴随有风速和地表感热提高等气候要素的显著变化。高原极端天气事件以及相应的地表和大气热源变化会对高原周边区域的气候产生重要影响。高原冬春季积雪覆盖率、春季感热强度以及夏季高原低涡东移发展是东亚夏季风异常和旱涝灾害预报的重要指标，可影响到其下游地区的大气环流和中国东部地区的天气。南亚地

区主要受印度洋季风控制，降水年内分配极端不均，导致径流年内变化较大，干季水分亏缺严重，干旱频发；雨季降水陡增，易发生洪涝灾害。

全球变暖情景下，冰川的快速消融会对下游地区造成潜在危害，短时间内可能造成冰湖溃决、滑坡和泥石流等自然灾害，给居民造成生命威胁和财产损失，特别是喜马拉雅山脉、兴都库什山脉、喀喇昆仑山脉地区。在气候变化的影响下，中国—孟加拉国—印度的高山地区的冰川快速消融，从而导致冰湖快速扩张，溃决风险持续增加。水资源的时空分布不均衡导致该区域出现洪灾、旱灾、冰湖溃决、水资源短缺、供水难等问题。在南亚地区，孟加拉国降水充沛，但洪灾最为严重。旱灾主要发生在印度和巴基斯坦地区。印度的降水年内变化较大，易导致极端事件的发生。对于冰湖溃决、滑坡和泥石流等灾害，要做到早预防、早预警。尤其是对于跨境河流，需要国家有关部门做到共建、共享流域水文信息，通力合作。

二、关键性与基础性科技问题

（一）关键性科技问题

1. 多尺度分布式水与生态系统模拟

1）战略意义

陆域水文生态过程深刻地影响着地球表层物理、化学和生物作用，与地表水分和能量分配、水资源形成与转化密切相关。在全球气候变化和人类活动的共同作用下，伴随着水循环的改变，高原地区的生态环境也发生了一系列的变化，进而对区域水资源安全及其生态屏障功能产生了影响。深入研究气候变化和人类活动影响下高原水与生态系统耦合变化及高原生态屏障功能的互动机制，对于青藏高原生态屏障建设具有重要意义。

2）主要内涵

重点开展气候变化和人类活动影响下的高原寒区水文机理、陆地生态系统过程与功能变化及驱动机制、生态环境退化问题及退化机理、冻土－水文－生态耦合机制、多尺度水文循环与生态环境过程耦合机理、多尺度分布式水碳过程模拟、冰冻圈变化的水文生态响应机制及其碳源汇效应等研究，并聚焦跨境河流上下游水文过程变化机理及其关联机制、多尺度水循环过程与跨境水灾害及其生态效应、水文生态过程变化归因及跨境影响等方面部署科技任务。

3）阶段目标

近期（2025年）：揭示流域尺度水循环特征与机理、陆地生态系统过程与功能变化及驱动机制。

中期（2035年）：阐明冻土－水文－生态耦合机制、多尺度水文循环与生态环境过程耦合机理。

远期（2050年）：明晰冰冻圈变化的水文生态响应机制及其碳源汇效应，阐明跨境河流上下游水文过程变化机理及其关联机制。

4）与重大任务的衔接

科技部"水资源高效开发利用"重点专项针对青藏高原水与生态系统的相互作用关系及耦合机理等科技问题，于2018年立项了"高寒内陆盆地水循环全过程高效利用与生态保护技术"项目。该项目以柴达木盆地为主要研究区域，研发了基于水循环全过程的水盐资源高效利用与生态保护技术，构建了绿洲区经济－社会－生态协调发展的水资源高效利用模式，这为此项关键性科技任务的完成提供了数据和理论支撑。

2."亚洲水塔"水量平衡与水源涵养相关理论方法和技术体系

1）战略意义

青藏高原作为"亚洲水塔"，是亚洲诸多大江大河的发源地，为陆地生态系统及下游国家提供水资源。影响青藏高原河川径流变化的因素众多，关系复杂。青藏高原也是全球气候变化敏感区域，气候变暖可能降低高原陆地生态系统水分利用效率，流域下垫面变化会影响产流过程，人类活动也会改变河流水文情势进而改变河川径流。这些不仅会使"亚洲水塔"水源涵养功能发生变化，也会对下游地区的水资源和生态系统产生重大影响。因此，深入了解全球变化背景下青藏高原水量平衡特征及其与水源涵养的关系，建立区域水源涵养相关理论方法和技术体系，提升区域水源涵养能力，对于区域生态屏障建设意义重大。

2）主要内涵

重点开展青藏高原水量平衡及驱动机制、主要水源区水源涵养与物种保育等生态系统服务功能变化及机理、水量平衡特征及其与水源涵养的关系、水源涵养功能变化及其对下游地区水资源和生态系统的影响等研究，并聚焦高原水源涵养服务评估技术、水源涵养功能保护修复相关理论方法和技术体系、生态服务功能整体提升技术及模式等方面部署研究任务。

3）阶段目标

近期（2025年）：掌握青藏高原径流演变规律，摸清主要水源区生态环境问题。

中期（2035年）：建立水源涵养功能保护与修复相关理论方法和技术体系。

远期（2050年）：全面恢复高寒草甸草原、沼泽湿地等重要生态系统，切实提高区域水源涵养能力。

4）与重大任务的衔接

三江源自然保护区生态保护和建设工程的实施有效维持和修复了区域水源涵养能力，但与20世纪80年代相比仍有较大差距。在复杂的气候变化背景下，应继续加强三江源区等关键区域的水源涵养功能保护与修复，通过自然恢复和重大生态修复工程，遏制生态退化趋势，恢复高寒草甸草原、沼泽湿地等重要生态系统，提高高原地区水源涵养能力。

3."山水林田湖草沙冰"系统关联与综合治理

1）战略意义

山、水、林、田、湖、草、沙、冰等自然资源要素是地球系统的重要组成部分，对地球系统的生态安全有着直接影响。当前对于单一要素的科学研究已有大量成果，然而对于各要素间的互馈影响机理尚缺乏深入认识，难以实现高精度的综合系统模拟与决策支持。由于自然地理条件特殊，青藏高原各类自然资源要素共存，是进行"山水林田湖草沙冰"系统耦合机理研究和综合治理的天然实验场。因此，揭示气候变化背景下高原地区"山水林田湖草沙冰"系统各要素的关联机制，提出整体性、一体化的生态保护和修复方案，对于青藏高原乃至我国整个西部地区生态安全屏障建设都具有重要意义。

2）主要内涵

重点开展"山水林田湖草沙冰"系统对管理措施的响应及其演变机制、"山水林田湖草沙冰"各要素耦合与中长期演替过程模拟模型、"山水林田湖草沙冰"各要素间生态耦合与区域生态系统碳汇能力等服务功能的时空演变与稳定维持机制等研究，并聚焦"山水林田湖草沙冰"综合治理理论方法和技术体系、多尺度生态系统稳定性维持技术、基于自然的"山水林田湖草沙冰"一体化生态修复理论与技术体系、一体化生态修复效应评估方法与标准等方面部署研究任务。

3）阶段目标

近期（2025年）：揭示"山水林田湖草沙冰"各要素耦合与中长期演替过程及其碳汇能力等服务功能演变机制。

中期（2035年）：研发"山水林田湖草沙冰"综合治理理论方法和技术体系。

远期（2050年）：全面恢复"山水林田湖草沙冰"等生态系统的生态服务能力。

4)与重大任务的衔接

"山水林田湖草沙冰"系统治理是新时期"美丽中国"生态建设的战略途径。"十三五"期间,科技部"典型脆弱生态修复与保护研究"重点专项聚焦青藏高原高寒草地,开展了草地修复与质量提升技术研发工作。本关键性科技问题可以此为基础,进一步强化高原地区"山水林田湖草沙冰"生态系统的整体性和一体化研究,探索系统整体保护与恢复技术方案。

4. 重大水灾害形成机理、预测方法与风险防控策略

1)战略意义

在全球变化背景下,高原地区正面临着更为频繁的极端天气事件,这一现象与冰川加速消融紧密相连,给当地乃至邻近区域带来了潜在风险,其中包括山体滑坡、泥石流、冰湖溃决、山洪、雪灾、干旱和土壤冻融作用引起的地面变形等一系列自然灾害,这些灾害不仅危及生态系统,对人类生命安全构成威胁,同时也阻碍了地区的可持续发展。尤为值得注意的是,在喜马拉雅山脉、兴都库什山脉和喀喇昆仑山脉等地区,上述问题的表现更为显著。因此,亟须开展青藏高原地区重大水灾害形成机理、预测方法与风险防控策略研究,最大限度地规避水旱灾害影响。

2)主要内涵

重点开展青藏高原水灾害风险专项调查与评估、水灾害基础数据库建设、水旱灾害过程模拟、气候变化与人类活动作用下区域水灾害成灾致灾机理、水灾害衍生地质灾害复合灾变时空变异分布及复合灾害衍生风险与多灾种组合灾变风险传递机制等研究,并聚焦重大水灾害隐患综合遥感识别技术、水旱灾害精准诊断与风险评估技术、流域及区域旱涝灾害社会化管控与全景分析平台、重大水灾害"监测—预警—响应"技术体系及方案、综合减灾与重大工程安全防护体系、多国协调的灾害防控信息共享和减灾协同机制等方面部署研究任务。

3）阶段目标

近期（2025年）：系统调查青藏高原水灾害，建立基础数据库；揭示水灾害灾变机理与灾害发展趋势。

中期（2035年）：准确预测未来气候变化下的灾害风险，提出针对性的风险防控对策。

远期（2050年）：研发针对特大灾害的监测和防控技术，建立多国协调的灾害防控信息共享和减灾协同机制，提高应对灾害风险的能力。

4）与重大任务的衔接

"十三五"期间，科技部"重大自然灾害监测预警与防范"重点专项针对青藏高原水旱灾害部署了多个项目，围绕高原流域水动力型特大滑坡灾害致灾机理开展研究部署，研发了区域风险防控技术。本任务将在已有部署项目的基础上，加强对高原全境特别是水旱灾害多发区的调查研究，建立高原水旱灾害基础数据库，研发有针对性的灾害预测和防范技术方案。

（二）基础性科技问题

1. 青藏高原水文与水资源野外观测站网优化设计

1）战略意义

水文与水资源监测是高原水资源开发利用的基础，是水文与水资源管理工作中必不可少的组成部分。通过加强水文与水资源监测，能够更好地掌握水系统的动态变化，及时发现问题，从而对水资源开发利用形成指导，保证水资源的可持续利用。此外，具有高时空分辨率的、智能化的青藏高原水文与水资源野外观测站网对于精准评估"亚洲水塔"的水量，分析"亚洲水塔"水资源演变及驱动、水–社会经济–生态系统之间的相互作用和耦合关系，可持续开发利用区域水资源，以及水灾害预警、预报和风险防控等都具有重要意义。

2）遴选依据

针对区域大气降水、蒸发蒸腾、河川径流、断面流量、地下水补排等水循环过程开展系统性连续观测，是水资源调查、研究和管理的重要依据。中国水循环野外观测站虽然已取得了丰硕成果，但仍存在观测站空间布局不合理、部分区域代表性丧失、设备老化落后等问题，这些问题在经济发展水平相对落后、观测条件艰苦的青藏高原地区尤为突出。有限的水文与水资源野外观测站与青藏高原的"亚洲水塔"和生态安全屏障战略地位不相匹配，难以为高原水资源可持续开发利用和生态安全屏障建设提供有效支撑。

3）主要内涵

立足青藏高原水文与水资源站网现状及存在问题，以需求为导向，对高原现有水文与水资源观测站网进行优化、调整、补充与完善，构建水文与水资源观测骨干站、辅助站、卫星产品试验站三级水文与水资源观测站。面向更加科学的水文与水资源观测站网布局，以及更加合理、明确的观测任务部署，实现全域水文与水资源全要素观测的智能化、国产化，为开展气候变化对高原水文与水资源、生态环境质量的影响的评估，以及水与社会经济、生态系统之间的耦合作用关系研究等提供数据支撑。

4）阶段目标

近期（2025年）：制定针对高寒环境下缺资料地区的空–天–地一体化水文观测站网优化方案。

中期（2035年）：完成空–天–地一体化和智能化的水文观测站网优化布局和建设。

远期（2050年）：实现空–天–地一体化水文大数据智能化管理与共享。

5）研究基础

在国家各部委、中国科学院、高等院校和地方部门的共同建设下，青藏高原现建有水文站200余个，主要分布于高原中东部地区。为了适应新时期的水文与水资源研究，西藏自治区、青海省等地出台了短期的观测站网优化调整布局规划。本基础性科技任务的开展是对已有方案的有益补充，有助于进一步强化青藏高原的水文监测能力，提高水文与水资源信息采集传输的自动化、现代化水平和共享能力。此外，近年来，物联网技术被广泛应用于水资源监测中，进一步实现了监测数据的网关汇总和上报，为空－天－地一体化观测站网的建设奠定了良好的基础。

2. 高原水文与水资源模拟预报预警平台研发

1）战略意义

青藏高原水资源丰富，但时空分布不均，在全球变暖背景下，极端气候水文事件频繁发生，泥石流、崩塌、滑坡、冰湖溃决、山洪、雪灾、干旱和冻胀融沉等灾害呈现多发趋势，严重威胁区域及周边地区水资源、生态环境和人民生命安全。因此，建立高原地区水文与水资源模拟预报预警平台对于区域水资源智能调度、精细化管理、可持续开发利用以及防灾减灾都具有重要意义。

2）遴选依据

青藏高原气候复杂多变，是全球气候变化的敏感区域；季风和西风的共同作用增强了青藏高原的水循环过程，导致降水、冰川、湖泊和径流变化的空间差异进一步加剧，严重影响了"亚洲水塔"对水资源的调节作用。同时，极端天气事件增加，导致洪涝灾害、冰湖溃决、泥石流灾害等事件发生，造成水土资源的流失，给区域及周边地区的水资源和生态环境安全带来威胁。然而，针对青藏高原特殊环境条件的水文与水资源模拟预报预警平台至今尚未建立。

3）主要内涵

结合青藏高原的自然地理环境条件，以水资源可持续开发利用、水资源服务区域社会经济发展和生态安全屏障建设、防灾减灾等需求为导向，围绕水文与水资源各专业领域信息化、智能化业务发展要求，充分利用空-天-地等多源监测数据资料和已有水循环过程模型、水与生态系统模型、大数据分析和挖掘方法等，构建基于统一架构的集监控管理、大数据分析、智能应用于一体的高原水文与水资源模拟预报预警平台，实现径流的短期、中期和长期预报，以及水旱灾害的监测预警。

4）阶段目标

近期（2025年）：完成高原水文与水资源模拟预报预警平台总体设计方案。

中期（2035年）：初步建成高原水文与水资源模拟预报预警平台。

远期（2050年）：建成高原水文与水资源模拟预报预警平台，正式发布并应用于相关部门。

5）研究基础

目前已积累了较为丰富的青藏高原地区第一手水文气象观测资料、全球或区域性地面水文气象要素驱动数据集（CLDAS[①]、CMADS[②]、GLDAS[③]、CMIP[④]等）、针对高原寒区特殊条件多圈层过程相互作用的陆面及水文模型，这些为平台的搭建提供了数据、理论和方法的支持。同时，青藏高原水文与水资源模拟预报预警平台也是对国家水文与水资源预报预警的有益拓展和补充。

3. 高原水科学数据信息共享平台建设

1）战略意义

青藏高原水科学数据是我国科技创新和经济社会发展的重要基础性

[①] 中国气象局陆面数据同化系统（China Meteorological Administration Land Data Assimilation System，CLDAS）。

[②] SWAT模型中国大气同化驱动数据集（China Meteorological Assimilation Driving Datasets for the SWAT Model，CMADS）。

[③] 全球陆地数据同化系统（Global Land Data Assimilation System，GLDAS）。

[④] 国际耦合模式比较计划（Coupled Model Intercomparison Project，CMIP）。

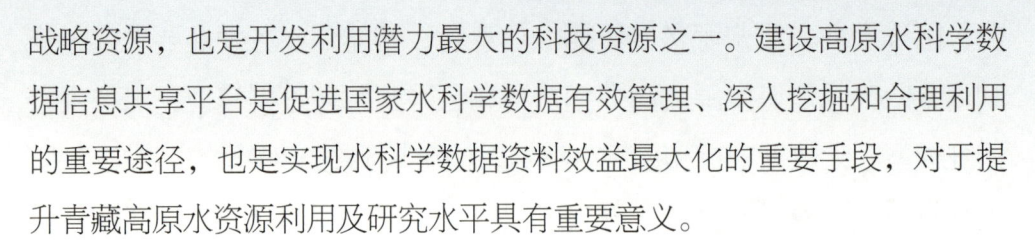

战略资源，也是开发利用潜力最大的科技资源之一。建设高原水科学数据信息共享平台是促进国家水科学数据有效管理、深入挖掘和合理利用的重要途径，也是实现水科学数据资料效益最大化的重要手段，对于提升青藏高原水资源利用及研究水平具有重要意义。

2）遴选依据

在国家和地方有关部门的部署和推动下，已经产生了丰富多样的青藏高原水科学数据。然而，这些数据多分散在业务部门、科研院所、项目组等，各类数据之间互动性差、利用效率低，不仅直接导致科研经费的重复投入和数据资源的浪费，也难以支撑目标多元化的水科学研究需求。尽管当前已建成一些水科学数据信息共享平台，但资料较少且共享程度有限，也缺乏对数据的挖掘整合功能。因此，迫切需要研发集数据仓储、分析、应用和共享等多功能为一体的水科学数据信息共享服务平台，实现青藏高原水科学数据的共享管理与有效利用，为推动高原水资源利用及科学研究水平，以及减少科技领域的资源浪费做出积极贡献。

3）主要内涵

在遵循国家《科学数据管理办法》等相关规定的基础上，进一步完善科研数据共享政策法规，严格科研成果数据管理，以国家青藏高原科学数据中心为依托，扩展青藏高原水资源相关数据的获取范围，完善和优化高原水资源专题数据共享服务网络和平台。

4）阶段目标

近期（2025年）：以国家青藏高原科学数据中心为基础，完成青藏高原水科学数据信息共享平台总体设计方案。

中期（2035年）：建成青藏高原水科学数据信息共享平台，实现高原水科学数据的收集、共享与发布。

远期（2050年）：在符合保密要求的前提下，建立青藏高原水科学数据信息共享平台与国际主要出版社数据仓储之间的合作关系，实现青藏高原水科学数据的全球共享服务。

5）研究基础

国家青藏高原科学数据中心是中国科学院战略性先导科技专项（A类）"泛第三极环境变化与绿色丝绸之路建设"和"地球大数据科学工程"的共同研究成果，是我国唯一针对青藏高原及周边地区的科学数据门类最全、最权威的数据平台，现已整合区域大气、冰冻圈、水文、生态、地质、地球物理、自然资源、基础地理、社会经济等数据资源，实现了高原科学数据、方法、模型与服务的广泛集成。青藏高原水科学数据信息共享平台可依托该中心建设，实现青藏高原水科学数据的集成、共享与发布。

4. 青藏高原水科学知识科普阵地建设

1）战略意义

青藏高原作为"亚洲水塔"，水资源丰富，水系统组成成分复杂多样，在气候变化和人类活动的共同影响下，水资源时空分布格局发生了显著变化。建设青藏高原水科学知识科普阵地，将有助于加强公众对"亚洲水塔"的认识，增强民众对水循环、水资源等相关知识的了解，营造全民参与治水、节水、护水的良好氛围，进而助力高原水资源的可持续开发利用和生态安全屏障建设。

2）遴选依据

青藏高原特殊的地理位置、自然景观和少数民族特色长期吸引着国内外旅游爱好者的目光，跨境地缘政治带来的水争端问题也是周边各国关注的焦点。然而，当前公众对于跨境河流境内段水文调节对下游的影响非常有限这一事实认识不足，给跨境河流水资源开发带来了一定困难。开展"亚洲水塔"水科学知识科普将有助于解决以上问题。

3）主要内涵

按照《中华人民共和国科学技术普及法》的要求，充分借鉴已有科普阵地的建设经验，建立网页、微信公众号等网络科普平台，向公众科普以青藏高原"亚洲水塔"的形成、地位、作用、变化和影响，水–生态–社会经济的相互关系，以及水资源利用技术等为核心内容的水科学知识，培育公众的民族自豪感及节水和护水意识，加深公众对水与生态系统之间相互关系的理解。

4）阶段目标

近期（2025年）：建立青藏高原水科学知识科普阵地。

中期（2035年）：与国际水资源协会等国际组织合作，实现青藏高原水科学知识科普阵地的国际化。

远期（2050年）：将青藏高原水科学知识科普阵地建设成在国际上具有一定影响力的科普教育平台。

5）研究基础

青藏高原水循环、水资源利用、水资源与生态屏障建设的关系等方面的研究虽然起步较晚，但进展迅速，现已取得丰硕的成果。在水科学知识科普阵地建设方面，国内外已有一些宣传网页、微信公众号和线下展厅等科普阵地，相关技术较为成熟，运行管理经验丰富，可为建设青藏高原水科学知识科普阵地提供很好的数据、案例素材和技术支持。此外，青藏高原水科学知识科普阵地还可与国家科普阵地合作，扩大传播力和影响力，这是对已有科普阵地的重要补充。

三、组织实施

根据国家部委和中国科学院已有的科技任务部署成效与当前部署情况，依托相关研究成果与已建成的观测研究网络，针对三层次科技问题特别是战略性重大科技问题，布局重点科技任务，进行科研攻关；围绕重点科技任务，跨机构、跨部门、跨领域组织科研团队，充分发挥学科交叉和人才优势，开展协同攻关，确保产出关键性、引领性、系统性的重大科研成果；依托在水资源领域具有核心竞争力的科研院所、高校、企业建立协同研究中心，着力解决水资源领域支撑青藏高原生态屏障建设的重大科学问题，提出系统解决方案；推动中国科学院及所属研究所与青藏高原有关地方单位开展合作，共同承担国家、中国科学院与地方重要科技项目，建立常态化合作机制，为相关科技任务的实施提供地方配套条件和支撑。

第四节 促进青藏高原水资源利用领域科技发展的举措建议

在气候变化和人类活动的共同影响下，青藏高原地区的水循环过程更加复杂。加强青藏高原水资源监测基础设施建设，强化西北干旱内陆区和跨境河流等重点领域和地区的水资源研究，厘清变化环境下青藏高原水资源的时空分布格局，提出相应的风险应对措施与方案，是保护和利用高原水资源、促进当地社会经济可持续发展的重要基础。

一、水资源利用领域支撑青藏高原生态屏障建设的重大举措建议

（一）青藏高原地下水系统研究

青藏高原受到东亚季风、印度季风以及西风带的控制，在喜马拉雅山等众多山脉地形的影响下，形成了北纬30°独特的气候特征，孕育了我国长江、黄河、澜沧江、怒江等大江大河。除了高寒区冰川冻土的影响，地下水系统对河源区的径流形成起到了至关重要的作用，冰川冻土的退化也对地下水的水量、途径和传输时间产生了显著影响。在气候变化背

景下，对于青藏高原地下水资源配置发生了什么变化，对水循环的作用机理产生了什么新的认识，以及对城市化发展和生态文明建设有什么影响，相关的机理理论和技术方法研究仍然欠缺，水利部、科技部和国家自然科学基金委员会应该增加青藏高原水资源系统研究的经费投入和项目立项，加快高寒区科研工作人才队伍建设和技术储备，提升高寒区水文与水资源科研水平。

对于地下水系统研究，需要全面开展地下水监测、分析与预测，有效监控并提供地下水动态信息，重点加强供水水源地、城市建成区和生态保护区等区域的监测与分析，提供重点区域地下水的动态变化和蓄变量分析成果，为合理开发利用和有效保护地下水资源，以及防止地下水不合理开采引起的地面沉降等生态环境灾害提供技术支持。

（二）柴达木盆地水资源量精准评估

柴达木盆地位于我国西部祁连山与昆仑山之间，属极干旱区域。柴达木盆地多年平均水资源总量是 55.88 亿米³（水利部水利水电规划设计总院，2014）。时至今日，这一成果的时效性有所减弱：一是该数据以2007 年以前的水文系列为基础，已过去十几年时间；二是该地区水文站点十分稀疏，资料断断续续；三是采用的传统实测还原法在站点稀疏的情况下有天然不足。

鉴于柴达木盆地水资源量的时空分布变化剧烈和监测站网缺失问题，有必要开展新一轮的水资源精准评价，采用新的方法，延长新系列，融合新数据，以及增强新精度。应基于分布式水文模型，耦合冰川、积雪、冻土和植被的动态生长过程，以精细刻画水文过程和下垫面条件，创新多源数据融合方法，全面集成卫星数据、雷达数据、气象观测数据、同化数据及全球气候模式等生产高精度降水数据，进一步提升数据质量和模型预估的准确性。

(三) 跨境河流水资源的科学分配

发源于青藏高原的河流多为跨境河流，上下游国家以水为纽带，建立起了错综复杂的政治、经济、文化联系，是流域水安全和生态文明建设的命运共同体和责任共同体。亚洲大陆的主要国际大河大多发源于我国，特殊的区位使得我国成为亚洲乃至全球最重要的上游水道国之一，因此我国面临复杂的跨境水资源分配问题。21世纪以来，在全球性水资源短缺和跨境资源环境冲突问题日益突出的趋势下，跨境水资源的合理分配、利用及协调管理与复杂的地缘政治、区域经济等跨境问题交互影响，越来越受到社会各界的关注。科学分配跨境河流的水资源是保证区域可持续发展的关键，对"一带一路"建设也具有重要的现实价值。

面对青藏高原的环境变化和跨境河流下游地区水资源需求增加的双重问题，科学分配跨境河流水资源需要关注以下五个方面的科学问题：①青藏高原陆表环境变化与下游流域水文过程的关联机制。青藏高原环境变化与下游流域水文过程存在复杂的相互作用，深入理解流域上下游水文过程变化机理及其关联机制是定量评估"亚洲水塔"的变化与下游水资源的连锁效应的科学基础。②"亚洲水塔"的变化对下游地区水资源风险的叠加效应。全球变化背景下，下游地区的水资源风险是多种因素叠加作用的结果，亟待对下游地区自身与上游变化引起的风险进行定量分析，阐述我国境内段水文调节对下游的影响非常有限这一事实，阐明水文风险传播机制及区域贡献。③"亚洲水塔"水源地的变化对下游水资源的影响预估及其不确定性。目前水文模型的能力还不足以模拟"亚洲水塔"的变化对下游的影响，预估的不确定性非常大，提高水文模型的模拟和预测预估能力，减少未来预估的不确定性，是关键科学问题之一。④"亚洲水塔"变化背景下跨境流域水资源系统恢复力。未来"亚洲水塔"的变化极有可能对下游地区的水资源系统产生显著影响，如增加水资源风险,影响到下游地区的供水安全、防洪安全和生态安全。面对"亚洲水塔"的影响的不确定性,应通过研究流域下游水资源的系统恢复力,主动应对风险,尽可能地减少"亚洲水塔"的变化带来的不利影响。⑤流域水安全评估与保障机制。科学评估洪水、干旱等极端水文事件的时空分布规律,从水量、水质、生态等维度评估水资源短缺在流域内的呈现形式及发生发展规律,以及流域水安全的时空分布格局及未来演变态势,保障流域水与生态安全。

围绕上述科学问题,未来需要从以下四个方面开展工作:①探索青藏高原环境变化与下游流域水文过程的相互作用,揭示流域上下游之间的关联机制,阐明"亚洲水塔"的变化对下游地区水系统的影响,阐述我国境内段水文调节对下游影响有限的科学事实;②发展全流域水循环过程综合集成模型及水与生态系统模型,开展从高寒山区到河口三角洲的全流域水文生态过程高精度模拟,预估"亚洲水塔"水源地变化对下游水资源的影响;③评估"亚洲水塔"变化背景下流域水资源风险,聚焦洪水、干旱、三维水资源短缺等不同类型的水安全问题,编制风险图集与风险区划,发展气候变化背景下流域水资源系统恢复力建设的框架;④构建渐进式生态修复理论框架与方法,分析从上游到下游全流域生态退化程度,阐明河流生态退化驱动因素,厘清流域水生态系统保护与修复模式,提出保障流域水与生态安全的科学路径。

二、水资源利用领域与其他领域交叉融合发展共同支撑青藏高原生态屏障建设的重大举措建议

青藏高原作为"亚洲水塔",是我国重要的生态安全屏障。在全球气候变化和人类活动的共同作用下,伴随着水资源现状的改变,高原地区的生态环境也发生了一系列的变化,进而对区域水资源安全及其生态屏

障功能产生影响，例如暖湿化趋势引起的冰雪融水补给变化对我国西北内陆干旱区水资源安全的影响、雅鲁藏布江下游水电开发对流域水陆生态功能和水资源格局的影响、气候变化和人类活动共同作用引起的高原水土流失增加对区域生态环境的影响等。深入研究并揭示气候变化和人类活动共同影响背景下高原生态环境与水资源的耦合变化与高原生态屏障功能的互动机制，并提出相应的举措建议，对于青藏高原生态屏障建设具有重要意义。

（一）雅鲁藏布江流域水陆生态特征及雅鲁藏布江下游水电开发的影响

雅鲁藏布江流域河流能量高、地质地貌活动强烈，在地震活动、冰川融化与极端降水的叠加作用下，流域生态水文过程复杂，河流生态地貌演变剧烈，环境梯度巨大，是我国生物多样性最丰富的地区之一，许多常态下的科学认识在此区域均失效。地形急变和巨大的河道坡降使得以雅鲁藏布江中下游为代表的河流蕴含着丰富的水能资源，且2/3以上的水能蕴藏量集中在雅鲁藏布江、澜沧江、怒江的中下游地区，以及察隅河、丹龙曲流域。但由于区域生态环境极为敏感，水电开发和生态保护也成为争议的热点（Brown and Xu，2010；Kibler and Tullos，2013）。

对建坝河流的生态效应研究数量总体不多，对雅鲁藏布江的相关研究文献则更少。大坝通过淹没滨岸栖息地，对浮游生物、底栖动物和鱼类产生影响（Ward，2013）。不同河流建坝的生态影响因河流本底条件不同而差异极大。Mbaka和Mwaniki（2015）统计了全球94座坝对河流底栖动物群的影响，指出建坝对底栖动物群落的丰度和密度的影响或积极或消极，统计上并不显著。从河流地貌生态本底看，位于高原边缘的雅鲁藏布江大峡谷使雅鲁藏布江能量蕴藏巨大，伴随河流急剧下切，地震、滑坡、泥石流、冰川活动等挟带巨量泥沙进入河道，形成不同规模的堰塞湖，显著影响河流地貌和生态演变（Zhou et al.，2017）。

雅鲁藏布江下游河段总体上属于青藏高原鱼类向东洋鱼类过渡分布的水域，随着雅鲁藏布江水电工程的陆续实施，原始自然河道环境将发生重大改变，梯级水电站建设将加重峡谷区原有的天然阻隔作用，库区河段缓流化将使急流性鱼类种群数量减少，库区河段适宜产卵的生境将发生改变，可能进一步影响鱼类生存。对米林水电站规划情景下裂腹鱼类的潜在产卵场和成鱼栖息地分布的评价结果表明，建坝前适合产卵的区域在坝上游河段较多；建坝后坝上游适合产卵的区域数量相比建坝前增加，呈现出散布在河道内的形势，坝下游适宜产卵的区域数量相比建坝前变化不大。同时，对于裂腹鱼类的成鱼，建坝导致河流的径流情势发生变化，枯水期成鱼的有效利用面积相比建坝前减小，而丰水期成鱼的有效利用面积相比建坝前增大，水库优化调度可能优化成鱼的有效栖息地面积。

总体上，建坝后库区流速减缓，水深增加，黑斑原鮡、黄斑褶鮡、双须叶须鱼等急流性鱼类可能会减少，坝下水量减少，原有的裂腹鱼类、高原鳅类的栖息地可能会缩减甚至消失，但也有可能在适当河段出现一些新的栖息地。下游帕隆藏布汇口至国境线段的鱼类多样性较高，弧唇裂腹鱼、墨脱四须鲃等喜急流生境的鱼类对水能开发高度敏感，须重点关注；而墨脱裂腹鱼、西藏墨头鱼、平鳍裸吻鱼等对流速的要求相对较低，种类面临的威胁相对较小。墨脱德尔贡河特有鱼类国家级水产种质资源保护区的主要保护对象为浅棕条鳅、平鳍裸吻鱼、墨脱四须鲃、西藏墨头鱼、墨脱裂腹鱼、弧唇裂腹鱼、黄斑褶鮡、墨脱纹胸鮡、平唇鮡、藏鲵等，协同水库优化调度，可进一步减少水电开发对河流生态的影响。

面向西藏自治区建设我国大型清洁能源基地的现实需求，针对雅鲁藏布江下游水力资源的开发必须从流域和区域层面统筹考虑，构建雅鲁藏布江水能开发生态保护对策措施体系，坚持"点上开发、面上保护"的原则，避让重要的生态环境敏感区，通过采取科学合理的生态环境保护措施，减少对动植物物种的影响，不损害生态系统的稳定性和完整性，避免对生态安全战略格局造成影响，具体建议如下。

（1）加强水能开发生态环境保护顶层设计。建议从雅鲁藏布江下游生态系统完整性保护角度，将"生态优先、绿色发展"理念贯穿于工程规划布局、设计施工、运行管理全过程，以"保护优先"的理念做好雅鲁藏布江下游水能生态环境保护顶层设计，作为水能等资源开发的指导依据。

（2）系统构建生态环境保护措施体系。建议根据河段生境特点、物种分布、水文特征和梯级工程特性及影响分段研究，遵循预防为主的原则，以系统的水环境监测为依托，从河流生态环境整体考虑，建立多种措施相结合的综合生态环境保护措施体系。

（3）加强生态环境保护基础数据建设。生态环境监测是生态环境保护的基础，但是西藏地区监测站网薄弱，缺乏统一的生态环境监测体系，难以为能源开发和生态环境保护提供有效支撑，建议建立雅鲁藏布江下游生态环境质量监测网络，为适应性管理及持续优化提供基础。

（4）加强生态保护关键技术研究。建议加强雅鲁藏布江开发战略中面向水陆生态系统保护的研究，包括生态保护的关键技术，寻求基于自然的解决方案，确定雅鲁藏布江下游水电开发、社会经济发展、生态保护协同最优路径。

（二）河源区输沙研究与水土流失治理

青藏高原整体而言具有土壤侵蚀面积广、侵蚀类型多样、侵蚀强度大的特点。20世纪60年代以来，青藏高原地区先后部署了一系列的生态治理工程，包括西藏自治区生态安全屏障保护与建设、"两江四河"流域造林绿化，以及青海省祁连山黑河流域"山水林田湖"生态保护修复、三江源生态保护和建设等重点工程，在区域水土流失治理中发挥了重要作用，区域生态环境得到有效改善。然而，20世纪60年代以来，在区

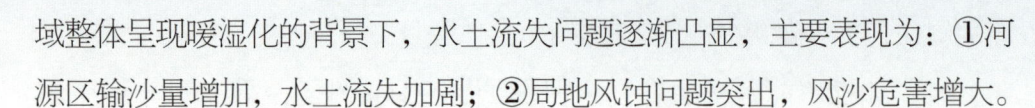

域整体呈现暖湿化的背景下，水土流失问题逐渐凸显，主要表现为：①河源区输沙量增加，水土流失加剧；②局地风蚀问题突出，风沙危害增大。

近年来，青藏高原水土流失问题加剧主要受气候变化、人类活动以及针对性治理措施不完善等多种因素影响，具体包括以下方面。

（1）观测资料缺乏造成对水土流失问题认识不足，暖湿化背景下冻融区的水蚀问题凸显。由于观测资料缺乏、研究基础薄弱，在1980~2020年的全国水土流失相关调查中，冻融侵蚀区均不计入水土流失面积，未纳入水土保持规划，从而忽视了冻融区的水土流失问题。2023年最新核定的青藏高原水力侵蚀面积比以往调查结果增加了20多万千米^2。此外，在青藏高原暖湿化背景下，冻融影响区的冰川和冻土整体上处于退缩状态，冻土解冻后地表松散，植被条件较差，加上降水和冰川融水增加，极易形成水土流失。在冻融区的水土流失问题长期被忽视和气候暖湿化的共同作用下，局地水土流失风险将持续增加。

（2）特殊地质环境背景下，气候变化和人类活动共同加剧了局地的风沙灾害。风力侵蚀强度与青藏高原的季风、气温和降水等因素密切相关。除了东南部，青藏高原其余大部分地区属于干旱半干旱气候，降水稀少，表现出较强的风力侵蚀；藏北高原、雅鲁藏布江藏南谷地、柴达木盆地和青南高原等区域地表有大量的第四纪松散沉积物，为风沙的形成提供了充足的物质来源；此外，风季通常与干季同步，进一步加剧了土地沙化。近年来，高原气温不断升高、冰川退缩、雪线上升，出现大量裸露地表，提高了风沙形成的潜在风险，三江源地区因气候变暖已成为青藏高原沙尘暴的起源地之一。另外，部分区域下垫面近年来受到过度人为干扰，如采集药用植被、过度放牧和采沙挖金等活动破坏了地表植被，为风沙提供了更多的物质来源，增加了风沙灾害的发生频次和强度。

（3）人类活动日趋频繁，部分地区局地扰动强度增大，恢复措施不足。首先，近年来，青藏高原基础建设快速发展，各类工程建设项目迅速增加。据调查，1980～2020年青藏高原公路总长度增长超过4倍（张镱锂等，2019）。部分工程建设过程中的取土、填方、深挖和弃土等作业缺乏有效的保护恢复措施，导致草皮脱落、砂石裸露、边坡失稳，引起局部严重的水土流失。其次，部分地区放牧不合理，超过了草场的实际承载力；同时，鼠害也是青藏高原部分草地退化的重要原因之一，鼠类过量啃食引起草地植被退化，其掘洞习性还造成草毡层根系破坏，使水土流失更加严重。一些地区以水土保持为目标的局地扰动恢复措施仍不足。

（4）现有水土流失治理存在短板，水土保持综合治理工程布设不足。由于对青藏高原水土流失现状的认识与规划不足，目前仍缺乏有针对性的土壤侵蚀分区防控对策与治理方案。在新发现的水土流失范围内，现有水土保持专项治理工程的规模和范围均较小，无法在空间上覆盖水土流失严重区域；国家公园等自然保护区针对水土流失的治理措施不足，一定程度上限制了其水土保持作用的发挥；此外，水土流失治理多以行政区为单位组织实施，忽视了水土流失区治理与水土保持规划的整体性，跨行政区域的具有一定规模的国家级水土保持综合治理工程布设不足，尚未从整体上有效改善青藏高原水土流失状况。

针对青藏高原水土流失现状及其成因，需要在基础观测、机理分析、治理措施、实施监管等方面多方位、多角度地加强研究，逐步实现水土流失治理，具体的对策与建议包括以下方面。

（1）建立青藏高原土壤侵蚀基础观测研究网络，建设开放共享的数据平台。围绕土壤侵蚀和水土流失治理相关主题，推动野外观测网络建设；充分利用物联网等新兴技术，建设以无人值守及数据自动传输为主的新型野外监测站，构建空–天–地一体化的土壤侵蚀观测研究网络，实现理论、实际、预报相结合，开展长期、稳定、连续的系统性观测与评估；依托国家青藏高原科学数据中心，建立统一观测标准和技术规范，构建多目标、多维度的决策支持系统，建设集观测、传输、存储、质控、决策、共享服务于一体的野外观测网络大数据管理平台。

（2）通过推动实施重大研究计划，推动青藏高原土壤侵蚀基础研究。面向国家重大战略需求和国际科学前沿，通过多部门联合组织实施国家重大科技任务，推动青藏高原土壤侵蚀基础研究的系统部署和统筹实施。

（3）结合区域水土流失治理目标，实施相应的水土保持措施。通过实地调研与遥感空间分析，确定不同区域的重点防治对象，实施相应的水土流失防治措施，包括封禁治理、水电开发与道路工程生态恢复、给排水工程措施、水土保持林草地营造、封育保护。

（4）加强重点区域水土流失治理，打造水土保持生态文明建设示范区。打破传统的行政区划界限，遵循高原水土流失的整体性和内在规律，综合分析区域水土流失防治现状和趋势，编制青藏高原水土保持总体规划，明确阶段性治理目标与重点任务，优化重大水土保持综合治理工程布局。

（5）加大水土保持监管力度，提升行政主管部门的管理能力。逐步建立和完善高原水土流失易发区管理机制。加强水土流失严重区的动态实时监测与预警，完善事前、事中、事后监管制度，全面提升行政主管部门的监管能力；制定专门的高原施工技术规范与标准，全面监控和治理道路、工矿等生产建设活动和项目造成的水土流失；实施草地质量动态监测与动态评估，加强草地系统化、动态化管理。

第五节　促进青藏高原水资源利用领域科技发展的战略保障

（1）体制机制保障。成立水资源利用支撑青藏高原生态屏障建设工作组，统筹各方力量，自上而下与自下而上相结合，完善生态屏障建设中央—地方—科研机构联动协作机制；探索多元化生态补偿机制，建立跨地区、跨流域补偿示范区。

（2）平台建设保障。完善和优化青藏高原地区特别是大江大河源区空－天－地多维水资源要素观测网络，加强水资源和生态环境保护数据库平台建设；构建流域/区域综合模拟重大科学装置；通过科技部、国家自然科学基金委员会、地方等平台加大针对青藏高原生态屏障区的研究经费保障力度。

（3）数据协同保障。建立水资源要素指标监测质量控制标准和数据质量评估方案、规范的仪器维护和标定方法，并依据我国《科学数据管理办法》和有关保密法规，健全科研数据共享政策法规，完善数据汇交和共享体系，推动科研数据开放共享，实现数据效益最大化。

（4）人才资源保障。加大人才队伍建设经费投入，针对水资源支撑青藏高原生态屏障建设研究领域，以科技和培训项目带动区域人才队伍建设，切实改善区域水资源与生态环境保护研究的人才规模、结构、素质。

（5）国际合作保障。发挥中国在联合国教科文组织、国际水资源协会等国际科学组织中的作用，依托已有的双边和多边国际合作平台，如"一带一路"国际科学组织联盟、澜沧江—湄公河合作机制、国际山地综合开发中心及"第三极环境"（Third Pole Environment，TPE）国际计划等，以及科技部、国家自然科学基金委员会和中国科学院与其他国家相关机构之间的合作平台，开展针对青藏高原生态屏障区的水资源国际合作研究项目，积极引进科技人才，输出科技影响力，加强和拓展该领域的国际合作研究力量，及时掌握全球及青藏高原水资源研究热点、趋势，力争引领高原水资源利用研究领域创新发展。

第三章

黄土高原生态屏障区水资源利用领域发展战略

第一节　黄土高原区域特色与水和生态问题

一、黄土高原区域特征

（一）自然地理特征

1. 地形地貌

黄土高原是我国独特的地貌单元之一，海拔 800~3000 米，以六盘山和吕梁山为界，可分为东、中、西三部分。六盘山以西为黄土高原西部，海拔 2000~3000 米，是黄土高原地势最高的地区；六盘山与吕梁山之间为黄土高原中部，海拔 1000~2000 米，是黄土高原的主体；吕梁山以东为黄土高原东部，海拔 800~1000 米，河谷平原占比较大。

黄土高原根据地貌类型可分为黄土丘陵沟壑区、黄土高塬沟壑区、土石山区、汾渭平原、毛乌素沙地、河套及内蒙古灌区等（唐克丽等，2004；He et al.，2006）。黄土丘陵沟壑区与黄土高塬沟壑区具有显著的地貌特征，包括黄土塬、黄土梁、黄土峁和黄土阶地。"塬"通常边缘陡峭、顶部平坦，如泾河流域的董志塬和北洛河流域的洛川塬；"梁"和"峁"被沟谷分割，梁呈长条状垄岗，峁呈圆形山头。土石山区多分布在黄土高原周边，包括秦岭、六盘山、吕梁山、太行山等；平原区主要包括河套平原、关中盆地、临汾/运城盆地、太原盆地，是黄河上中游的主要灌区和用水区。

2. 气候

黄土高原属于典型的大陆性季风气候区，夏秋季节炎热多雨，冬春季节寒冷干燥。黄土高原东部和南部属于暖温带半湿润气候区，中部属于暖温带半干旱气候区，西部和北部则属于中温带半干旱气候区。

黄土高原多年平均温度为 6.9~12.2℃，全年无霜期 120~250 天，日照时数 1900~3200 时，年均太阳辐射总量为 $5.0×10^9$~$6.3×10^9$ 焦/米^2。降水 400 毫米等值线通过榆林、靖边、环县、固原北部一带，将整个黄土高原划分为东南和西北两个部分。降水量从西北向东南逐渐增加，东南部年降水量在 500 毫米以上，西北部年降水量仅在 200 毫米左右。黄土高原年潜在蒸散发普遍高于实际降水量，范围为 865~1274 毫米（贾小旭，2014）。

3. 水文

黄河流经黄土高原，其一级支流主要包括湟水、洮河、祖厉河、清水河、大黑河、皇甫川、窟野河、无定河、汾河、渭河、伊洛河、沁河、大汶河等。黄土高原受季风气候影响，降水分布不均匀，易形成丰水年雨涝洪灾、枯水年干旱缺水的现象，丰水年径流量是枯水年的 2~4 倍。径流年内分配主要集中在汛期（7~10 月），占年径流量的 60%~70%，且挟带大量泥沙，汛期输沙量占年输沙量的 70%~80%。黄土高原地处干旱与半干旱地区，降水量少，水资源短缺，人均径流量较少，仅相当于全国平均水平的 1/5。黄河流域曾在 1922~1932 年和 1969~1974 年出现连续 11 年和连续 6 年的枯水期（史辅成等，1991）。

4. 土壤

黄土高原大部分地区被黄土覆盖，平均厚度为 50~100 米，是世界上黄土分布最集中、覆盖厚度最大的区域。根据《黄土高原地区综合治理规划大纲（2010—2030 年）》，目前发现最厚的黄土层在兰州九州台，厚达 326 米。黄土层厚度分布大致从西北向东南方向递减，甘肃境内黄土层厚达 200~300 米，陕北黄土层厚达 100~150 米，晋西黄土层厚达 80~120 米，晋东南和豫西北部黄土层厚达 20~80 米。土壤类型有棕壤土、褐土、黑垆土、黄绵土、灰褐土、灰钙土、棕钙土、栗钙土、风沙土、灰漠土等。其中，黄绵土分布广泛，主要集中在黄土丘陵区，土层深厚、质地匀一、多孔疏松、透水透气，易于耕作，适于多种农作物，多年耕作熟化形成较肥沃的土壤，如垆土和黑垆土，但黄绵土质地疏松，易遭受水土流失。黄土高原土壤中钙、钾含量高，但有机质、氮素和磷素严重缺乏。

5. 植被

黄土高原植被分布具有水平地带性规律，自然植被自南向北呈森林向草原过渡的总体趋势。东部和南部的黄龙山、子午岭、渭北塬、吕梁山的植被分布以温带落叶阔叶林和温带针叶林为主（如油松、白皮松、华北落叶松、桦树等）；中部大部分地区（主要包括晋中、陕北、陇东和陇西南部）为半干旱草原带，其中绥德、米脂、安塞以南地区的植物有灌木绣线菊、酸枣、荆条、刺李、铁杆蒿等，再向北则以沙棘、锦鸡儿等耐旱灌木为主。西北部分地区地貌逐渐向沙漠演变，以荒漠草原为主。黄土高原东部的吕梁山脉、太行山脉以及南部的秦岭山脉的植被也呈明显的垂直地带性分布。按照温度状况、水分条件组合，并参照植被、土壤和农业特点，可以将黄土高原东部划分为暖温带半湿润的落叶阔叶林地带、暖温带半干旱的干草原地带、中温带干旱的半荒漠地带等三个自然地带。

6. 土壤侵蚀

黄土高原是我国乃至世界上土壤侵蚀危害最严重的地区之一，严重的水土流失是造成黄土高原土地退化和黄河大量泥沙淤积的主要原因，也是黄河流域暴雨洪水灾害的重要根源（刘国彬等，2008；Fu et al.，2017）。黄土高原的水土流失面积占比高达73%，20世纪六七十年代水土流失十分严重，年均土壤侵蚀模数可达到2万吨/千米^2（Lü et al.，2012），经过大规模的水土保持治理和退耕还林（草）举措的实施，坡面植被显著向好，土壤侵蚀模数显著降低，目前年均土壤侵蚀模数为3000～4000吨/千米^2（穆兴民等，2022）。

黄土高原土壤侵蚀可概括为三种类型：水力侵蚀、风力侵蚀和重力侵蚀。水力侵蚀是黄土高原中部及东南部水土流失的主要形式，占黄土高原总面积的52.7%，分布面积最广，危害最大。风力侵蚀是黄土高原西北部水土流失的主要形式，主要分布于内蒙古、陕北和宁夏境内，包括长城以北鄂尔多斯高原，占黄土高原总面积的14.1%（杨吉山等，2014）。风力侵蚀和水力侵蚀复合是造成黄土高原水土流失加剧的重要原因，复合侵蚀区地处生态环境脆弱地带，在时间上表现为风蚀、水蚀交替进行，在空间上表现为风蚀、水蚀复合侵蚀，主要分布在晋西北、陕北、宁夏、内蒙古、青海及陇东部分地区。重力侵蚀与水力侵蚀的复合作用是黄土高原坡沟发育、沟壑纵横的主要驱动力。在黄土高原丘陵沟壑区，重力侵蚀产沙量占流域总量的20%～25%，在高塬沟壑区占58%左右。

（二）黄土高原在全国生态格局中的定位

（1）国家生态安全重要屏障。黄土高原是国家重点生态功能区，是我国"两屏三带"生态安全战略格局的重要组成部分，是沙漠化防治的重点地区，更是黄河长治久安的关键所在。

（2）国家重要水源涵养区。黄土高原基本上涵盖了黄河流域的上中游地区，黄河上游是黄河流域的主要产流区，是我国重要的水源涵养区，为黄河流域的水资源安全提供了重要保障。

（3）优质农林牧产品和能源供给基地。黄土高原是我国重要的经济地带，银川平原、汾渭平原、河套灌区是农产品主产区，肉类产量占全国1/3左右。煤炭、石油、天然气和有色金属资源丰富，煤炭储量占全国一半以上，是我国重要的能源、化工、原材料和基础工业基地。

（4）特色自然文化旅游资源富集区。黄土高原分布有类型多样的自然景观和独特的人文资源，孕育了特色鲜明的地域文化和历史文化遗产，是我国乃至世界重要的旅游胜地。

二、黄土高原生态环境变化和水资源利用特点

(一) 植被覆盖与土地利用变化特征与趋势

1981~2015 年黄土高原的归一化植被指数 (normalized difference vegetation index, NDVI) 呈极显著上升趋势，植被覆盖向好发展。经过近些年的综合治理，黄土高原的水土保持已经取得了巨大的成效，尤其是 21 世纪以来大规模的退耕还林 (草) 工程有效改善了黄土高原的地表植被覆盖状况，黄土高原已实现"由黄变绿"，植被覆盖度显著增加 (胡春宏和张晓明，2019)。黄河流域在 1981~2015 年植被恢复较快，植被向好态势极为显著；北洛河流域上游、延河流域的延安以上河段、清涧河流域，以及汾河、沁河、干流的头道拐—龙门区间的植被覆盖度呈现明显的增加趋势。比较而言，泾河与洮河流域等地的 NDVI 增长幅度较小，受降雨及地形地貌等条件影响，植被恢复较慢。

笔者对 20 世纪 70~80 年代、90 年代、2000 年和 2010 年四个时段的土地利用结构变化的分析表明，耕地面积由 20 世纪 70~80 年代的 17.96 万千米^2 增加到 90 年代的 19.67 万千米^2，2000 年达 20.64 万千米^2，到 2010 年减少至 19.98 万千米^2，占全区面积的比例分别为 28.70%、31.47%、33.00% 和 31.83%。林地面积由 20 世纪 70~80 年代的 7.38 万千米^2 增加到 90 年代的 7.72 万千米^2，2000 年增加至 9.25 万千米^2，2010 年增加至 12.35 万千米^2，占全区总面积的比例分别为 11.80%、12.36%、14.80% 和 19.68%。草地面积由 20 世纪 70~80 年代的 31.15 万千米^2 减少至 90 年代的 30.22 万千米^2，2000 年减少至 25.99 万千米^2，2010 年减至 24.61 万千米^2，占全区总面积的比例分别为 49.70%、48.34%、41.56% 和 39.21%。

黄土高原前期耕地面积增加的原因是"以粮为纲"政策的实施，后期减少的主要原因是退耕还林 (草) 工程中对陡坡耕地的退耕；林地和

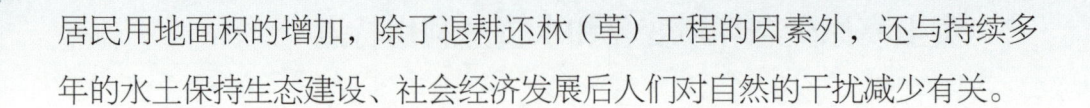

居民用地面积的增加，除了退耕还林（草）工程的因素外，还与持续多年的水土保持生态建设、社会经济发展后人们对自然的干扰减少有关。

（二）黄土高原河川径流变化

流经黄土高原的黄河干流主要断面实测径流量和天然径流量总体呈波动减少趋势（表3-1）。黄河流域1960~2019年出现了两个相对干旱的时段，即1990~1999年和2000~2009年，实测径流量和天然径流量均远低于其他时段。对比不同站点的实测径流量发现，黄河上游兰州站减少幅度较小，中游龙门、潼关和花园口站的实测径流量与1980~1989年相比显著减少，其主要原因是工农业耗水增加。天然径流量与实测径流量呈现出相同的阶段特征，在1990~1999年和2000~2009年较低，2010~2019年受降雨量增加的影响，径流量偏丰。以黄河干流花园口站为例，1960~1969年的实测径流量可达505.92亿米^3，而在1990~1999年和2000~2009年这两个时段只有256.87亿米^{3}和231.57亿米^3。花园口站的天然径流量在1960~1969年为657.1亿米^3，受气候暖干化和工

表3-1 黄土高原黄河干流主要断面不同时期的径流变化（单位：亿米^3）

径流	主要断面	1960~1969年	1970~1979年	1980~1989年	1990~1999年	2000~2009年	2010~2019年
实测径流量	兰州	357.91	317.87	333.59	259.80	267.60	329.40
	头道拐	267.64	230.52	238.93	156.25	146.75	208.68
	龙门	336.60	284.50	276.15	198.28	170.46	227.41
	潼关	450.97	357.35	369.13	249.05	209.03	280.32
	花园口	505.92	381.57	411.77	256.87	231.57	303.54
天然径流量	兰州	369.9	334.9	368.1	284.0	300.2	354.2
	头道拐	372.9	337.2	371.1	287.7	282.1	339.2
	龙门	440.5	393.6	415.9	330.9	313.1	369.0
	潼关	—	—	—	—	374.8	464.4
	花园口	657.1	553.0	602.1	448.5	427.2	519.0

注：天然径流量数据来自历年《黄河水资源公报》及张学成和王玲（2001）

农业取用水增加影响，1990～1999年和2000~2009年显著减少（Liu et al., 2020b）。

(三) 水土流失与河流泥沙变化

黄土高原的侵蚀产沙强度采用年输沙模数标注，即河流水文站监测的实际输沙量与其控制面积的比值。根据黄土高原主要支流和黄河干流46个水文站1961～2016年的输沙量计算各子流域不同阶段的输沙模数空间分布的研究结果（Zhao et al., 2017），黄土高原输沙模数呈降低趋势，尤以黄河中游河口镇至潼关区间降低最为显著，这与黄河中游实施水土保持措施即植被恢复、梯田和淤地坝的规模与分布具有显著的一致性。

黄河流域来水来沙量在空间上呈现出不均匀性，水量主要来自兰州以上区域的冰川和降雪融水，唐乃亥站与兰州站的来水量分别占径流量的约37%和59.4%，而来沙量仅占潼关站输沙量的1.1%和6.4%。在兰州站至头道拐站区间，年降水量少，对径流补充有限。头道拐站—潼关站区间是黄河泥沙的主要来源区，年均来沙量约占黄河输沙量的90%。头道拐站—龙门站区间1957～2018年实测累计输沙量较计算值减少43.50%，其中人类活动对输沙量变化的贡献在1979～1999年为76.78%，在1999年后达到97.01%，表明人类活动对该区间输沙量变化的影响在1999年后迅速增加。龙门站—潼关站区间1957～2018年实测累计输沙量较计算值减少23.13%，人类活动对1999年前后输沙量变化的影响高达90.98%，降水对区间输沙量减少贡献较小。由此可知，人类活动是黄河中游各区间1957～2018年不同时段输沙量锐减的主要原因（冯家豪等，2020）。

(四) 黄土高原水资源及其利用特点

黄土高原最大的矛盾是水资源短缺，气候干旱少雨。水资源短缺是制约该区域生态建设和发展的关键因素，除了汾渭盆地、河套平原、宁夏平原、湟水盆地等河川平原地区有集中成片的灌区，大部分高原地区形成了以雨水利用为中心的水资源综合利用模式。据1987年国务院办公厅批准的《关于黄河可供水量分配方案的报告》，黄河可开采利用水资源量只有370亿米^3。但是自2006年至2020年，黄河流域耗水量均处于370亿米^{3}以上，2019年甚至达到455亿米^3。随着气候暖干化趋势和经济社会的进一步发展，黄河流域可供水量将进一步减少，黄河水资源供需矛盾会进一步加剧。气候变暖将导致黄河流域缺水量达到130亿米^3（2006～2020年《黄河水资源公报》），同时流域社会经济进一步发展，能源开发与工农业生产需水量日益增加，将导致区域水资源供需矛盾更加突出。水资源量的减少不仅会阻碍区域社会经济发展与工农业生产，同时也会影响流域生态需水量、调沙水量，将对未来黄河生态、经济及社会发展产生重要的影响。

在黄河流域的用水和耗水中，包括汾渭盆地、河套平原、银川平原等在内的黄土高原地区占了较大的比重。2020年黄河中上游的山西、陕西、内蒙古、宁夏和甘肃的取水量分别为50.76亿米^3、64.90亿米^3、111.94亿米^3、71.22亿米^{3}和37.70亿米^3，相应的耗水量分别为43.03亿米^3、50.09亿米^3、84.52亿米^3、44.19亿米^{3}和30.30亿米^3；黄河总供水量、耗水量（包括向流域外供水）分别为636.15亿米^3、435.35亿米^3，黄河中上游省份占黄河总供水量、耗水量（包括向流域外供水）的比重分别为65.6%和61.4%（2020年《黄河水资源公报》）。

黄土高原拥有独具特色的坡改梯、微小型积蓄水设施、节水灌溉的小流域水土资源综合利用模式。通过修建水平梯田，可以集蓄95%以上的地表径流。水平梯田可使土壤在汛期多涵蓄15%～25%的降雨，并通过坡地径流窖灌拦蓄坡面水流，并充分采用点灌、穴灌、膜上沟灌、膜下渗灌等技术使汛期雨水资源得到充分高效利用。利用窖水补灌，配以以地膜玉米为主的高产秋季作物，将裸露地面的无效蒸发变为有效作物蒸腾。尤其对降水量在300~400毫米、春旱频繁发生的干旱地区，窖水补灌效益更加显著。将窖水补灌与水平梯田建设相结合，田头带水窖，补充灌溉，可以变被动防春旱为主动抗春旱，提高水资源利用效率，大幅度增加旱作农田的产出。随着农业技术发展与生产规模化，黄土高原干旱半干旱区逐渐形成了雨洪资源搜集技术、储存技术、净化技术和灌溉技术一体化的水资源高效利用模式，同时结合黄土高原水土保持，形成坡面水窖集蓄、沟道坝库联蓄的技术模式，提高了农业水资源的利用率和粮食产量（高雅玉等，2015）。

三、黄土高原生态保护与水资源问题

（一）植被恢复与缺水的矛盾

受黄土高原气候、土壤条件限制，土壤水分是该地区植被生长所需的直接水分来源。自1999年"退耕还林"工程实施以来，黄土高原大面积的人工植被恢复有效缓解了该地区严重的水土流失状况，有效提升了水土保持、固碳等生态系统的服务功能，区域生态环境得到了显著的改善，但部分地区过度的植被恢复与不合理的植被格局导致地表截留、蒸散发增加，改变了区域水循环，河川径流量锐减，部分河流出现长期断流。黄土高原全区降水量以5.16毫米/年的速率增加，而植被恢复最显著的16个子流域的河川径流量呈不断下降趋势，平均降幅为1.45毫米/年。受植被恢复与重建的影响，研究区蒸散发以4.39毫米/年的速率增加，植被恢复导致的冠层蒸腾上升是蒸散发增加的主要因素（张宝庆等，2020）。

研究表明，黄土高原部分地区植被过度恢复导致土壤水分消耗过度，人工植被对土壤水分的长期消耗超出了降水的补给，土壤干层加剧（邵明安等，2010）。不同植被类型的剖面土壤含水量大体呈现由表层向深层逐渐减少的变化趋势，在表层0～100厘米范围内，土壤含水量变化比较活跃，由表层高值快速减少；100厘米土层以下，除38年生沙棘林的土壤水分变化差异较大外，其余各样地的土壤含水量变化曲线均呈波动减小趋势，但剖面土壤含水量的最大值出现位置略有差异（梁海斌等，2018）。黄土高原丘陵区的人工林地在营造初期处于对林木生长极为不利的土壤水分生态环境，短期补偿和长期补偿均不能改变干燥化的土壤水分环境，人工林地对土壤水分生态环境的影响是向干燥化方向发展的。荒坡草地改造为人工草地之后，土壤干燥程度加重，强烈耗水层的土壤湿度显著降低。土壤湿度界限由相当于田间持水量的50%左右下降为30%左右，土壤水分出现严重亏缺。人工植被建设打破了黄土高原土壤水分与植被之间的平衡关系，导致生态环境不可持续发展。

（二）新时期黄土高原水土流失治理

经过近几十年坚持不懈的治理，黄河泥沙量已经从1919～1960年的年均16亿吨减少到近几年的年均2亿吨以下，把黄河输沙量减少到接近人类破坏之前的自然水平。自20世纪50年代，黄土高原实施了大规模的水土流失治理措施，先后经历了坡面治理（20世纪50年代至60年代中期）、坡沟系统综合治理（20世纪60年代中期至20世纪70年代中期）、小流域综合治理（20世纪70年代末期至20世纪80年代末期）及以退耕还林为主的生态修复（20世纪90年代至2015年），2015年以后"美丽乡村"、"山水林田湖草沙"生命共同体等理念的提出将生态保护与社会经济高质量发展融为一体，形成全方位、多维度的生态文明建设与经济高速发展模式（Deng and Shangguan，2021）。

国家提出黄河高质量发展后，黄土高原水土保持须继续巩固退耕还林、退牧还草成果，加大水土流失综合治理力度；遵循植被地带性规律，采取合理的生态恢复措施，因地制宜推进不同气候与植被类型区的林草种植措施，加大封山禁牧、轮封轮牧和封育保护力度，促进自然恢复；结合地貌、土壤、气候和技术条件，科学选育人工造林树种，提高成活率，改善林相结构，提高林分质量。同时，以减少入河入库泥沙为重点，推进黄土高原塬面保护与小流域综合治理、晋陕蒙丘陵沟壑区的粗泥沙拦沙减沙设施建设；针对不同区域有效实施相应对策，抓住区域主要特点与水土流失矛盾，推动旱作梯田和淤地坝除险加固改造工程，实现水土保持的网络化监控、动态监控，进一步改善黄河上下游水沙关系。

（三）极端洪涝与干旱的应对

从公元前100年至2000年，有238年发生过极端大旱（占总年数的11.3%），196年发生过极端雨涝（占总年数的9.3%）（郑景云等，2020）。近年来，黄土高原极端暴雨事件频发，且历时短、雨强高、局地性强，给地方造成了严重灾害损失。极端旱涝灾害事件时有发生，如1977年7月陕北延安出现了三次特大暴雨，形成了"水推延安"，延安东关大桥处最大流量达到8780米^3/秒，为近一二百年来罕见的特大洪水（范荣生和阎逢春，1989）。在气候变化背景下，提升应对突发性洪水、流域性特大洪水、重特大险情灾情、极端干旱等突发事件的应急处置能力，以及推进应急救援体系如应急方案预案、预警发布、抢险救援、工程科技、物资储备等的综合能力建设十分迫切。

（四）黄土高原水环境污染

黄河流域工农业的快速发展及城市农村生活污水的排放正在或已经严重污染了黄河流域的地表水和地下水，加剧了流域"水质性缺水"问题。在黄河干流和重要支流中，Ⅳ～Ⅴ类水质标准的河长占监测河段的比例为21.2%；劣于Ⅴ类水质标准的河长占比为29%。国家环境保护局（今生态环境部）的《中国生态环境状况公报》（2017年前为《中国环境状况公报》）中的流域水环境部分显示，20世纪80年代，黄河流域接纳的废污水数量为20亿吨，90年代为42亿吨，到2010年后超过60亿吨。严重的水污染不仅导致更多的水土资源被污染，加剧了水资源短缺，而且导致流域水环境恶化，直接危害农作物生长乃至影响当地人民的身体健康。经过长期的努力，黄河流域的水质不断提升，截至2023年8月，黄河流域Ⅰ～Ⅲ类断面比例为87.4%，比2022年同期增加2.3%[①]。2022～2023年黄河干线连续两年全线达到Ⅱ类水质，支流劣Ⅴ类断面由2011年的36.4%到2023年实现清零[②]。虽然黄河流域的水污染治理已取得积极进展，但水环境形势依然严峻。

（五）跨流域调水与水安全

黄河在全国水资源配置中起着贯通东西、调剂南北的关键作用。黄河流域既是下游引黄工程、中游"引黄入晋"工程和上游"民勤调水"工程的外流域用水的水源地，又是跨流域调水的受水区，已经建成的南水北调东中线、从汉江水系褒河支流红岩河调水到渭河支流石头河的"引红济石"调水工程、"引汉济渭"工程、规划的南水北调西线从长江流域调水进入黄河流域，同时黄河流域内部已建设了一批跨三级流域的调水工程，包括"引大入秦"工程、"引大济湟"工程和"引黄济宁"工程。大规模的引水灌溉、调水取水工程可有效调配区域水资源，促进水资源的合理高效利用，但黄河仍然面临着流域整体性缺水。因此，如何统筹黄河水和外流域调水，对黄河流域的水资源安全，以及淮河、海河

---

① 新时代中国调研行·黄河篇 | 黄河干流首次达到Ⅱ类水质. http://www.news.cn/politics/2023-09/18/c_1129869655.htm[2024-03-06].

② 黄河干线连续两年全线达到Ⅱ类水质. http://finance.people.com.cn/n1/2024/0901/c1004-40310416.html[2024-09-06].

流域及西北内陆的水资源安全都有重要意义。

第二节 黄土高原生态屏障建设涉及的水资源利用科技态势

一、黄土高原生态屏障建设相关水问题科研现状概述

(一) 近十多年国家级重大生态屏障建设相关水问题研发和工程项目情况

黄土高原生态屏障建设是一项协调人和自然关系的系统工程，它不仅关系着黄土高原的生态稳定和社会经济的可持续发展，同时也与西北边缘地带的土地沙化防治、北部能源基地的综合开发，以及调控黄河水沙、根治黄河水患、高效利用水资源等息息相关。从中央政府到地方都对黄土高原的生态恢复建设投入了大量的人力和物力，出台了系列政策法规，启动了一批重大项目。20世纪80年代初，朱显谟院士提出了"全部降水就地入渗拦蓄，米粮下川上塬、林果下沟上岔、草灌上坡下坬"的黄土高原国土整治28字方略。在此基础上，安芷生院士根据当今黄土高原存在的新问题和发展需求，提出了黄土高原生态环境治理的"26字"建议，即"塬区固沟保塬，坡面退耕还林草，沟道拦蓄整地，沙区固沙还灌草"。国家"七五"科技重点攻关项目"黄土高原综合治理"在黄土高原上建立了11个黄土高原综合治理示范样板，开展"三北"防护林建设；1999年国家重点基础研究发展计划（973计划）项目"黄河流域水资源环境演化规律与可再生性维持机理"启动，并且在"十三五"期间开展了系列研究工作，科技部与国家自然科学基金委员会部署了多个重

点研发计划项目和重大项目。为了适应新时代发展，国家自然科学基金委员会 2020 年部署了专项项目，旨在通过开展多学科、多手段、多时空尺度的综合研究，揭示黄土高原生态系统和水文相互作用机制、黄土高原植被恢复的水文与水资源效应，阐明黄土高原生态系统承载力及其空间格局，提升流域水土资源与景观格局优化配置的生态设计技术，以及水土流失治理技术区域适宜性与生态功能技术，为黄土高原生态建设提供科学示范与依据。

（二）水土保持和植被恢复水沙效应

黄土高原大规模植被恢复，改变了土地利用类型、地表反照率、植被冠层结构和地表覆盖度，影响了生态系统的水文过程、区域植被和大气的相互作用过程及水循环过程，进而改变了植被蒸腾、土壤剖面蓄水量、流域产水量，重塑了区域水资源供需平衡关系。基于物理过程和遥感观测信息的模型模拟结果显示，20 世纪 80 年代以来，黄土高原植被耗水量增加，尤其是 2000 年以来，区域植被蒸散发增加尤为明显，虽然降水量增加，但大多数流域的河道径流量仍然呈现出显著减少趋势，林地出现土壤干层的状况更为明显。农业灌溉设施和技术的改善提高了作物的生产力和耗水量。气候变化与非气候因素（包括植被绿化、水土保持工程措施等）对植被蒸散发增加的贡献大致相当（Bai et al.，2020）。植被蒸腾的加强提高了大气对流层的水汽含量，同时地表和大气相互作用强度的改变提高了区域水分的再循环比例。黄土高原近年来降水量明显增加，其中 37.4% 的增量由区域植被恢复贡献（Shao et al.，2021）。由于植被耗水量增加，土壤蓄水量和流域产水能力下降，导致河道径流量下降。自 20 世纪 60 年代以来，黄土高原主要流域的径流量以 0.9 毫米 / 年的速率下降，迄今下降幅度高达 60% 左右（Feng et al.，2016）。因此，在人口密度较高和经济活动强度较大的地区，植被恢复和绿化将加剧水资源利用的紧张程度，影响生态屏障建设的稳定性和可持续性。

（三）黄土高原生态屏障建设涉及水资源利用的新问题

目前的研究多集中于变化环境下流域生态系统变化的特征、生态水文效应及其调控机制、黄土高原的小流域，以及植被–土壤格局变化对生态水文过程的影响，主要包括对退耕还林（草）等生态恢复工程中降水、径流、土壤含水量及植被耗水量等水循环关键要素的变化规律的认知；在下垫面改变的条件下，针对降水、蒸散发和土壤水分变化等联结水文和生产力形成的关键环节及其对植被变化影响的生态水文过程机制，尚缺乏从流域尺度上的整体性和系统性研究。未来应在持续开展生态恢复对流域水沙过程、水量平衡的影响机理和关键技术方面加强从局地到流域再到区域的综合研究。植被恢复对地表产流、土壤侵蚀、土壤水动态和地下水补给的影响的时间和空间尺度效应目前仍存在较多未知领域，需要长期定点观测研究。

二、水系统监测模拟预报和调控

（一）生态系统植被耗水和水量平衡观测模拟

许多学者采用涡动相关实测法、遥感法、模型模拟法等多种方法展开了黄土高原生态系统植被耗水研究，包括气候和植被生长对黄土高原蒸散发的贡献程度（杨洁和裴婷婷，2018），并分析了黄土高原及黄河中游典型流域2001~2017年实际蒸散发时空变化特征、黄土高原蒸散发多年变化趋势（周志鹏等，2019；熊育久等，2021），模拟了黄土高原区域尺度的蒸散发（邵蕊，2020；刘守阳，2013；曾燕等，2014）。从研究的空间范围看，有对黄土高原子流域或者典型案例区植被耗水量的模拟，也有对整个黄土高原植被耗水量的模拟（刘守阳，2013；罗宇等，2021；

周志鹏等，2019；熊育久等，2021；邵蕊，2020）。从研究内容看，有学者对黄土高原流域蒸散发时空变化及影响因素进行了分析（宁婷婷，2017；罗宇等，2021；周志鹏等，2019；杨洁和裴婷婷，2018），也有学者在此基础上对黄土高原生态系统耗水规律的生态水文效应进行了研究（邵蕊，2020；孙淼，2018；李蓝君等，2018）。

黄土高原水量平衡的研究方法既包括简单的水量平衡法，又包括复杂的土壤–水–大气–植物（soil-water-atmosphere-plant，SWAP）整合模型、CoupModel模型、WAVES模型、Vorosmarty模型，以及分布式生态水文模型等。简单模型方面的研究包括黄土高原不同土壤管理制度下的水量平衡模拟和丘陵沟壑区简化的坡面土壤水平衡模型等（Zhang et al.，2007；陈洪松等，2005）。复杂模型方面的研究较多，主要包括以下几项：运用SWAP模型揭示研究区坡面典型植被覆盖下土壤–植物–大气连续体（soil-plant-atmosphere continuum，SPAC）系统水量平衡状（佘冬立等，2011），以及SPAC系统中包括地表径流、水分蒸散、土壤表面的辐射吸收平衡、水分入渗、碳氮循环等生态过程模拟（Jansson and Moon，2001）；用改进的WAVES模型对黄土高原不同降雨条件下降雨、植被、水量平衡之间的联系进行动态模拟（Huang et al.，2001）；应用修正后的Vorosmarty模型模拟黄土高原地区2001～2010年的土壤水分变化规律（邱苏闯等，2012）；建立基于土壤–植被–大气传输机理的分布式生态水文模型，模拟流域水量平衡的时空分布（莫兴国等，2004）。

（二）区域降水、径流遥感和地表观测网络

在黄土高原地区，对降水的研究主要集中在两大方面：一是研究黄土高原地区降水的时空变化过程和变化趋势，主要采用的是趋势检验法和突变检验法。研究表明，黄土高原地区年降水量呈波动下降趋势，降水集中度逐渐上升，由南向北递增，集中期逐渐推后，受地形影响显

著（肖蓓等，2017）；黄土高原地区降水季节变化显著，春冬季降水量增加，夏秋季降水量减少（顾朝军等，2017）；黄土高原地区年降水量和季节降水量的变化存在显著的空间分异性，南部和东部降水量减少，西部和北部增加（晏利斌，2015；王利娜等，2016）。二是研究黄土高原地区极端降雨及其影响，主要通过水文法构建平均序列进行研究。研究结果表明，黄土高原极端降水事件的空间分布具有自东南向西北方向的梯度变化特征，在所选的站点中，有40%的站点的极端降水频率具有显著降低趋势，10%的站点的极端降水强度呈上升趋势（李志等，2010）；1970~2017年，陕北黄土高原地区降水极端化趋势显著，弱降水日数减少，强降水日数增加（李双双等，2020）；国家雨量站对河潼区间1960~2016年极端降雨事件的时空分布规律的分析表明，极端降水量占总降水量的比例呈增加趋势，河潼区间的极端降水量占比由1960~1980年的48%增加到2000年以后的53%，在空间分布上，1960~1980年极端降水量占总降水量的比例较高区主要集中在窟野河和黄甫川等流域（胡春宏和张晓明，2020）。综上所述，黄土高原地区年降水强度呈下降趋势，年降水强度在夏秋季节和春冬季节以及东南部和西北部均呈现出此消彼长的变化趋势；极端降水不同指标的变化趋势差异显著，降水强度呈不显著增加趋势，极端降水发生的频率和持续时间具有降低趋势。

黄河流域的产流主要发生在上中游地区，因此，现阶段关于黄河流域径流变化的研究主要集中在上中游地区径流的变化趋势和归因分析两大方面。黄土高原地区位于黄河流域的中游和上游的绝大部分地区，现阶段对黄河流域上中游地区径流变化的研究基本可以代表黄土高原地区径流的变化情况。一方面，采用趋势分析法、Mann-Kendall秩次检验等多种统计方法对径流的历史变化趋势进行分析，并在此基础上，利用水文模型对径流的未来变化趋势进行预测（Zuo et al.，2016；Zhang et al.，2016；王光谦等，2020；Zhao et al.，2017）。近百年来，受气候变化和人类活动的双重影响，黄河干流的年径流量呈显著下降趋势，下降速率具有累积效应，20世纪60年代是近百年来黄河径流量最大的时期，90年代后径流量显著减少（刘昌明等，2019），潼关站年径流量下降趋势最为显著（$p<0.001$），不同水文站年径流量下降幅度的排序为：潼关站＞龙门站＞头道拐站＞兰州站。这四个站的径流量突变年份较为一致，均在1985~1986年发生突变（赵阳等，2018）。黄河流域的径流变化具有很强的空间分异性，黄河上游兰州站以上流域是主要产水区，水量变化相对不大，径流量减少主要集中在兰州站和头道拐站之间；中游地区的径流量在气候变化和人类活动的共同作用下，具有显著下降趋势（刘昌明等，2016；姚文艺和焦鹏，2016；刘晓燕等，2016）。另一方面，采用传统的统计学方法和水文模型法，对径流变化进行归因分析（Dey and Mishra，2017；Zhang L et al.，2018；Sun et al.，2020）。以降水和气温为主的气候变化通过影响流域的水文循环系统，对径流的形成以及地域分布产生影响；人类活动主要通过生产生活用水和工程措施等直接作用以及改变下垫面条件等间接作用对径流产生影响（宁珍等，2020）。研究普遍认为，黄土高原地区的径流量变化是气候变化和人类活动共同作用的结果，2000年之前人类活动对径流量减少的贡献略大于气候变化，2000年之后水土保持措施和生态工程措施引起的地表覆盖度的变化是径流量显著降低的主导因素；同时，气候变化和人类活动对黄土高原径流量变化的影响具有空间分异性（杨大文等，2015；赵阳等，2018）。基于Budyko框架的弹性系数和拆解分析方法，分析1961~2009年气候变化和生态恢复措施对黄土高原14个主要流域的年径流量变化的贡献，结果表明，生态恢复措施是年径流量减少的主导因素，气候变化对其影响相对较小，二者的贡献率分别为68%和32%，且北部地区的年径流量变化受生态恢复措施的影响程度要大于南部地区，反之，南部地区的年径流量变化受气候变化的影响程度大于北部地区（Liang et al.，2015）。

（三）地下水监测与评估

从研究区域分析，黄土高原地下水监测和研究主要集中在平原区，城市区、灌区及煤炭开采区是重点。李玉山和许叶新（2011）在概述黄河源区地下水资源状况的基础上，指出黄河源区地下水水位的下降主要是气温升高和降雨量减少所致，并提出建立以监测井网为依托，采用先进的地下水动态自动监测设备采集监测数据并形成数据自动采集的地下水监测信息系统。

影响地下水的因素包括自然因素和人文因素。范立民等（2021）指出，煤炭开发成为黄河流域生态环境最严重的人为扰动因素，其在研究采煤对区域地质环境影响的基础上，甄别了黄河流域大型煤炭基地地质环境中的敏感要素，包括水文与水资源、生态环境等，并对煤炭开采地质环境扰动强度进行了分级，以陕北、神东两个大型煤炭基地为例，划分出煤炭开采强烈扰动区、一般扰动区、近期影响区[国家规划矿区（矿井）]和远期影响区（赋煤区），提出了大型煤炭基地地质环境（地下水）监测网络建设关键技术。李舒等（2021）利用GRACE重力卫星结合GLDAS反演了黄河中游的重要支流——窟野河流域2009年的陆地水水储量和地下水水储量变化，通过与降雨量、蒸发量、GLDAS和地表水–地下水耦合模型的模拟结果进行分析比较发现：GRACE可用于监测煤矿开采区地下水水储量变化，与基准期2004~2009年平均值相比，2009年研究区陆地水水储量减少量为15.5毫米/月，地下水水储量减少量为29.4毫米/月。

地下水研究方法包含水文地球化学方法、环境同位素技术、数值模拟、3S（遥感、全球定位系统和地理信息系统）技术、现场与实验室试验（实验）、监测井等。许学工等（2004）通过布设不同边界条件下的地下水监测井和土壤监测点，进行了为期一年的定点采样和化验，对地下水矿化度和土壤含盐量进行监测，以黄河三角洲耿井水库为例，分析平原水库对周边地下水及土壤的影响，得出平原水库对水资源的蓄积和调剂起了很大作用，但对周边环境也有很大影响。Xu 等（2009）采用 MODFLOW 模型和地理信息系统（Geographic Information System，GIS）技术评估了黄河流域河套灌区灌溉管理和地下水使用影响。

  研究地下水水化学的形成规律及其影响因素是发现地下水污染及控制地下水污染的前提。近年来，对地下水水化学的形成及其演化的研究成为热点，张妍等（2013）应用健康风险评价模型评价了黄河下游引黄灌区地下水重金属污染水平，得出地下水中铁和锌的平均浓度较高，硒和锌出现超标现象，采用反距离权重法得到了黄河下游引黄灌区地下水中重金属含量的空间分布，发现地下水中超标的重金属主要分布在武城县、范县、东阿县、禹城市和冠县等区域。

（四）流域模拟器

  基于现代仿真的柔性仿真理论，从面向对象的分析方法出发，将流域实体进行分解、概化，以明晰、直观的图形来描述流域的各个组成部分（产汇流区、河道、渠道、汇流点、涵洞、闸门、水库、湖泊、塘洼、分蓄洪区、灌区 – 农业、城市 – 生活、工厂 – 工业等），为每一个部件封装组件的静态属性和数学模型提供柔性接口，使其成为可视模拟对象，即模拟器，而所有模拟器构成的集合称为流域模拟器集合（刘磊，2004）。简单来说，模拟器是以水系统科学理论为基础，以研究流域为对象，以流域水循环为纽带，将自然过程与社会经济过程相耦合的流域综合模拟系统及其软硬件装置。流域综合模拟系统是一个涉及水、土、气、生物、人等多要素及多过程的复杂巨系统，随着流域问题的复杂性的增加，流域分析模型的内容也相应增加，但其研究内容中最主要的方面仍是对水文系统模型的模拟研究。

为了满足提高干旱半干旱地区水文预报精度的生产实践需求，推动干旱半干旱地区流域水文模型的不断发展和完善，许多学者提出了不同的降雨径流模型，或将现有模型进行改进和发展，并应用于黄河流域径流模拟，但受限于黄土高原下垫面条件与产汇流机制的复杂性，分布式水文模型在黄土高原干旱半干旱地区的研究仍存在一些亟待解决的问题：①模型关键参数较为敏感，率定优化困难，使得模型验证期的精度与率定期相比往往大幅度降低。②降水输入的时空尺度误差较大，干旱半干旱地区的降水过程往往具有局地特点，目前黄河中游的雨量站网密度较低，面平均降水估计值有较大偏差。③缺乏高精度的模型输入资料（降水、蒸散发、植被、人类活动干扰等），干旱半干旱地区的水文模型在理论上所需要的输入资料内容水平与数据精度很高，往往超出了目前黄河中游常规水文要素观测的内容与精度水平（李彬权等，2017）。④干旱半干旱地区的产流计算须采用与黄土高原地区土壤水分运动相适应的计算方法，这是提高模型模拟精度的前提和重要的因素，也是进行其他水文模拟计算的基础（雷志栋等，1988）。⑤研究黄河流域的径流特性及规律，必须同时考虑泥沙的运动特性及规律，二者是不可分离的。对泥沙运动的忽略或考虑不足，将对分布式水文模型的模拟精度产生较大的影响（钱宁，1989；许炯心，2004）。⑥现有的分布式水文模型大多时空尺度较大，或者在较小尺度上对水土保持措施建设的水文响应考虑不足（刘卓颖，2005）。

三、退耕还林（草）和植被恢复对区域水资源的影响

（一）退耕规模、阈值和空间格局优化

干旱缺水与水土流失是制约黄土高原农业生产与生态建设的瓶颈，为改善黄土高原植被覆盖状况，治理水土流失，国家自20世纪90年代

末开始实施退耕还林（草）工程。该工程实施近30年来，25°以上的坡耕地基本上已完成退耕还林（草），15°～25°的坡耕地已部分退耕，其余也在逐渐退耕。1999~2011年整个西北地区的退耕还林（草）面积累计约为751.99万公顷，其中陕西、甘肃、青海、宁夏、新疆、山西和内蒙古中西部地区退耕还林（草）的实施面积分别为209.76万公顷、160.07万公顷、34.77万公顷、73.66万公顷、81.20万公顷、102.07万公顷和90.45万公顷（苏冰倩等，2017）。随着退耕还林（草）工程的进行，遥感信息显示，西北地区植被覆盖率在整体提高，NDVI增长速率从东南向西北逐渐递减，陕北地区是黄土高原近十年来植被恢复最快的典型区域（赵安周等，2017）。黄土高原林草覆盖率由20世纪80年代的20%增加到2017年的65%，62%的区域呈现出植被恢复态势（陈怡平，2020；胡春宏和张晓明，2020），植被、土壤、水文条件等明显改善（刘国彬等，2017），局部地区荒漠化和生态系统退化趋势得到初步遏制，区域生态系统的服务功能明显提升（Wang S et al.，2016）。

对于干旱、半干旱乃至半湿润地区的生态系统，绝大部分水分通过蒸散发消耗，黄土高原地区90%以上的水分通过蒸散发消耗（Feng et al.，2012）。与退耕前相比，退耕还林（草）后植被生长加速，退耕区蒸散发增加趋势明显，黄土高原蒸散发增速约为4.39毫米/年，土壤含水量对蒸散发的影响较退耕前降低，而NDVI的影响增加（王雅舒等，2019），植被恢复导致的冠层蒸腾上升是蒸散发增加的主要因素（张宝庆等，2020；Shao et al.，2019）。受植被恢复与重建的影响，土壤水分消耗加剧，加之一些地区人工生态林营建不合理，过度追求人工林草的高经济效益，出现了土壤干化和植物群落生长衰退的现象（Feng et al.，2016；邵明安等，2016）。黄土高原现有林草覆盖率已达63%，其耗水量已接近该地区的水分承载力阈值（Feng et al.，2016）。虽然植被覆盖增加能够促进区域生态系统服务的总体提升，但是不合理的人工林建设将对区域水文循环和社会用水需求造成不利影响。如果以生态系统的服务能力为指标，在林地、林地-草地、草地、草地-沙漠区，植被覆盖影响的阈值分别为44%、32%、34%和34%，如果超过上述阈值，植被覆盖增加的促进作用则趋于减弱（张琨等，2020）。

黄土高原潜在自然植被以草地和森林为主，潜在草地主要集中在北部、西北部地区（约占73.23%），潜在森林主要分布在南部地区（约占26.16%），其中分布在黄土高原南部平原地带的潜在温带落叶阔叶林的生境适宜性较高，而分布在北部及东北部的潜在草地的生境适宜性较低。因此从植被恢复成本角度出发，在祁连山东段边缘区以及六盘山的高海拔地区进行植被恢复时可优先考虑寒温性常绿针叶林；在黄土高原南部的较低海拔地区进行植被恢复时可优先考虑温带落叶阔叶林；在黄土高原中部、西南部及东南部进行植被恢复时可考虑草地（韩庆功和彭守璋，2021）。

（二）生态恢复和建设对区域水资源影响的科学评估与预测

受植被恢复与重建的影响，黄土高原植被蒸散发以4.39毫米/年的速率增加，植被恢复导致的冠层蒸腾上升是蒸散发增加的主要因素（张宝庆等，2020；Shao et al.，2019）。植被蒸散发的增加降低了土壤的水分储量，与自然植被相比，人工林地密度较大，植被需要吸收更多的水分以满足生长需要，从而引起土壤水分减少及干化（马柱国等，2020）。一项调查结果显示，黄土高原人工林地干层厚度已超过3米（Wang et al.，2012）。植被耗水的增加还引起了流域径流量的显著变化，2000年以来，生态恢复导致黄土高原的径流量每年减少（0.5±0.3）毫米（Feng et al.，2016），在黄土高原植被恢复最显著的16个子流域，河川径流量不断下降，平均降幅为1.45毫米/年（张宝庆等，2020）。退耕还林（草）工程实施后的十年间（2000～2010年），生态恢复是头道拐站—龙门站区间径流量下降的主要驱动因素（张建梅等，2020），植被变化对无定河径流量减少的贡献率为 87%（Li L et al.，2007）。由此可见，以生态恢复为代表的人类活动在黄土高原径流量减少过程中占重要地位，植被引起的蒸散发显著增加是造成径流量锐减的主要原因。

近年来黄土高原气候变暖趋势显著，近 40 年平均气温上升了 1.32℃。在气候变暖的大背景下，水资源消耗量不断增加，基于第六次国际耦合模式比较计划（Coupled Model Intercomparison Project Phase 6，CMIP6）三种情景对黄土高原植被耗水量的预测表明，在 SSP126 和 SSP245 情景下，植被耗水量将以 0.46 毫米/年和 0.78 毫米/年的速度增加（邵蕊等，2020）。虽然植被的水分利用率也在增加，但在水量消耗的同时会固定更多的碳，如果继续盲目扩大退耕还林（草）的面积，引入高耗水物种进行种植，将会导致土壤水分被过度消耗，势必引起黄河下游水量减少，进而影响中下游的工农业生产活动。

四、地表水–地下水的耦合作用与生态效应

（一）地表水–地下水耦合研究

现有的地表水–地下水耦合模型涉及的降雨和下垫面数据资料参数较多，对于坡面水文过程的考虑不够，尤其是水土保持措施影响着黄土高原复杂的沟谷侵蚀过程，因此不能反映水土保持水文效应下地表水–地下水耦合作用的空间差异性，加之黄土较厚的地区缺乏相关地下水资料，因此建立适合黄土高原的地表水–地下水耦合模型相对困难，这是制约发展黄土高原流域水文模型的一个重要因素（吴钊等，2021）。

同时，黄土高原不同的地貌类型具有不同的水文系统。在丘陵沟壑区，陡坡使雨水迅速排入沟壑；在高原沟壑区，几乎所有的降雨都渗透到平坦高原的土壤中。水文系统的差异可能导致地表水和地下水之间的相互作用不同（Li Z et al.，2017）。部分研究揭示了丘陵沟壑区地表水–

地下水的显著相互作用过程（Liu et al., 2010）。然而，目前尚不清楚高原沟壑区地下水和地表水之间的相互作用机理。

另外，黄土高原地下水的补给主要来源于大气降水，在局部地方还有地表水、地下水以及人工补给等。其中，地表水补给地下水的类型包括河流、渠道、湖库。地表水可通过黄土层中的孔隙、裂隙渗入，成为下覆基岩裂隙水的补给水源。山区河流进入平原后，地下水可得到大量的河流侧向补给，使地表水转变为地下水。部分区域由于降水量较少，且存在含水量低的干土层，因此活塞流形式的地下水补给受到限制。然而，基于水文的过程线分离表明，地下水对径流量的贡献超过 50%（Zhu et al., 2010），表明地表水和地下水的连通性较强。但是黄土高原地表水和地下水的连通性的类型及其空间异质性仍未厘清（Li Z et al., 2017）。

黄土高原生态屏障建设改变了区域下垫面过程，进一步影响了各小流域的生态水文过程。在过去 50 年中，退耕还林（草）等水土保护措施极大地改变了地表条件，加之气候变得更加干燥和温暖，大多数集水区的径流量和地下水蓄水量都受到不同程度的影响（Gao et al., 2015, 2016；Zhao et al., 2014）。现有的关于黄土高原地表水与地下水相互作用的研究侧重于小范围和微观尺度，而且主要的研究手段为野外实验，集中于岔巴沟流域、渭河流域、韭园沟流域及裴家峁沟流域等（宋献方等，2009；Li Z et al., 2017；Kong et al., 2019；Zhao et al., 2020）。然而，在黄土高原，尤其是在黄土高原中部地区，黄土层较厚，非饱和带较厚，水文过程复杂，缺乏对地下水的观测，因此黄土高原地表水 – 地下水耦合研究还存在较大空白。

（二）地下水变化的生态效应

黄土高原地区的生态屏障建设是"两屏三带"生态安全战略的重要组成部分。在此背景下，该区域地下水的动态变化是地下水系统对外界环境的水文响应，同时，其动态变化也会引发一系列生态问题。黄土高原由于得天独厚的降尘堆积环境条件和持续的成壤过程，可以使降水具有直接渗入"地下水库"的特殊功能（朱显谟，2000），51个小流域的植被变化与水循环的关系分析表明，植被覆盖度增加导致地下水中径流成分的比例加大（邵薇薇等，2009），大规模的水土保持工程拦蓄降水与径流，为水分渗入提供了有利的下垫面条件，有利于地下水补给（王红，2014）。但是，黄土高原陆地水水储量在2005~2014年呈下降趋势，深层土壤储水量亏损是主要原因，退耕还林（草）工程实施以来，深根植被过度耗水造成深层土壤储水量的亏损率为4.7毫米/年（吴奇凡，2019）。另外，多项研究（Feng et al.，2016；Jin et al.，2018，2019；Liu et al.，2018）显示，黄土高原植被恢复率迅速增加，水资源的可持续利用已接近植被恢复的极限，社会经济用水与生态需水的矛盾日益突出（Feng et al.，2016）。此外，气候变化与土地利用转换可能改变整个地区的水循环系统，从而使地下水干旱情况更加复杂（Han et al.，2020）。地下水干旱的加剧，不免造成地下水水位的下降，也会进一步威胁到长期依赖或间接性依赖地下水的植被生态系统。保持合理的生态地下水水位是防止植物衰亡和土地荒漠化的关键，适当的生态阈值有利于维持地下水系统的良性发展。但是，黄土高原目前的研究大多集中在植被恢复的单向水文效应方面，由于黄土高原土壤结构的特殊性及土层较厚（Han et al.，2021），以及其生态水文过程极其复杂等限制因素，地下水变化的植被生态效应研究较少，且缺乏大尺度的双向生态水文耦合模拟研究。

同时，地下水变化与降落漏斗、河流基流减少、湖泊湿地消失等生态环境问题之间存在密切联系。银川盆地、西安等地的集中供水水源附近出现降落漏斗；鄂尔多斯等地由于煤矿开采破坏了含水层结构以及农业灌溉开采等造成地下水水位快速下降，引发湿地减少、湖泊枯萎等生态环境问题（韩双宝等，2021）。此外，黄土高原部分区域的地下水质量在人类活动的影响下也存在部分污染问题，对生态系统的发展存在一定的威胁性。由于工农业生产对环境的污染，特别是对地下水污染的加剧，部分地区的地下水污染物含量超过了国家饮用水标准，主要污染物包括硝酸盐氮、亚硝酸盐氮、铬和铅等（李雅等，2014）。黄土高原东部的汾河流域在煤矿开采及三废（废气、废水、废渣）排放的影响下，水质恶化严重，主要污染物为氨氮、化学需氧量及挥发酚等（郝琳茹，2016），岩溶地下水也存在一定的污染风险，尤其是地下水中硫酸盐、多环芳烃等指标含量近年来上升趋势明显（Wu et al.，2021）。维持适度的地下水水位埋深及人类活动影响，可以控制土壤水盐运移和均衡，达到改良土壤和改善地质生态环境的目的。黄土高原地区仍缺乏针对地下水变化引起的生态环境变化以及生态系统功能的破坏等方面的系统性、整体性研究。

五、黄土高原水资源优化利用

黄土高原水资源的可持续发展，既要满足居民的生活用水、工业用水、农业用水需求，还要满足区域水土流失和风蚀沙化等问题综合治理的需求（Zhang et al.，2008）。探索黄土高原水资源优化利用的方向，研究黄土高原水资源在生产、生活中的优化利用措施和技术方法，要加强以水资源荷载和生态健康为约束的生态系统自适应调控研究，加深对黄土高原水资源调控和生态系统恢复与保护的认识，以更好地为黄土高原生态环境保护与高质量发展提供服务。

（一）农业水资源高效利用

节水灌溉技术的发展、节水管理措施的改进以及作物品种的改良均大幅度提升了黄土高原地区的农业水资源利用率。现代节水灌溉技术包括减少渠系渗漏和各种田间节水技术。减少渠系渗漏主要依赖节水灌溉工程建设投入，提高节水灌溉工程标准，例如采用渠道衬砌以及低压管道输水灌溉；高效节水的局部灌溉方法补充的灌溉水只湿润作物根系土壤，使棵间蒸散发最大限度地降低。这一措施可使每次灌水量降到最低，仅相当于常规地面灌溉中灌水定额的 1/10～1/5，如小畦灌、点灌、穴灌、膜上沟灌、膜下渗灌等节水灌溉技术。特别值得一提的是具有黄土高原特色的窑窖集雨微灌模式。赵西宁等（2009）在陕西米脂黄土高原丘陵沟壑区进行的坡地五年生山地红枣集雨微灌工程技术研究表明，集雨工程技术与现代微灌工程技术的结合，尤其是与现代滴灌技术和涌泉根灌技术的有机结合，使山地红枣在总灌水次数仅为 3 次、灌溉定额约为 795 米^3/公顷的条件下，实现了红枣产量从无灌溉时的 4650 千克/公顷到 19 800 千克/公顷的跨越，水分利用效率实现了由 1.17 千克/米^3 到 4.21 千克/米^3 的跨越。

农业节水管理措施，包括采用非充分灌溉的原理和方法，在作物关键需水期补充灌溉，以及进行秸秆覆盖及地膜覆盖等。在作物关键需水期进行补充灌溉，可以有效地提高作物的水分利用效率。山仑和邓西平（2000）在宁夏固原市的试验表明，拔节期给予春小麦 600 米^3/公顷补充供水，小麦产量可达到 3915 千克/公顷，产量提高 76%，供水量只相当于充足灌溉处理的 1/4，但产量却相当于其 3/4。集雨补灌是黄土高原半干旱区农业可持续发展的一种综合模式和战略性措施，它是以工程措施存贮雨水，在作物需水关键期进行补充灌溉，解决作物干旱缺水问题。集雨补灌的增产效果十分显著，根据一些地方试验示范和调查，集雨补灌的作物增产率在 40% 左右，最高达到 100% 以上，与未进行集雨补灌的旱作农业相比，水分利用效率从 4～10 千克/（毫米·公顷$^{-1}$）提高到 6～20 千克/（毫米·公顷$^{-1}$）；供水效率达到 13～56 千克/（毫米·公顷$^{-1}$），远远超过了常规灌溉达到的水平（刘布春等，2006；赵西宁等，2006）。在内蒙古准格尔旗的玉米集雨补灌试验结果表明，在灌溉定额一致的条件下，没有采用坐水种和覆膜补灌的玉米的出苗率为65%，产量为5510.53千克/公顷，水分利用效率为1.83千克/米^3；而采用坐水种和覆膜补灌的玉米的出苗率在90%以上，产量达到8092.33千克/公顷，水分利用效率达到2.25千克/米^3（李兴等，2007）。

（二）工业用水效率提升的管理和技术途径

合理调整工业结构布局、依靠科技进步发展工业工艺节水技术是提高工业用水效率的两条有效途径。20世纪90年代以来，煤炭工业高速发展，新型煤化工产业的发展需求与其所在地水资源分布情况极不协调，大量煤化工项目分布在干旱缺水的西北地区，进一步引发这些地区出现了严重的水资源危机。据统计，每开采1吨煤炭平均要消耗0.4~2.5吨水（包括开采损失的水资源）。分布在内蒙古、宁夏、新疆、山西、陕西等地区的大型煤化工项目的耗水量极大，"十一五"期间32个在建或投产煤化工重大项目及"十二五"期间15个新建重大项目的年需水量合计11.1亿吨，折算为每天304万吨，约等于2012年北京市中心城区的日供水量（转引自薛继亮，2014）。整个黄河流域煤矿区按年产量28亿吨计算，消耗的水量将超过56亿吨，如果再考虑煤化工企业，每年增加的用水量或超过100亿吨。因此，需要严格控制新上高用水工业项目，根据区域自身水资源条件，合理调整产业结构和工业布局，优化水资源配置。鉴于此，为推进兰州、洛阳、郑州、济南等沿黄城市和干流沿岸县域的黄河流域生态环境治理和高质量发展，2021年8月16日，国家发展和改革委员会、工业和信息化部、生态环境部、水利部联合发布《关于"十四五"推进沿黄重点地区工业项目入园及严控高污染、高耗水、高耗能项目的通知》。通知要求，要对现有各级各类工业园区进行全面梳理，全面清理规范拟建工业项目，严控新上高污染、高耗水、高耗能项目，稳妥推进园区外工业项目入园。

此外，还要鼓励企业通过技术改造，推广新技术、新工艺、新设备，采用节水流程和节水设备以及采用回水来节约工业用水。虽然黄河流域的万元工业增加值取水量由1980年的876米^{3}下降至2006年的104米^3，降幅达到了88.1%。但是流域现状工业用水重复利用率为61.3%，略低于全国平均水平（王煜等，2011）。因此应当研究开发及大力推广节水工艺、技术和设备，重点推广工业用水重复利用、高效冷却、热力和工艺系统节水、洗涤节水、工业给水和废水处理、非常规水资源利用等通用节水技术和生产工艺。

（三）非常规水资源利用

以雨水利用为中心的水资源综合利用模式主要包括有效的蓄水措施、保水技术和用水技术。其中保水技术和用水技术的本质是农业水资源的高效利用。由于黄土高原地区地形复杂，梁、峁、塬、台、坡等地貌交错，地质条件差，其雨水利用相对困难。在黄土高原水土流失区大力推广以坡改梯为主的小流域水土保持综合治理模式，是充分利用当地雨水资源的成功典范。大量的试验资料分析表明，修建水平梯田，可以涵蓄95%以上的地表径流；在一些水土保持综合治理较好的小流域，目前已实现汛期洪水不出沟，水平梯田可以在汛期增加涵蓄15%~25%的雨水资源（秦大庸等，2006）。此外，综合考虑集流、灌溉和土质等方面条件，充分利用地形高差的特点，修建窖、窑、蓄水池和土井等，可以将部分汛期洪水拦蓄在水窖内进行灌溉（吴伟伟，2021）。集水技术在山西、甘肃等地发展很快，从20世纪90年代中期甘肃省实施的"121雨水集流工程"，即每户建1个100米^{2}左右的雨水集流场，打2眼水窖窖，发展1亩[①]左右的庭院经济，到后续陆续开展的宁夏"窖水蓄流工程"、内蒙

---

① 1亩≈666.67米^2。

古"112集雨节水灌溉工程"、陕西的"甘露工程"等，这些大规模降水资源利用典范开辟了干旱贫困地区以水治旱、主动抗旱的新途径，对缓解黄土高原地区的水资源紧张局面具有借鉴作用。

以集雨补灌生态农业为代表的黄土高原半干旱区的雨水综合利用已取得较大进展，集雨补灌技术体系已初步形成，技术示范与推广应用效果也已显现出巨大潜力。目前的研究主要集中在雨水资源化潜力、雨水资源优化配置、集雨补灌环境效应及集雨补灌节水机理等方面，单项集雨技术已相对成熟，但对于单项措施的科学配置问题的研究进展较慢。如何协调和解决单项集雨措施的科学组装和对位配置，建立以水土资源同步高效安全利用为目标的雨水资源优化配置理论、方法及其相应的集雨补灌利用模式，是今后集雨补灌应用基础研究的重点（赵西宁等，2009）。

（四）区域水资源优化配置与调度技术

针对黄土高原地区水资源短缺日益严重的形势，立足于水文循环，进行以水资源消耗为核心的水资源管理不仅是非常必要的，而且是非常迫切的，是资源型缺水地区加强水资源管理的必然发展趋势。黄土高原地区水资源优化配置问题较为复杂，需要考虑的约束条件涉及生态效益、经济效益、水资源承载能力等一系列内容（白霞等，2008；杨阳等，2019）。统筹考虑水的不同用途，实现气候变暖背景下水资源在生态、工业/采矿、生活、农业与水沙调控等方面的科学分配，促进人–水–自然和谐，是新时代黄土高原水资源优化配置的目标。

1998年黄河水利委员会开展的"黄河流域水资源合理分配和优化调度研究"是我国第一个对黄河全流域进行水资源配置的研究（王浩等，2004）。该研究综合分析了区域经济发展、生态环境保护与水资源条件对构建模型软件实施大流域水资源配置起到的典范作用。新时代黄土高原水资源的优化配置与调度是建立在空－天－地一体化监测系统基础上的，需要以遥感影像监测、无人机监测、移动监测等手段为依据，空、天、地相互协调和补充，从不同尺度、不同角度实现水土资源动态监测，并结合大数据智能计算方法进行评估、预测和管理，为水资源优化配置提供数据支撑（吴钊等，2021）。在黄土高原优化配置理论方法研究方面，大多数水资源优化配置已经从单目标向复杂系统多目标转变，水资源的综合价值和不同行业间的用水公平开始被用于指导水资源调配（齐学斌等，2015；严登华等，2012；王煜等，2020）。

水资源"空间均衡"是我国新时期的治水方针之一，但对于"空间均衡"的内涵及面向空间均衡的水资源适应性配置方法等核心内容的研究还比较薄弱。基于流域水循环特点，未来黄河流域的水资源配置需要进一步考虑空间和时间两个维度上的均衡，实现流域上、中、下游之间以及人与自然之间的协调发展。在黄河流域保护和高质量发展新形势下，国家有关部门正在研究对原黄河分水方案进行调整，新的黄河分水方案成为近期研究热点（贾绍凤和梁媛，2020）。

六、流域综合管理

（一）"山水林田湖草沙"流域生命共同体

黄土高原的基本性质、土地的开垦和利用使得该地区生态环境脆弱。高塬沟壑区和丘陵沟壑区是黄土高原的主要地貌，易受侵蚀冲沟的切割作用。该地区是温带大陆性气候，原始植被为温带草原、针叶和落叶阔叶混交林。随着城市的扩张、人口的增加，土地和粮食需求量增大，加之国土资源不合理的开发利用，黄土高原的原始植被遭到破坏，水土流失程度深、面积广，生态环境逐渐恶化（李相儒等，2015；周伟等，2019）。

水环境污染水生态退化问题突出、水土流失治理形势严峻、矿区生态环境破坏严重和生物多样性保护刻不容缓是黄土高原存在的四大问题，同时也存在四大修复理念：①宏观规划调控与局地修复调整相结合的生态修复理念；②区域生态功能提升与社会经济发展相协调的生态修复理念；③由"头痛治头、脚痛治脚"转向"整体把脉、系统治疗"的生态修复理念；④由"开刀治病"工程治理向"健康管理"自然恢复逐步引导的生态修复理念（周伟等，2019）。渐进式生态修复理论是在生态学原理的指导下，充分考虑区域环境污染和生态退化的历史条件和现实状况，在一定社会投资和技术水平约束条件下，选择合理的修复模式，分阶段、分步骤地对受损生态系统进行循序渐进的修复和治理（刘俊国等，2021）。

（二）流域"水–能源–粮食–生态"纽带作用

"水–能源–粮食安全纽带"的概念最早出现于2011年在德国波恩召开的"水–能源–粮食安全纽带：绿色经济解决方案"会议上（郝帅等，2021）。"水–能源–粮食"耦合是实现可持续发展目标的重要命题，是一个动态开放的复杂系统，相关研究层出不穷（任绪燕等，2021；丁童慧和陈军飞，2022）。通过构建"水–能源–粮食"系统，利用耦合协调度模型对中国30个省份的评估结果表明，我国能源、粮食的评价指数均高于水资源的评价指数，大部分省份的耦合协调度呈现逐年上升的趋势，个别省份受从业人数、人均生产总值等经济因素的影响，出现了协调度下降现象（汪中华和田宇薇，2022）。虽然水、粮食、能源三者密不可分，但三者同时需要生态系统的服务来维持生产力和防止生态退化（Hanes et al.，2018）。水资源利用系统受到气候变化、人口增长、政治经济、生态反馈等多个复杂因素的互馈作用，包含"水–能源–粮食–生态"纽带，导致该系统具有高度的不确定性。若只关注水、能源、粮食三者的关系，忽视生态可持续的约束，则可能对生态环境造成巨大破坏。

黄河流域的土地、能源、矿产资源丰富,是中国重要的能源流域和粮食主产区,水资源短缺问题是制约流域发展的瓶颈。在能源安全、粮食安全战略的驱动下,流域水土资源分配不均,供需矛盾尖锐。有必要开展流域"水-能源-粮食"协同优化,但整体协同优化研究尚处于概念阶段(彭少明等,2017)。黄土高原地区生态环境脆弱,水、能源、粮食供需矛盾更为突出,针对黄土高原地区的问题,基于协同理论,在关注"水-能源-粮食"纽带关系的同时,还要关注生态服务系统和气候变化,以及农业生产与气候变化的关系,学者们应该研发动态模型,研究"水-能源-粮食-生态"的动态平衡,在保障生态安全、生活用水的基础上,提高粮食、能源产量,显著提高黄土高原的承载能力。

第三节 水资源利用领域支撑黄土高原生态屏障建设的科研布局

一、重点布局方向

(一)变化环境下黄土高原生态水文响应与水沙预测

中华人民共和国成立以来,国家在黄土高原进行了一系列的治理工程,尤其是退耕还林(草)政策实施以来,黄土高原的水文情势、水资源格局、水文和生态之间的互馈关系发生了重大改变,水安全、生态安全形势面临着新的问题和挑战。因此,瞄准国际水科学研究前沿,聚焦国家重大战略,加强学科交叉,研究在自然因素和人类活动的影响下黄土高原水资源与生态环境的变化规律、驱动机制,提出地下水、地表水和生态建设之间的优化调控措施,对保障黄土高原水资源开发和生态屏障建设具有重要意义。

1. 变化环境下黄土高原水文效应研究

研究黄土高原气候的时空变化规律，厘清黄土高原地区人类活动和下垫面的变化特征；阐明黄土高原主要河流的径流量、产沙量、输沙量的变化规律；探明黄土高原地下水的空间分布规律及动态演化特征，分析其主要影响因素；研究黄土高原土壤水的时空变化规律，以及土壤干层的形成、分布、影响因素及水文效应；阐明黄土高原各水文要素对变化条件的响应规律。

2. 黄土高原"地表水－地下水－生态"互馈耦合机制研究

研究黄土高原地区气候变化、覆被变化、土地整治、人类涉水活动等多营力作用与区域水文循环的互馈机制，厘清不同水体间的水文联系及动态特征，研究黄土高原"水－土－气－生"互馈驱动下不同类型的生态环境问题的发生、发展过程，揭示生态水文过程变化触发的"水－土－气－生"系统的复杂变化与临界阈值，阐明黄土高原生态水文格局的演化机理；研究黄土高原不同类型区的水源涵养机理，厘清不同水文地质条件、生态覆盖度、产流模式下黄土高原水源涵养模式，提出黄土高原高质量发展的水源涵养准则，形成黄土高原生态水文学理论与方法体系。

3. 黄土高原土壤侵蚀环境演化与水沙预测

研究黄土高原生态水文过程变化对区域土壤侵蚀的影响，分析揭示土壤侵蚀环境要素（降雨、径流、土壤特性、植被覆盖、梯田、淤地坝、河道形态等）的协同作用规律，厘清黄土高原土壤侵蚀环境的变迁过程，阐明黄土高原生态水文过程与土壤侵蚀环境间的互馈机理。探索黄土高原土壤侵蚀环境要素－侵蚀输移能力－水沙变化的驱动链接机制，阐明变化环境下黄土高原土壤侵蚀与水文过程变化对河道水沙的影响规律，研发黄土高原"水－土－气－生"耦合框架下的水文模型，量化生态系统演化与径流、输沙的联动关系，对黄土高原水沙演化趋势进行科学预测。

4. 黄土高原重大工程的水文循环响应与孕灾效应

针对近年来在黄土高原开展的大规模"平山造城、治沟造地、固沟保塬"等重大工程，阐明工程对场地下垫面及水环境条件的改造作用，开展场地水循环响应规律及孕灾效应研究，揭示黄土高原重大工程的水循环响应过程及水动态变化规律，厘清水循环演化与各类地质灾害之间的关系；建立黄土高原重大工程－水循环响应－地质灾害孕育互馈耦合模型，提出基于水循环优化调控的黄土高原重大工程灾害防控对策与方案。

（二）黄土高原水资源评估与高效利用

黄土高原水资源短缺，生态环境脆弱，在气候变化和人类活动的双重作用下，水资源问题更加错综复杂，水资源量有多大，以及如何保住水、留住水、用好水依然是黄土高原面临的重要问题。黄土高原水资源利用应以科学评估水资源数量和质量为基础，聚焦集约用水，考虑水资源承载力，探究多要素、刚性约束条件下水资源的高效利用模式。同时，探索适宜的水资源考核评估机制，为复杂条件下黄土高原水资源高效利用管理政策的制定和实施提供科技支撑。

1. 黄土高原水资源与水平衡时空格局研究

解析黄土高原多时空尺度降雨、地表径流、地下水水储量之间的动态关系；开展黄土高原分区水平衡评价，识别主要失衡区与风险区；研究环境变化与经济社会发展对区域水平衡的影响与作用机制，科学研判黄土高原水平衡发展态势，开展水资源安全评价；形成水平衡基础数据集和水资源安全评价成果，提出水工程布局的相关措施建议；建立基于黄土高原水资源动态、经济与生态平衡、经济社会供需平衡的区域水平衡诊断分析系统，研究黄土高原多区域水资源综合调配关键技术，提出重点地区水资源均衡调配重大措施。通过研究黄土高原社会发展与水资源承载能力的动态变化特征，厘清水资源承载力空间格局、特征及其与社会经济要素的关系，定量解析社会经济生产活动对水资源的过量消耗造成的生态环境影响，揭示社会发展–生态维持–水资源承载能力多要素交互作用过程和内部互馈机制，构建水资源承载力预测模型，并预测黄土高原未来水资源可承载人口、生态情势和经济规模。

2. 多目标、刚性约束条件下的水资源高效集约利用与优化调控

研发因地制宜的高效节水技术，建立经济社会发展与水资源均衡匹配的新格局，推动黄土高原地区可持续发展；建立黄土高原水资源刚性约束制度，形成区域水资源管控体系，发展与产业格局相适应的水资源高效集约利用模式；建立水资源管理与调度系统，推进水资源管理数字化、智能化、精细化，建立中长期水资源安全保障优化布局方案；建立适宜的水资源考核评估机制，研发水资源集约利用评价指标体系及评价模型，构建多目标和水资源刚性约束条件下的区域产业效益优化模型，实现对区域水资源利用效率的准确评价，引导地方经济和产业优化布局。基于智能优化方法与模拟计算，提出并构建"水资源–水环境–水生态"联合调度方案，建立智能调度模型，发展水资源调控技术，规划黄土高原未来水资源合理配置方案；建立评价指标体系，构建综合评价模型，基于多种配置策略产生的经济、社会和生态环境效益，对水资源合理配置方案进行综合效益评价，形成黄土高原水资源配置与高效利用的技术理论体系。

（三）黄土高原高质量发展的水资源保障

探索黄土高原"水–能源–粮食–生态"系统的互馈关系和耦合机理，厘清系统各要素的时空演化机理与水资源需求过程，阐明不同用水需求间的对冲影响规律，提出面向黄土高原的"水–能源–粮食–生态"

系统协同发展的理论与方法体系；聚焦黄土高原乡村振兴和经济发展需求，探索黄土高原乡村水系统治理的理论和技术框架及实施途径，提出在不同功能需求下的水资源高效利用技术，形成示范性的水资源高效利用模式，为黄土高原生态保护和高质量发展提供水资源支撑。

1. 黄土高原"水－能源－粮食－生态"耦合机制与水资源协同保障

探索黄土高原"水－能源－粮食－生态"系统的内在相互作用机制，开展"水－能源－粮食－生态"系统的互馈关系和耦合机理研究，阐明黄土高原特殊条件下不同类型区域的"水－能源－粮食－生态"系统响应特征与演变模式；建立差异性的水资源协同保障机制，提升"水－能源－粮食－生态"系统的韧性及风险应对能力；以协同保障为引导，促进黄土高原水资源利用、生态改善、粮食稳产、能源开发的可持续性，进一步巩固黄土高原地区国家粮食与能源基地的地位。同时，探索水资源对黄土高原的生态改善、粮食稳产、能源安全的保障路径，厘清水资源对气候变化、生态格局、土地利用、粮食生产、能量迁移及区域产业布局/升级等的响应机制，构建黄土高原"水－能源－粮食－生态"系统协同发展的理论与方法体系，为黄土高原高质量发展提供科技支撑。

2. 面向重大工程活动的黄土高原"人－水－地"协同发展与水资源安全保障

阐明黄土高原资源开采、城镇建设、土地整治等重大工程活动中场地水文与生态环境条件的变化过程，揭示重大工程对流域水文、土地及生态环境的影响规律；研究水文过程演化对重大工程的稳定性及生态环境的综合影响，揭示重大工程建设运行与区域水资源、土地管理、生态环境演化之间的互馈机制。基于"人－水－地"协同理论，建立面向重大工程建设的黄土高原"人－水－地"协同发展模型，形成对重大工程影响区的"人－水－地"系统互馈机制与响应过程的科学描述，为黄土高原重大工程建设选址、设计、施工优化及环境保护提供技术支持。

3. 服务乡村振兴的黄土高原水系统治理与水资源利用保障

探索乡村振兴背景下黄土高原乡村水系统治理理论，从水资源保障能力、水资源高效利用、水生态服务、水土流失防治、地下水超采管控、河湖管理等多方面构建服务于乡村振兴的黄土高原水系统治理框架，探明在不同功能需求下的水资源高效利用途径，重点针对黄土高原城乡供水保障、陆地与湿地生态修复、水土保持与生态屏障效应、地下水污染与防治技术、高标准农田建设与灌区科学发展、地下水超采与地质灾害防治等问题，形成示范性的水资源高效利用策略，确保水资源对黄土高原高质量发展的支撑。

（四）黄土高原"山水林田湖草沙"综合治理

黄土高原是国家"两屏三带"生态安全战略格局的重要组成部分，在国家生态安全、黄河流域生态保护和高质量发展大局中占据极其重要的位置。在黄河流域生态保护和高质量发展的背景下，解析黄土高原"山水林田湖草沙"生命共同体的水文循环规律，揭示特有水资源禀赋条件下的生态修复机制，研究生态环境和社会经济发展条件刚性约束下的"山水林田湖草沙"综合治理模式，对推动黄土高原高质量发展具有重大意义。

1. 黄土高原"山水林田湖草沙"水循环演变过程和规律研究

研究黄土高原不同尺度流域"山水林田湖草沙"综合治理模式及各系统降雨截留、蒸散发、地表径流、水分入渗、地下水储存和汇流形成过程，揭示各水文过程与"山水林田湖草沙"生态过程的关系、相互作用和时空变化，识别影响黄土高原"山水林田湖草沙"不同水文过程的关键生态要素、人类干扰和修复活动，阐明地表水、土壤水、植物水、地下水、大气降水的相互转换过程和调控机理，探明"山水林田湖草沙"系统的水资源储量和水分平衡特征，构建适用于黄土高原地区的"山水

林田湖草沙"综合治理模式及各系统水循环模型，阐明变化环境下的水循环演变规律。

2. 黄土高原"山水林田湖草沙"生态保护和修复的水资源支撑机制

利用大数据、地理空间分析、地学信息图谱和生态定位站（点）观测研究方法，在局域、流域和区域尺度上系统认识"山水林田湖草沙"生态要素和水资源赋存时空耦合关系的特征和规律，建立"山水林田湖草沙"系统的水资源赋存、植被生产力、植物多样性、植被覆盖度关系模型，分析和模拟系统在水分变化条件下的植被生产力、植物多样性和植被覆盖度变化，探明"山水林田湖草沙"水分承载力、生态保护和修复的水分条件阈值，揭示黄土高原生态系统退化和恢复机制，提出黄土高原"山水林田湖草沙"系统的恢复路径和策略；推进建设具有黄土高原特色的"山水林田湖草沙"一体化治理国家示范园区，为黄土高原高质量发展提供解决方案。

（五）黄土高原水环境保护和污废水再生利用技术

黄土高原地区干旱缺水，水资源匮乏，但由于第二产业占比较高，工业废水排放量巨大，在国家推进黄河流域生态环境保护和高质量发展的历史节点，开展黄土高原水环境保护和污废水资源化利用已成为该区水资源和生态环境保护的重要问题。

1. 黄土高原污废水分布、评估与净化处置研究

通过排污产业调查、污染源调查、关键断面定位观测，定位黄土高原各类污废水排放源，确定排放量、水质级别、对水体和土壤的污染风险，研究污废水排放沟河道污染物扩散特征、对生物的毒害作用、污染物对目标水体的水质的影响水平、沟河道对污水净化的物理、化学及生物作用过程，揭示污水污染过程的时空动态变化与机制，阐释污废水中重金属污染物在黄土中的积累过程、食物链输送过程、有机污染物分解

过程，研究不同类型污废水的净化技术，阐明黄土高原污废水排放 – 黄土净化特征时空分布模式，为污水排放管理和废水综合利用提供理论依据。

2. 黄土高原污废水分类循环再生利用技术研究

查明黄土高原地区煤炭 – 油气 – 盐矿 – 金属矿开采、煤化工、石油化工、钢铁工业产生的大量污废水的数量与分布特征，识别不同类型污废水的水质特征，确定污废水处置和资源化利用途径，基于膜技术、黄土地净化技术、电化学分离技术、超声波技术、化学沉淀过滤技术、高效脱氮除磷技术等，进行原始和集成创新，研发污废水分类资源化利用和多级利用工艺技术，提升污废水利用效率。开发农村多功能生活污废水资源化利用技术、村镇污水收集 – 处理 – 利用一体化技术、农村潜流湿地净化 – 利用技术、表面流湿地净化 – 利用技术、废水农田净化 – 利用技术、农村景观水体净化 – 储存 – 利用技术，实现农村污水利用多元化、体系化、节约化、低成本和高效率，最终实现美丽乡村和生态文明建设目标。

二、重大科技问题

（一）战略性科技任务

1. 新时期黄土高原社会经济高质量发展路径

从基础理论、技术手段、管理体系和政策保障等方面开展全方位协同研究，探索并确立新时期黄土高原水生态文明建设与高质量发展路径。

（1）探索发展水生态文明理论、和谐理论、可持续发展理论以及水利现代化建设的相关基础理论，为新时期黄土高原高质量发展提供理论基础。

（2）发展智慧水利，加强数字化、网络化、云计算、大数据和人工智能等技术在黄土高原的应用，全面实现水情/雨情自动测报、基于人工智能的灌区自动化管理、水沙智能调控决策等现代化智慧水利。

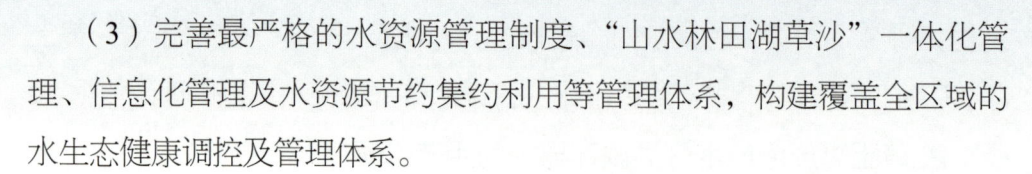

（3）完善最严格的水资源管理制度、"山水林田湖草沙"一体化管理、信息化管理及水资源节约集约利用等管理体系，构建覆盖全区域的水生态健康调控及管理体系。

（4）与时俱进制定完善的涉水法律与规章制度，从政策上保障水资源、生态环境和社会经济的良性互动，形成黄土高原高质量发展的动力结构优化路径。

2. 黄土高原人-水-地和谐发展实现途径

研究水资源与社会、经济、土地利用、生态和环境等要素相互作用及协同耦合的机制，对人-水-地复杂巨系统进行定量分析和评价，提出黄土高原人-水-地和谐发展实现途径。

（1）面向黄土高原生态环境保护与高质量发展的国家战略需求，站在系统学科前沿，探讨人-水-地和谐的内涵和研究框架，开展人-水-地和谐的量化基础理论和技术方法研究。

（2）查明决定黄土高原人-水-地系统过程的关键因素，包括人为因素和自然因素、内部因素和外部因素、积累因素和突发因素，揭示人类社会活动与自然资源环境互馈机制，阐明人-水-地系统内部子系统协同作用的机理。

（3）综合运用遥感解译、地理信息系统、大数据等先进技术对人-水-地系统的发展过程进行动态模拟和综合调控，解决黄土高原自然资源承载力低、生态环境韧性差等问题，实现黄土高原资源高效利用与人-水-地和谐发展。

3. 基于黄土高原和谐发展的黄河水分配方案论证

统筹协调沿黄地区社会经济发展和生态环境保护目标，制定新时期黄河水资源的合理分配方案，建立黄河水量调度长效机制。

（1）深入研究黄河流域供水量、用水量及水资源利用效率的历史变化及趋势，揭示"水-能源-粮食-生态"的内在关系，阐明黄土高原水资源时空分布格局及其承载力变化趋势。

（2）统筹考虑黄河流域社会经济发展和生态环境保护需求，探索并论证新时期黄河流域水资源的合理分配方案，建立面向区域高质量发展的黄河流域水量调度长效机制。

（3）构建总量控制、集约高效、配置科学、管控有力的水资源安全保障体系，加快黄河水网构建，强化干支流水量统一调度，全面提升流域水资源集约利用水平。

（二）关键性科技任务

1. 黄土高原水资源与生态建设的阈值评估

深入挖掘和认识黄土高原人、水、生态和社会经济发展之间的关系及互馈机制，科学评估黄土高原生态建设的阈值，以服务区域经济社会高质量发展。

（1）完善水生态建设的理论与技术体系，科学度量水生态建设与产业发展的均衡差异性，评估生态建设与区域社会发展的协调性及差距。

（2）研究提出黄土高原"山水林田湖草沙"生命共同体建设的策略及技术体系，探明山、水、林、田、湖、草、沙的水分承载力及生态保护和修复的水分条件阈值。

（3）研究建立基于区域水资源承载力的社会经济和生态阈值评估模型，合理评估黄土高原生态建设的阈值。

2. 黄土高原地表水－地下水－生态互馈机制

构建多尺度地表水、地下水和生态环境协同演化模型，揭示黄土高原地表水－地下水－生态互馈机制，阐明变化环境下地表水－地下水水文过程协同驱动的生态过程演化方向。

（1）界定黄土高原地表水－地下水系统的生态功能，阐明影响生态环境的主要水文要素，揭示黄土高原地表水－地下水关键水文过程及其对区域或流域水资源及生态的影响规律。

（2）构建多尺度地表水、地下水和生态环境系统的协同演化模型，揭示水文过程与生态过程的互馈耦合机理，阐明地下水生态功能的形成机制。

（3）甄别并度量变化环境下水文过程与生态过程的互馈作用及其动态变化，全方位阐释变化环境下地表水–地下水协同循环演化方向及其主要影响因素。

3. 黄土高原水生态健康保障技术体系构建

构建黄土高原地表水–地下水–生态建设优化调控体系，形成面向中长期水资源和生态安全保障的优化布局方案与重大措施建议。

（1）构建基于水文要素的水功能退化的多维标识指标体系，提出面向水资源、水环境、水生态的多目标流域水资源评价和综合调配关键技术。

（2）发展生态安全评估和水生态健康保障理论与方法，建立融合区域水资源配置、水沙调控、水环境保护及水生态修复于一体的水工程多目标智能协同调度系统。

（3）建立复杂水工程多目标协同联合调度风险决策评估指标体系，提出重点地区水资源均衡调配重大措施，构建基于地表水–地下水–生态建设优化调控的黄土高原水生态健康保障体系。

（三）基础性科技任务

1. 黄土高原生态水文理论

把握黄土高原生态水文过程的复杂性与特殊性，发展黄土高原生态水文基础理论，支撑新时期黄土高原高质量发展要求。

（1）基于多学科交叉融合手段，加强宏观过程与微观过程的集成研究，采用多尺度、多要素、多时空的综合观测与模拟手段，对区域生态水文过程机理及其演替方向进行定量研究。

（2）构建黄土高原植被碳水通量耦合特征与潜在水分利用效率模型，在不同时空尺度上分析区域碳水耦合驱动的生态植被响应特征，探索径流及地下水对气候和植被变化响应的量化分离与预测方法，揭示陆地植被的碳水耦合循环机制。

（3）发展适用于黄土高原的变尺度生态水文双向耦合模拟模型，在土壤、微生物、植物冠层、坡面、流域和景观的不同尺度上，阐释气候变化条件下黄土高原植被生理与物候特征变化规律，推动黄土高原生态水文学理论发展。

（4）揭示不同时空尺度下黄土高原生态水文过程机理，提出生态水文效应的尺度转换方法及非线性关系表达。

2. 黄土高原变化环境下的水沙过程与调控机理

揭示变化环境下黄土高原水沙演变机理，科学研判未来一定时期黄土高原的水沙发展态势，形成水沙基础数据集和水资源安全度评价成果。

（1）基于陆表监测、遥感等多源立体监测及数据融合技术，分析降水、蒸散发、径流、蓄水量等水循环要素和泥沙的演变规律，发展自然-社会二元水循环理论、"四水"转化理论、水资源评估和水沙耦合模拟理论方法，揭示黄土高原水沙过程的内在机理。

（2）定量开展黄土高原的水平衡评估，考虑流域水收支平衡、经济与生态平衡、经济社会供需平衡，提出基于物理机制的区域水平衡描述方程，建立区域水平衡诊断分析系统。

（3）研究环境变化与经济社会发展对区域水平衡的反馈与作用机制，形成区域及重点流域的水平衡基础数据集和水资源安全度评价成果，开展水资源安全度评价，识别主要失衡区与风险区。

3. 黄土高原生态水文模型及孪生流域技术

针对黄土高原特殊的水文地质条件和生态系统格局，研发黄土高原水系统综合模拟模型，提升模型的模拟能力及准确度；把现代科技前沿的数字孪生、虚拟现实、元宇宙等高科技应用于流域管理，研发数字孪生流域技术体系，实现水资源智慧化管理。

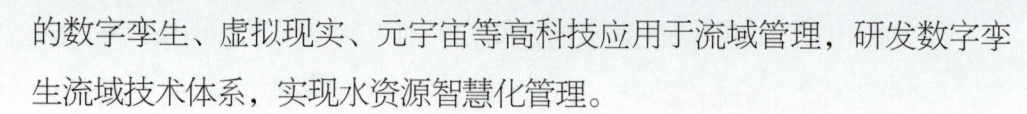

（1）研发高精度、变尺度的黄土高原生态水文模拟模型，集成并提升模型在水土侵蚀、坡面汇流、水沙运移及水生态过程等方面的模拟精度。

（2）以数字化、网络化、智能化为主线，以数字化场景、智慧化模拟、精准化决策为路径，研发具有预报、预警、预演、预案功能的数字孪生流域技术体系。

（3）基于数字孪生流域技术，以水系统科学理论为基础，以黄土高原为对象，构建大数据驱动的黄土高原生态水文（及水沙）系统综合模拟与调控决策系统。

三、阶段目标和任务

（一）近期目标和发展重点任务（2030年）

1. 发展目标

以满足黄土高原生态屏障建设和国家重大需求为导向，进行多学科、多领域协同攻关，加强水资源领域的基础研究和科技研发，加强基础数据库建设，建立适用于黄土高原的水文生态过程模型，对黄土高原水文－生态互馈作用机制、水环境变化条件下的水循环机理及致灾机制进行深入研究，初步形成一套具有中国特色的黄土高原水科学研究理论方法体系。

2. 重点任务

1）黄土高原水文生态过程模拟预测理论与技术

研究黄土高原水资源对生态建设等多因素的非线性响应机制，明确变化环境下黄土高原水文效应，阐明黄土高原地表水－地下水－生态互馈耦合机制，建立适用于黄土地区的水文生态过程耦合模型，提出黄土高原水资源可持续开发利用与保护策略。

2）黄土高原水沙预测与调控关键技术

建立黄土高原土壤侵蚀环境演化要素–侵蚀输移能力–水沙变化的驱动机制链，研发"水–土–气–生"耦合框架下的黄土高原水文模型，量化生态系统演化与径流、输沙的联动关系，对黄土高原水沙变化趋势进行科学预测，通过生态、工程等措施，对黄土高原的水沙演化进行优化调控。

3）黄土高原水平衡态势与水安全保障

科学研判黄土高原水平衡发展态势，开展水资源安全度评价，建立基于黄土高原水资源动态、经济与生态平衡、经济社会供需平衡的区域水平衡诊断分析系统，研究黄土高原多区域水资源综合调配关键技术，提出重点地区水资源均衡调配重大措施。

4）黄土高原重大工程水循环机制及灾害风险防控

研究黄土高原重大工程（平山造城、治沟造地、固沟保塬、淤地坝等）的水循环变异特征，阐明黄土高原重大工程的水循环响应过程及地下水动态变化规律，厘清水循环演化与各类地质灾害孕育之间的关系，提出基于地下水优化调控的黄土高原重大工程灾害防控对策措施。

5）黄土高原"水–能源–粮食–生态"互馈耦合机制与优化布局

研究黄土高原在"水–能源–粮食–生态"系统框架下的水资源变化与气候变化、生态格局、土地利用、粮食生产、能量迁移以及区域产业布局/升级等响应机制，探索水资源对黄土高原生态改善、粮食稳产、能源安全的保障路径，优化黄土高原的"水–能源–粮食–生态"系统布局，为黄土高原高质量发展提供科技支撑。

（二）中期目标和发展重点任务（2035 年）

1. 发展目标

基本建成与经济社会发展和生态文明建设要求相适应的黄土高原水

资源节约利用与优化配置体系、水安全和"山水林田湖草沙"健康保障体系、灾害风险防控体系。实现黄土高原生态环境质量显著改善和供水安全保障水平显著提升，流域人－水－地关系基本和谐；新一代信息技术与水资源管理深度融合，黄土高原水资源利用效率和系统韧性稳步提升，形成一套成熟的、具有黄土高原特色的水科学研究理论方法体系。

2. 重点任务

1）黄土高原水沙智慧化监测与管理

加强数字化、网络化、云计算、大数据和人工智能等技术在黄土高原水资源与生态管理中的应用，全面实现水情/雨情自动测报、基于人工智能的灌区自动化管理及水沙智能调控决策，完善水资源管理制度，构建水资源节约集约利用、水生态健康调控管理体系。

2）高精度、变尺度生态水文模拟模型研发及数字孪生流域技术体系构建

研发高精度、变尺度的黄土高原生态水文模拟模型，以数字化场景、智慧化模拟、精准化决策为路径，开发具有预报、预警、预演、预案功能的数字孪生流域技术体系，构建大数据驱动的黄土高原生态水文（及水沙）系统综合模拟与调控决策系统。

3）黄土高原调水工程科学论证与水资源保障

科学研判黄土高原各区域水量平衡、水资源时空演变格局、社会经济发展趋势，从基础条件、实施方案、工程技术、实施效果等方面论证其必要性和科学性；准确评估变化环境下水资源调配的系统风险，制定优化方案，确定合理的调水量，解决黄土高原自产水资源不足与社会经济发展用水需求之间的矛盾。

4）水资源约束下的"山水林田湖草沙"一体化自然生态保护和修复

根据水资源条件和生态阈值，科学划分黄土高原生态环境治理区和修复区，研究"山水林田湖草沙"相互作用及耦合的内在机理和规律，

构建"山水林田湖草沙"一体化的自然生态修复与保护多目标评价模型，形成一套成熟的评估监测技术方法并进行推广应用。

5）黄土高原韧性水资源系统理论与方法

研究黄土高原水环境、生态环境与社会经济发展的作用关系，提出区域高水平水资源供需动态平衡理论框架，基于大数据、人工智能等技术建立黄土高原韧性水资源系统评价体系，构建区域多时空尺度的水资源系统效率和韧性发展的协调动态格局模型，提出水资源支撑黄土高原高质量发展的优化路径及对策建议。

（三）长期目标和发展重点任务（2050年）

1. 发展目标

到21世纪中叶，黄土高原水资源管理和治理水平显著提高，水资源保障能力进一步提升，生态环境质量全面改善，生态系统健康稳定，黄土高原的国家生态安全屏障作用进一步巩固；乡村振兴取得显著成效，城乡区域协调联动发展的格局逐步形成，全面实现人与自然和谐共生，黄土高原成为具有国际影响力的水文生态屏障保护区典范，成为全国乃至国际性的生态文明高地。

2. 重点任务

1）黄土高原水资源–生态环境现代化治理体系

按照"节水优先、空间均衡、系统治理、两手发力"的治水思路，秉承"尊重自然、全面治理、整体规划"的原则，采用空–天–地一体化监测技术及现代人工智能等决策技术，优化黄土高原水资源配置，强化生态文明建设力度，不断完善防灾减灾体系，形成水资源与生态环境治理体系和治理能力现代化。

2）黄土高原水文生态优化调控及生态健康保障

构建黄土高原地表水–地下水–生态建设优化调控体系，建立融合区域水资源优化调度、水沙调控、水环境保护及水生态修复于一体的水工程多目标智能协同调度系统，构建基于地表水－地下水－生态建设优化调控的黄土高原水生态健康保障体系。

3）黄土高原资源高效利用与人－水－地和谐发展

以生态文明理论、人－水和谐理论、可持续发展理论为指导，对黄土高原人－水－地系统的发展过程进行综合调控，解决黄土高原自然资源承载力低、生态环境韧性差等问题，实现黄土高原水资源高效利用，保障黄土高原生态屏障稳固、人－水－地和谐发展。

第四节　水资源利用领域支撑西部生态屏障建设的战略保障

一、体制机制保障

（1）成立西部生态屏障建设工作小组，完善生态屏障建设联动协作机制。成立西部生态屏障建设工作小组作为生态屏障建设工作的主要领导力量，充分发挥其牵头作用，统筹总体建设布局，加强与其他部门的交流，使各部门的职能形成有效对接，形成工作合力，协调解决在生态屏障建设过程中遇到的各种问题。生态屏障建设涉及多领域的知识和科技难题，应建立生态屏障建设联动协作机制，多系统联合行动、协同合作，西部各省和地区之间也应加强交流合作，形成领导小组—多部门—多地区的战略部署结构，协同推进西部生态屏障建设。

（2）探索多元化生态补偿机制，构建跨地区、跨流域补偿示范区。对西部地区众多重点生态功能区因地制宜地开展科学、合理的生态补偿工作，逐步建立西部地区多元化生态补偿体系，多手段调动生态屏障建设涉及地区的积极性；选取生态补偿成效显著的试点，构建跨地区、跨流域生态补偿示范区，形成良好示范效应，带动其他西部地区不断深化和创新生态补偿机制，推动西部生态屏障建设的顺利实施。

（3）强化组织体制和资金投入力度，加强对交叉领域重大科技问题的联合攻关。强化组织体制和资金投入力度，对部分交叉领域的重大科技问题开展联合攻关。在组织体制方面，可以组建跨学科、跨领域的科技联盟，在西部生态屏障建设工作小组的统一领导下，针对西部生态屏障建设过程中的重大科技问题开展集成研究和多学科联合攻关，促进多学科交叉融合，对西部生态屏障建设开展全面研究，支撑西部生态屏障建设。

二、平台建设保障

（1）建设黄河国家实验室，打造开放协同的黄河科研高地和技术平台。黄河国家实验室可以由水利部牵头，设立学科集群，与国际接轨，充分发挥水利部对黄河流域的统筹组织作用和资源优势。黄河国家实验室作为开放协同的新型研发平台，可以聚焦流域生态系统保护修复、流域区域高质量发展、水土保持与综合治理、水源涵养与水沙调控、绿色产业结构优化等生态屏障建设过程中面临的关键科学任务，研发原创性科学成果，构筑体现国家意志、对外开放且具有国际影响力的综合性流域协同创新科研高地，为黄河重大国家战略实施和西部生态屏障建设提供研究支撑。

（2）构建黄河模拟器平台，为生态屏障建设提供综合模拟和决策支持。西部生态屏障建设是涉及水、土、气、生、人等多要素的复杂过程，如何为生态环境保护和地区未来发展提供强有力的科技支撑，是科技支撑西部生态屏障建设战略顺利实施亟待突破的瓶颈。黄河模拟器是以黄河流域为对象，以流域水循环为纽带，将自然过程与社会经济过程相耦合的流域模拟系统及其软硬件装置。黄河模拟器平台可以将大数据驱动的黄河流域综合模拟与调控决策系统作为建设核心；将感知体系、模拟体系和服务体系作为主要架构，分别承担流域空－天－地一体化立体监测、流域水系统综合模拟、公众参与和沟通决策功能；将合作体系作为平台重要功能，形成不同领域间的相互联动和信息资源应用与集成能力。黄河模拟器平台不仅能为西部生态屏障建设提供可视化决策支持，也能够为黄河流域综合管理提供科学依据。

三、数据协同保障

（1）完善跨部门数据调用机制，实现多领域数据实时调用和共享。针对生态屏障建设的数据使用需求，可以在保障数据安全的前提下扩大区（县）级部门的专项数据使用权限，减少数据共享审批流程，降低数据共享交换的难度，真正实现多领域数据实时调用。同时，为生态屏障建设过程中的重大研究课题配备相应的数据调用专员，使其对部分关键数据拥有直接调用权限，这样能够极大提高数据共享效率，推动西部生态屏障建设工作稳步开展。国家统计局应大胆探索，建立国家数据协同利用中心，可以借鉴国际经验，从国家层面采用开放标准格式创建或收集各部门、各领域数据，提高数据互操作性，制定一套数据共享工作机制，建立可信的数据仓库关联生态系统，确保科研工作者、重大课题相关人员和公众可以无障碍获取相应数据资源，整体提升数据交换和共享能力。

（2）完善数据共享法律法规体系，保障数据可用性及相关部门权益。应加强顶层设计研究，不断完善和丰富数据协同利用制度建设，可以在数据协同利用原则、数据格式和质量标准、数据安全和可操作性方面制定详细规范，提高多部门的数据资源对西部生态屏障建设工作的开放共享能力，但要明确数据资源的归属、采集和利用规则，建立问责机制和奖惩制度，为数据归属部门提供激励措施，维护数据提供部门的自身权益，打破信息壁垒，提高信息资源传输效率。

四、人才资源保障

（1）完善学科建设体系，搭建生态屏障建设学科创新团队。完善的学科体系能够服务于重大战略需求，可以立足于建设需求，将现有学科作为基础，将相关学科作为支撑，对传统学科资源进行整合，在学科交叉融合的平台上培育生态屏障建设相关新学科的生长点，与国家战略需求和地区发展需求紧密衔接，完善学科建设体系。此外，以解决生态屏障建设重大科研问题为导向，探索学科人才培养体系，培养拔尖的高层次创新型、应用型、复合型人才，搭建生态屏障建设学科创新团队，对关键问题展开攻关，对核心技术进行创新，在西部生态屏障建设中大显身手。

（2）加大对地区初等教育的支持力度，提升人才资源未来供给能力。加大对西部地区初等教育的支持力度，提升人才资源未来供给能力，能够为西部生态屏障建设工作提供扎实的人才资源保障，以及为西部教育的长远发展奠定坚实的基础。

（3）设立西部地区人才培养通道，打造地区高层次人才梯队。专门为西部地区设立高层次人才选拔和培养通道，在高层次人才指标分配方面向西部地区适当倾斜，完善对西部地区本土人才的政策支持。同时，汇聚拔尖人才，将学科带头人作为领军，将杰出人才作为骨干，将优秀人才作为支撑，加强对博士后、博士等青年科研人才的培养，打造多支结构合理、衔接有序的高层次人才梯队，以解决重大战略问题与技术研发为导向，对西部地区高层次人才梯队进行整体性评价，不断完善人才资源保障体系。

五、国际合作保障

（1）设立生态屏障建设国际合作专项，与相关研究机构建立密切的合作关系。就生态屏障建设而言，设立国际合作专项，与国外高水平大学及相关学科的顶尖科研机构开展实质性的科研合作，建立密切的合作关系，对部分技术和难点进行联合研究，为生态屏障建设工作提供强大助力。国际合作专项以科学技术研究为核心，聚焦西部生态屏障建设重大科技需求，与多个国家的科研机构、高水平大学和企业开展高层次、多形式、宽领域的科技合作，增强技术交流，促进先进科研成果的引进、输出和转化应用，鼓励西部地区有条件的高校和科研院所与合作对象所在的地区签署国际合作协议，将其纳入地区生态屏障建设布局中并给予支持。

（2）设立专项人才访问绿色通道，选派青年科技工作者到国外进行学术访问。为西部生态屏障建设设立专项人才访问绿色通道，支持本土青年人才和科技工作者"走出去"，到国外开展学术交流和技术访问，为生态屏障建设工作提供坚实的国际合作保障。探索灵活的人才交流新路径，加大对国际合作人才的支持力度，以西部生态屏障建设为契机，设立专项人才国际访问绿色通道，推动相关学科的优秀研究生公派留学，引导西部高校和科研院所选派顶尖学生、优秀青年教师、生态屏障建设相关方向的学术带头人赴国际高水平大学和机构进行长期或短期的访学交流，促进生态屏障建设进程中人才、设备、技术、信息、资源的国际交流与合作。

第四章

云贵川渝生态屏障区水资源利用领域发展战略

第一节 云贵川渝水资源科技支撑西部生态屏障建设的战略形势

一、云贵川渝地区水资源的基本情况及其战略地位

(一) 云贵川渝地区水资源基本情况

云贵川渝四地的河流纵横交错、水资源丰富，是我国重要的水资源和水电能源基地。区内山地众多，自然生态良好，也是我国重要的生态多样性保护地。云贵川渝四地的大部分地区处于长江流域，涵盖了长江上游的主要支流，包括金沙江、雅砻江、岷江、嘉陵江和乌江等，以及三峡区间的众多支流；云南和贵州部分地区处于珠江流域，主要包括南盘江、北盘江和红水河等；四川省还有部分地区位于黄河上游，主要包括白河和黑河两条支流。除此之外，云南省境内还有澜沧江—湄公河、怒江—萨尔温江、元江—红河等跨境河流。

区域内水资源年际变化较大，年内分配不均，水旱灾害频繁。长江上游（宜昌以上）长4504千米，流域面积约为100万千米^2。金沙江、雅砻江和大渡河源区地处青藏高原，基本无暴雨。长江上游其他广大地区均可能发生暴雨，主要有大巴山暴雨区和川西暴雨区。金沙江下游和四川盆地各水系的汛期为6～9月，流域洪水主要由暴雨形成，岷江、沱江、嘉陵江的洪水易形成干流洪峰高的陡涨渐降型洪水过程，洪水灾害主要集中在四川盆地，山丘区也常发生山洪灾害。由于降水时空分布不均，旱灾频繁发生，在山区丘陵地区出现的概率更高。滇西南部、滇南边境、怒江河谷，以及南盘江、北盘江、都柳江上游的部分地区，全年

降水量为 1500~1750 毫米，高黎贡山西南迎风坡的盈江的降水量能达到 4000 毫米以上，但楚雄、大理的降水量仅 500~700 毫米。4~10 月的降水量占全年总降水量的 85%~95%。雨季常出现山洪暴发，发生洪涝灾害；而旱季时间长，季节性干旱特别是春旱十分严重。

云贵川渝地区的多年平均年降雨量为 1116 毫米。根据 2020 年云南省、贵州省、四川省和重庆市的水资源公报，四省市的多年平均水资源总量分别为 2210 亿米^3、1041.8 亿米^3、2565 亿米^3 和 567.8 亿米^3。1961~2015 年，长江上游宜昌水文站的平均年径流量为 4270 亿米^3，年径流量减少的平均速率为 90 亿米^3/10 年。除了长江源区年径流量尚有增加外，从金沙江下游至宜昌水文站的主要支流和干流区间的年径流量减少趋势均在逐渐增大。气候变化（包括降水减少和气温升高等）对长江上游年径流量减少的影响程度约占 60%，人工植树造林、人工取用水和水库蓄水等的影响约占 40%。

珠江水系位于云贵川渝地区的河流主要包括南盘江、北盘江和红水河等。南盘江全长 914 千米，流域面积为 56 809 千米^2，流域内高原湖泊众多。河流汛期集中在 5~9 月，流域中下游纵坡大，水流湍急，滩险很多，水力资源丰富，但水资源供给与保障能力不足，水土流失严重，洪涝灾害频繁。北盘江全长 449 千米，流域面积为 26 557 千米^2，流域暴雨一般从 5 月末开始，主要集中在 6~9 月，流域内水量和水能十分丰富，但土壤侵蚀面积大、强度高，石漠化严重，水利基础设施薄弱，水资源供需矛盾突出、开发利用程度低。红水河全长 659 千米，贵州省内流域面积为 15 948 千米^2，汛期时间主要为 4~9 月，水位季节变化大、落差大，流域水量和水能丰富，但上游水土流失较为严重。

云贵川渝地区存在多条跨境河流。怒江—萨尔温江流经中国、缅甸、泰国等后入安达曼海。干流全长 3673 千米，流域总面积为 32.5 万千米^2，年径流量为 2525 亿米^3 [1]。中国境内干流河段长 2013 千米，流域面积为 13.78 万千米^2，年径流量为 703 亿米^3。径流深为 400~1200 毫米，径流补给主要集中在 5~10 月，其中 6~9 月的径流量约占全年的 70%。1970~2011 年，干流道街坝站年径流量呈不显著增加趋势。澜沧江—湄公河流经中国、缅甸、老挝、泰国、柬埔寨和越南六国后注入南海。干流全长约 4884 千米，流域总面积约 79.5 万千米^2，多年平均径流量为 4750 亿米^3 [2]。中国境内干流河段长约占总长的 57%，流域面积为 16.5 万千米^2，多年平均径流量为 640 亿米^3 [3]。1958~2015 年，允景洪站年径流量呈显著减少趋势。元江—红河流经中国和越南后注入北部湾。干流全长约 1280 千米，流域总面积为 15.6 万千米^2，多年平均径流量为 1340 亿米^3。中国境内干流河段长 677 千米，流域面积为 7.48 万千米^2，多年平均径流量约 480 亿米^3。1956~2013 年，元江干流蛮耗站和支流李仙江站的年径流量均呈减少趋势。

（二）云贵川渝地区水资源利用特征

根据水利部发布的 2019 年度《中国水资源公报》，云贵川渝四省市的水资源总量为 5897.8 亿米^3，供水总量为 591.9 亿米^3，水资源开发利用程度还很低。其中，重庆供水总量为 76.5 亿米^3（农业用水占 33.0%），四川为 252.4 亿米^3（农业用水占 61.2%），贵州为 108.1 亿米^3（农业用水占 57.1%），云南为 154.9 亿米^3（农业用水占 68.7%）。重庆市生活、工业和农业用水比例较接近，四川、贵州和云南三省的农业用水比例接近

---

[1] https://www.osgeo.cn/post/2d415#google_vignette[2024-03-06].

[2] http://www.lmec.org.cn/lmzx/lslmjh/lhyj/shj/202109/P020210902580693462012.pdf [2024-03-06].

[3] http://www.lmec.org.cn/lmzx/lslmjh/lhyj/shj/202109/P020210902580693462012.pdf [2024-03-06].

或超过60%。云贵川渝地区已形成以重庆和成都为经济中心的特色产业、优势产业体系，重点区域主要包括成渝经济区、攀西—六盘水地区、黔中地区、滇中地区，是城市生活和工业用水的核心区。农业灌溉主要集中于四川盆地腹地、滇中高原和黔中地区。四川盆地腹地分为岷涪长地区、涪嘉地区和嘉渠地区，缺水严重。耕地主要分布在都江堰、玉溪河等11处大型灌区中，有效灌溉面积为1.234万千米^2。滇中高原位于云南省中部，已建大型灌区5个，区内有效灌溉面积为2153千米^2。黔中地区位于贵州省中部，地处长江流域（乌江）和珠江（红水河）分水岭地带，山高谷深水源低，缺水严重，区内有效灌溉面积为210千米^2。

2020年，云贵川渝水资源平均开发利用率为7.76%，总体开发利用程度较低，其中云南省水资源开发利用率为8.67%，贵州省水资源开发利用率为6.78%，四川省水资源开发利用率为7.32%，重庆市水资源开发利用率为9.14%（中华人民共和国水利部，2021）。珠江水系水资源丰富，但流域多属高原山地地貌，地表崎岖，岭谷高差大，水资源利用难度大，水质性缺水加剧。云南跨境河流水资源丰富，但是开发利用程度低，平均水资源利用率不足5%。我国规划建设的十三大水电基地中有六大基地位于云贵川渝地区，怒江干流水能资源可开发装机容量达36 407兆瓦，其中云南为17 100兆瓦。澜沧江可开发利用水能资源为27 370兆瓦，澜沧江云南段规划建设15个梯级电站，目前已建成投产11座。元江—红河可开发装机容量为5400兆瓦，其中元江干流规划了11级水电开发方案。

（三）云贵川渝地区水资源的战略地位

云贵川渝四地分别位于我国三大流域——长江上游、珠江和黄河的源区，不仅是这三大流域的重要水源地，也是我国"南水北调"中线和西线、"引汉济渭"、"引江补汉"、"滇中引水"等跨流域调水工程的水源地，对保障我国水资源安全起到十分重要的作用。云贵川渝地区河流众多，河流水量丰沛、落差大，水电蕴藏量十分丰富。我国水能资源理论蕴藏量约69万兆瓦，其中长江流域约占40%，而且长江流域的水能资源集中分布在上游的四川、云南和贵州三省，该流域是我国重要的水电能源基地。水电能源开发利用对保障我国能源安全及实现"双碳"目标具有重要的支撑作用。

跨境河流是流域国家构建"命运共同体"的基础资源。我国的水资源开发利用与下游国的水资源安全密切相关。下游国对我国的水资源开发十分重视，对我国水资源分配、水质变化密切关注。作为流域上游国家，我国也承担着对流域水生态系统的保护责任，在开发水资源的同时应充分考虑和重视下游国家的需求及其水环境问题。跨境水资源安全、风险防范和利益共享是跨境河流相关国家关注的核心问题。

云贵川渝大部分区域处于长江上游，该地区是我国水土流失最严重的区域之一，也是西部生态屏障建设和"长江大保护"的关键区域。近年来，长江上游经济带的生态环境保护工作取得了积极进展，但是距离水环境和水生态质量全面改善、生态系统功能显著增强的目标仍有一定差距。须从生态系统整体性和长江上游流域的系统性出发，强化顶层设计，实施多元共治，完善市场机制，开展综合协调，共抓大保护、不搞大开发，为推动长江上游经济带生态环境根本好转、建设"美丽中国"提供有力制度保障。

二、水资源领域科技支撑西部生态屏障建设的现状与问题

（一）区域水资源利用与保护的重大举措及其建设成效

1. 重大举措

1982~1986年，我国水行政主管部门组织全国水利科技人员共3000余名开展了中国水资源供需分析研究，根据统一提纲和技术要求，将全

国划分为东北诸河、海河、淮河和山东半岛诸河、黄河、长江、华南诸河、东南诸河、西南诸河及内陆河9个一级区，下设82个二级区、302个三级区及2000余个计算单元，并进行了不同水平年、不同保证率的水资源供需分析，提出了解决和缓和水资源供需矛盾的主要对策和建议。2001年12月，水利部根据经济社会发展的需求，提出了之后5~10年西部水利发展的方针和目标，论证了西部开发在水利方面需要解决的重点问题，提出了加强西部地区水利建设的政策建议。2003年，水利部启动"中国水资源及其开发利用调查评价"，根据对长期历史和现状资料的调查分析，识别和诊断人类活动对水文与水资源的系列影响，对水资源开发利用与生态环境状况进行了系统全面的综合评价。2017年7月，云南省水利厅印发《云南省"十三五"水土保持规划》，提出全省水土保持总体防治格局和重点构建"四治四保"水土流失重点防治格局。2019年12月，贵州省水利厅、省发展和改革委员会印发《贵州省节水行动实施方案》，明确节水工作的主要目标和具体任务。2020年3月，贵州省颁布《贵州省节约用水条例》，明确了"节水优先、统一规划、总量控制、合理配置、高效利用"的原则，建立"政府主导、部门协同、市场调节、公众参与"的节约用水机制。2020年5月，四川省水利厅和重庆市水利局签署《成渝地区双城经济圈水利合作备忘录》，共同研究提出支撑双城经济圈建设的水利重大项目、政策和改革举措，重点推进长征渠引水工程等重大水利工程的前期论证和川渝跨界河流水资源开发利用项目研究。2020年，应急管理部牵头制定了《防汛抗旱应急能力建设"十四五"规划》，该规划指出要统筹考虑江河洪水、山洪泥石流、城市内涝、台风、干旱等灾害风险，突出重点，加强应急能力建设。2021年9月，云南省发布《云南省实现巩固拓展脱贫攻坚成果同全面推进乡村振兴有效衔接农村供水保障3年专项行动方案》，目标是到2023年基本解决100.4万人中度干旱条件下因旱应急送水问题。2021年10月，中共中央、国务院印发《成渝地区双城经济圈建设规划纲要》，研究推进跨区域重大蓄水、提水、调水工程建设，增强跨区域水资源调配能力，推动形成多源互补、引排得当的水网体系。2021年，水利部编制了《智慧水利建设顶层设计》和《"十四五"智慧水利建设实施方案》，为新阶段水利高质量发展提供有力支撑和强力驱动。《中华人民共和国国民经济和社会发展第十四个五年规划和2035年远景目标纲要》提出，实施国家节水行动，建立水资源刚性约束制度，强化农业节水增效、工业节水减排和城镇节水降损，鼓励再生水利用，单位GDP用水量下降16%左右。

2. 建设成效

西南地区的生态环境得到有效恢复，石漠化程度降低，自然灾害显著减少。自20世纪90年代以来，经过"长治"工程、"退耕还林"工程、"长防"工程和"天保"工程的实施，以及人工与飞播造林种草、封山育林育草等措施，长江上游的山逐渐变绿，水逐渐变清，一道绿色生态屏障正悄然出现。长江上游水土保持委员会第十八次会议提出，长江上游"十三五"期间累计完成水土流失治理面积7.8万千米^2，森林覆盖率达**47.8%**。森林覆盖率的提高有效提升了沱江、嘉陵江、渠江和涪江流域的年径流量和径流系数。西部水电能源大力开发与西电东送工程，为我国东部输送了经济、清洁的可再生能源，进一步保护了生态环境。经过多年的水利建设，云贵川渝地区建设了一大批水利工程，基本实现了堤库结合、以堤防为主的防洪减灾工程体系，初步形成了供水保障网、防洪排涝网、水生态保护网，极大提升了区域的水利防灾减灾能力。云贵川渝地区大力推进智慧水利建设，决策支持系统平台基本能够实现降雨、洪水灾情等的自动预警预报，提高洪水灾害预测和判断能力，为防洪调度和决策制定提供科学依据，为经济社会发展和生态文明建设提供水安全保障基础。此外，云贵川渝地区还研发了空–天–地一体化监测技术，提出了集水土保持、面源污染防治、乡村振兴为一体的生态清洁小流域治理模式。

（二）中国科学院在水资源领域支撑西部生态屏障建设的部署

围绕西部生态屏障建设涉及的科学问题，中国科学院在云贵川渝地区的生态环境敏感区建立了森林、草地、农田、湿地等生态系统野外观测试验站。近年来，中国科学院还在喀斯特石漠化区、干热河谷区、三峡库区等典型生态脆弱区建立了长期野外观测试验站；针对西南山区泥石流、滑坡等严重山地灾害，也部署了专门的野外观测试验站。截至2021年，中国科学院建成的生态环境要素野外科学观测研究站中进入国家野外科学观测研究站名单的有7个，进入中国生态系统研究网络（Chinese Ecosystem Research Network，CERN）台站名单的有5个。上述野外台站和信息管理平台已成为国家生态环境监测、监督管理体系的重要力量，为西南山地生态系统结构格局与生产力变化、水资源形成与变化、水土流失与面源污染、大气环境与水环境变化提供了长期、持续的第一手观测数据，为长江上游水文与水资源、水土流失与面源污染防治、西南山地生态屏障建设提供了重要数据基础。

自20世纪90年代以来，中国科学院在上述野外台站的支撑下，系统开展了长江上游水土流失与面源污染防治的科学研究，并取得了显著成效；围绕国家重大水利工程，完成了水资源、水环境、水生态等的建设规划与评估报告，科学支撑了长江上游水资源开发利用与保护；先后研发了石漠化治理与生态修复技术体系与模式，主导了我国西南地区石漠化防治与生态修复工作；持续开展干热河谷生态综合治理与生态产业发展系列技术研究，在干热河谷退化生态治理和生态经济发展中发挥了主力军作用。

（三）当前云贵川渝地区水资源利用与保护存在的主要问题

1. 水资源时空分布不均，部分地区缺水问题严重

云贵川渝地区水资源时空分布不均，已建工程的调控能力不足，导

致局部地区和部分时段缺水问题严重，与经济社会发展需求不相适应。成渝地区、滇中高原、黔中地区的水资源供需矛盾突出，部分大中城市还存在各种类型的缺水现象。

成渝地区是西部经济基础最好、人口最为稠密、经济实力最强的区域之一，在我国西南部的发展中具有龙头作用。但成渝地区的水资源量相对较少，以全国3.8%的水资源量支撑全国6.8%的常住人口、6.4%的GDP和5.5%的耕地面积，区域人均水资源量为1121米^3，亩均水资源量为1036米^3，分别为全国平均水平的55%和69%（姜大川等，2023）。滇中地区包括昆明市、曲靖市、玉溪市、楚雄彝族自治州及红河哈尼彝族自治州北部7个县（市），共49个县（市、区），地处金沙江、南盘江、澜沧江、红河四大水系的分水岭地带，是云南省的严重缺水地区。地区内80%的城镇存在缺水问题，资源性缺水、工程性缺水和水质性缺水现象并存。地区内湖泊、水库和河流来水量不足，水资源过度开发，导致生态环境不断恶化。黔中地区地处乌江和珠江的分水岭地带，以贵阳、安顺为中心，包括贵州省的18个市（区、县），是其经济社会最发达的区域，由于田高水低、岩溶发育、地形复杂，修建水利工程的难度大，导致严重的工程性缺水与资源性缺水，成为经济社会可持续发展的重要制约因素。

2. 水系统安全受阻，水旱灾害频发

当前，云贵川渝地区对建设节水型社会的重视程度不够，农业节水灌溉面积比例低，工业用水重复利用率低。随着经济社会发展，城镇废污水排放量不断增加，而农业面源污染仍未得到有效控制，导致部分河流和湖泊污染严重，特别是城市河段存在明显岸边污染带，少数支流出现水华，城市湖泊富营养化严重。不合理的土地开发和城市扩张导致水域面积缩小，湿地退化。引水式水电站开发造成河流水生生境面积萎缩，生态功能受到影响。大型水电站的水能资源开发与生态环境保护和移民安置的矛盾日益突出。大部分中小河流的山洪灾害防治体系尚未有效建立，滑坡、泥石流、石漠化和崩岗等自然灾害治理尚处于起步阶段。

3. 长江水系、珠江水系、跨境河流的水问题突出

长江水系水资源时空分布不均，部分地区严重缺水。长江上游水资源总量丰沛，但供水工程不足，水资源开发利用仍存在以下问题：一是局部地区供用水矛盾较为突出，主要集中在四川盆地腹地、滇中高原、黔中等地区；二是工程性缺水、资源性缺水和水质性缺水现象并存，以工程性缺水为主，上游局部地区存在资源性缺水问题。长江上游水质优良的水资源分布区主要是在金沙江石鼓以上，部分河段和湖泊存在水质污染现象。受气候和地形影响，长江上游水旱灾害频发，威胁到当地人民的生命财产安全；部分支流和干流河段的洪水风险威胁到城市防洪安全。

珠江在水资源利用与保护方面仍存在诸多问题。降水量年内分布不均，水利工程的调蓄作用不足，水资源开发利用程度不高，存在水资源浪费现象，形成资源性缺水。流域内人口密度大、经济发达、工农业蓄水量大、人均水资源量少加剧了区域的缺水问题，形成了工程性缺水。上游干流的工业废水及生活污水在下游汇入珠江导致水质恶化、水生态薄弱。河道淤积、水土流失等生态问题日益突出，导致人们需要从较远地方取用生活用水，增加了用水成本，导致水质性缺水。受多种因素影响，珠江流域在不同地区存在不同程度的缺水问题，尚需采取有效措施解决这些问题和矛盾。

云南跨境流域的干流水资源丰富，但山高坡陡、河谷深切，开发利用难度大，工程性缺水问题制约着山区社会经济发展。受地形环境和气候变化影响，水资源时空分布极不均匀，水旱灾害交替发生，灾害发生频率高、强度大、损失程度深。水土流失问题突出，其中元江—红河水系的土壤侵蚀在侵蚀模数、年侵蚀深度、侵蚀量等方面最为严重。跨境河流的水资源开发利用不仅事关我国云南社会经济的可持续发展，也事

关下游各流域国家的国计民生。跨境河流开发以"开发与保护并重"为基本原则，应尽可能避免因水资源开发给下游流域国家带来严重损害，在公平合理利用和有效保护并重的基本原则下，加快跨境河流水资源的开发进度。

三、水资源领域科技支撑西部生态屏障建设的新使命、新要求

以习近平同志为核心的党中央对水利工作做出了一系列重要部署，系列重要讲话批示为新时代水利高质量发展提供了根本遵循和行动指南。推动新阶段水利高质量发展，为以中国式现代化全面推进强国建设、民族复兴伟业提供有力的水安全保障，是水利肩负的重大历史使命。近年来，极端天气事件频繁发生，水旱灾害趋多、趋频、趋强、趋广，极端性、反常性、复杂性、不确定性显著增强。主动适应极端水旱灾害频发常态化，提高极端情况风险预见和处置能力，加快构建安全可靠的水旱灾害防御体系，是水利高质量发展的新形势。2023年4月，在考察环北部湾广东水资源配置工程时，习近平总书记指出，"推进中国式现代化，要把水资源问题考虑进去，以水定城、以水定地、以水定人、以水定产，发展节水产业"[1]。水利高质量发展的新任务是，把握水利在中国式现代化进程中的职责定位，统筹水灾害、水资源、水生态、水环境治理，适度超前谋划构建现代化水利基础设施体系，提升水旱灾害防御体系、水资源优化配置体系的安全保障能力和水平，强化对国土空间的开发保护、生产力布局、国家重大战略实施的支撑作用。

西部地区生态环境相对脆弱，水资源领域的科技应重点关注对生态系统的保护和修复。通过科学研究和技术创新，推动西部地区的水土保

---

[1] https://baijiahao.baidu.com/s?id=1775635633609588271&wfr=spider&for=pc[2024-5-20]。

持、生态恢复和环境治理工作，为构建西部生态屏障提供坚实支撑。西部地区水资源研究须重点关注气候变化带来的水文循环变化、极端气候事件增多等问题，提升西部地区应对气候变化的能力。西部地区水资源相对匮乏，提高水资源的利用效率至关重要。科技应推动节水技术的研发和推广，包括改进灌溉技术、优化水资源配置等，以降低水资源消耗，提高用水效率。保障西部地区的水质安全是科技支撑的重要任务。通过科技手段加强水污染防治，提升水质监测和治理能力，确保西部地区的水资源清洁、安全、可持续利用。水资源领域的科技应服务于西部地区的经济社会发展大局，促进区域协调发展。通过科技创新推动西部地区的水利基础设施建设、水资源管理和水生态保护等工作，为西部地区的可持续发展提供有力支持。加强跨境河流所涉国家和地区之间的合作与沟通，在保护生态环境的前提下进行合理利用。注重技术创新和绿色发展，提高跨境河流水资源利用效率，减少对环境的影响。制定明确的法律法规和政策措施，规范跨境河流的开发和管理行为，保障各方的合法权益。

水资源领域科技在支撑西部生态屏障建设中承担着重要的使命和责任。通过不断创新和进步，科技将为西部地区的生态环境保护、经济社会发展提供强大的动力和保障。

第二节　云贵川渝水资源科技支撑西部生态屏障建设的战略布局

一、总体要求

坚持以习近平生态文明思想为指导，全面贯彻党的二十大和二十届

139

历次全会精神，深入践行"长江大保护"和绿色高质量发展理念；坚持尊重自然、顺应自然、保护自然，坚持节约优先、保护优先、自然恢复为主。必须坚持保障国家安全战略，从全局角度认识水安全对国家经济、社会、生态和环境安全的基石作用，从国家安全角度认识维护云贵川渝地区水安全的重要性和紧迫性；筑牢云贵川渝水旱灾害防御体系，优化区域水资源配置战略格局，提升水资源涵养修复能力，守护好云贵川渝地区作为国家水资源重要战略基地的水安全，以保障国家总体安全。以高水平生态环境保护促进云贵川渝地区经济社会高质量跨越式发展为主线，以深化生态文明体制改革为动力，以水系统治理体系和治理能力现代化为支撑，突出江河湖库水环境与水生态保护治理能力、水资源集约高效配置能力及水旱灾害和山地灾害综合防控能力的不断提升，促进区域经济社会发展绿色转型，持续推进生态环境质量改善，筑牢西南生态安全屏障，奠定坚实的水资源安全与可持续发展基础。

二、体系布局

（一）优化科技管理体制布局

鉴于云贵川渝生态屏障建设面临水资源、水灾害及水环境问题的多样性和复杂性，对本地区绿色高质量发展具有决定性影响，对流域中下游地区的社会经济发展具有屏障作用，以及对构建东南亚国家命运共同体发挥引领带动效应，综合考虑其战略地位和辐射效应，亟须进一步优化该区域水科学领域的科技管理体制与布局，因此提出相关建议如下。

（1）统筹长江上游、云贵川渝片区（延展后包括西藏自治区在内）的水资源、水环境、水灾害和水生态制约问题，重视这些领域研究力量的严重不足，依托中国科学院、教育部或者水利部，组建专门的水系统科学研究机构，以便从根本上强化该区域突出的水安全问题的基础理论与关键技术的系统研究。

（2）将云贵川渝生态屏障区建设作为西部大开发实施新战略格局的关键核心，将云贵川渝生态屏障区面临的最突出的气候变化效应、生态系统保护与安全、水资源保护和利用、环境退化与治理、生物多样性保护、灾害防治等问题，纳入国家科技中长期规划和优先支持的区域、领域和方向，对国家实验室体系重组、野外观测台站规划布局、重大科技专项设置、产学研联合研发中心建设给予持续的关注和支持。

（3）从短期发展角度来看，需要打破行政管理壁垒，通过跨部门、跨区域组织专门研究队伍，实施虚拟研究实体，比如西南水系统研究中心等，或通过进一步加强中国科学院相关部门的科研活动组织能力，组建跨部门、跨单位甚至跨区域的人才队伍，多学科协同，齐力攻克云贵川渝地区的水文、水资源与水环境领域的制约性难题。

（二）优化科技领域方向布局

针对云贵川渝生态屏障建设与功能不断提升过程中面临的水资源、水环境与水灾害领域一系列亟待解决的科学与技术瓶颈问题，瞄准水科学领域国际前沿，在以下几方面优化水系统科技领域布局。

（1）云贵川渝国家水网格局与水安全保障体系构建：编制云贵川渝国家水网规划，优化水资源配置格局，提高经济社会发展的供水保障能力；从国家水网构建角度，开展南水北调西线工程调水方案论证，并系统开展南水北调对云贵川渝水安全保障体系的影响研究；开展气候变化、人类活动对云贵川渝水资源时空配置的影响等重大问题研究；落实严格的水资源保护制度，推进水生态系统保护与修复，强化水利工程建设过程中的生态保护；系统理解云贵川渝水旱灾害形成机制与时空动态规律，提升水旱灾害预测与防治能力。

（2）长江上游综合保护与绿色高质量发展：推进水风光多能互补一

体化发展，统筹优化区域水能资源开发；借力低碳产业转型，实施严格的落后产能淘汰机制，实现全域水环境高标准治理；坚持完善生态补偿机制，促进区域间及上下游协调发展；创新区域水源涵养和生态碳汇能力协同发展技术体系；推动大数据和新型技术融合，提升流域水资源智能化管理水平。

（3）跨境河流水资源保护与可持续协作利用：分析全球变化背景下跨境河流水文与水资源演变趋势；推进跨境河流健康维持机制与水资源安全科学调控；建立跨境河流水权益保障与流域协调可持续发展机制。

（三）优化科技任务计划布局

基于云贵川渝地区生态屏障建设的战略定位，从"长江大保护"与绿色高质量发展、成渝地区双城经济圈发展、西部大开发形成新格局等国家发展战略角度，以及本区域的水安全总体需求出发，结合前述科技领域布局，云贵川渝地区生态屏障建设与可持续发展的水资源支撑应突出以下重点科技任务。

（1）西南生态屏障区水源涵养功能修复和提升：山地森林水源涵养功能的形成、演变过程及驱动机制；山地生态系统水源涵养功能与其他生态服务功能的协同与权衡；典型退化生态系统基于生态多功能优化的植被恢复技术研发与集成；基于水风光能一体化水碳权衡的区域水源涵养功能维持与提升路径。

（2）流域"水–能源–粮食–生态"互馈权衡机制与适应性管理：明晰流域"水–能源–粮食–生态"关联关系（nexus）及其耦合机制，揭示多利用目标之间的交互影响与耦合规律；深入分析气候变化和梯级水电开发对该耦合关系的影响，评估满足多利用目标需求的水资源利用经济效益；结合流域水资源多利用目标需求，揭示流域水系统适应性演变规律，提出在流域水资源利用中基于生态系统稳定性的安全调控及确定阈值的理论方法。

（3）水旱灾害形成机制、风险防控与生态屏障安全：云贵川渝地区洪水与干旱灾害形成机理与变化环境下的演变趋势；滑坡、泥石流及水沙耦合致灾机理与临界判据的灾害预警体系构建；水土流失机制与综合防治技术体系；西南山区水库群廊道灾害－生态－水文互馈演变机制；水土流失与防灾减灾实时智能监测网络和风险评估。

（4）重点河湖水生态修复与水环境持续优化及其保障体系：水生态系统健康胁迫机制及完整性要素修复；重点流域和湖泊水环境持续优化技术体系与保障机制；典型流域水电梯级开发的水生态修复与复杂河－库系统水环境协同管理；不同生态功能区典型清洁生态小流域构建与绿色发展模式集成。

（5）成渝地区双城经济圈水资源保障及水安全：水资源供需系统仿真及优化决策系统；区域水资源安全保障网络信息化智能管理体系；城市水生态与水环境修复与功能提升。

（6）干热河谷与喀斯特地区水－生态－社会经济协调发展：干热河谷地区生态水文演变和水资源合理利用与保护；西南喀斯特地区生态水文演变和水资源合理利用与保护。

（7）云贵川渝内外交互的流域横向生态补偿机制：生态系统服务功能权衡与供需的关联研究；跨行政区的生态补偿动态核算体系研究；生态补偿方式与机制；社区层面的保护模式与替代生计研究。

（8）跨境河流水安全及国际流域可持续水管理：跨境水资源合理分配与水权益保障；跨境生态补偿机制与其他水资源协调开发利用机制融合。

（四）优化科技组织力量布局

针对生态屏障建设面临的水文与水资源、水利工程、水环境及生态学等基础科学问题和关键核心技术问题，依托云贵川渝现有相关科技力量，开展优化组织与布局，具体举措如下。

（1）以中国科学院资源环境领域在西南地区部署的7个研究所为核心力量，汇集四川大学、四川农业大学、重庆大学、西南大学、贵州大学、云南大学、昆明理工大学等知名高校的优势科研力量与团队，并联合水利部在长江、珠江流域部署的科研和管理机构，整合与优化相关领域的科技力量，形成区域水科学领域协同攻关的强大力量。

（2）以国家重点实验室体系重组为契机，以四川天府实验室及其他省市级重点实验室建设为抓手，针对云贵川渝乃至整个西南地区的水资源、水环境与水灾害领域的国家战略需求和区域发展需求，集聚西南地区相关领域的顶级高端人才，组建水资源支撑西部生态屏障建设攻关的多层级的科技力量组织体系，联合打造立足当下关键问题攻关、着眼于区域战略问题系统创新研发的国家高水平科研机构。

（3）依托国家野外观测站和中国科学院现有各级各类观测研究（站）平台，统筹谋划、顶层设计，在国家层面和省市层面拓展原有观测站点、网络和体系，构建西南山地生态定位等监测网络，建立云贵川渝生态屏障区监测与研究体系。

（4）面向云贵川渝地区生态屏障建设的国家需求，统筹协调现有不同层级的数据中心、信息中心等，构建西南山地水文与水资源和生态环境大数据共享平台与网络；建立完善的数据生产和共享补偿机制，统筹制定基础数据分类分级开放管理办法；提升数据应用效率和数据平台可持续发展保障能力，加强公共数据安全保障，促进生态屏障研究跨越式发展。

（五）优化科技资源配置布局

1.设立重大科技专项支撑云贵川渝地区水系统保障生态屏障建设

云贵川渝地区的区位条件特殊，既肩负着长江、珠江及黄河等三大流域上游的水安全重任，也扮演着国家水网建设的水资源战略后备重地及清洁水能资源基地等角色；同时，该区域也是多民族聚集和经济欠发达地区，是我国实现由全面建成小康社会向全面建设社会主义现代化强国的发展过程中至关重要的托底区，加之区域生态环境脆弱，因此成为经济社会高质量发展和生态环境高水平保护之间矛盾最为突出的区域。云贵川渝地区具有"四区叠加"特征：保障长江和珠江中下游生态安全要道作用的"生态关口区"、生态高质量保护与自然灾害频发和经济高质量发展矛盾极为突出的"生态高压区"、集国家可持续发展极为重要的水源涵养与生物多样性保护等多种生态屏障功能为一体的"生态首位区"、构筑长江及珠江上游生态屏障的攻坚克难区域和"大后方"的"生态主战区"。因此，以统筹"山水林田湖草沙冰"系统治理、优化国土空间规划、协同推进双城经济圈生态保护修复、强化水资源高效集约利用、提高水资源承载力和区域可持续发展保障能力等为目标，设立国家层面重大专项科技推进计划，为创建云贵川渝全国绿色发展示范区奠定坚实的科学基础。

2. 布局水科学领域全国重点实验室并创建西南地区生态屏障建设国家实验室

为确保"十四五"时期长江、黄河流域生态保护和高质量发展取得明显成效，以及为长江、黄河永远造福中华民族而不懈奋斗，亟须协同推进变化环境下水资源安全保障机制、生态系统水源涵养服务价值形成机制、生物多样性与生态系统水碳耦合维持机制等基础研究，强化水资源、水生态与水环境整体保护等应用基础和技术创新，亟待加强相应的国家级科技创新支撑平台的建设。无论是从国家层面还是从省级层面，国家重点实验室重组还都处于重要的调整期与试点期，机遇与挑战并存。在现有国家级创新体系中，仅有四川大学山区河流保护与治理全国重点实验室一家，且以山区高水头大坝建设中的水力学与环境问题为主要对

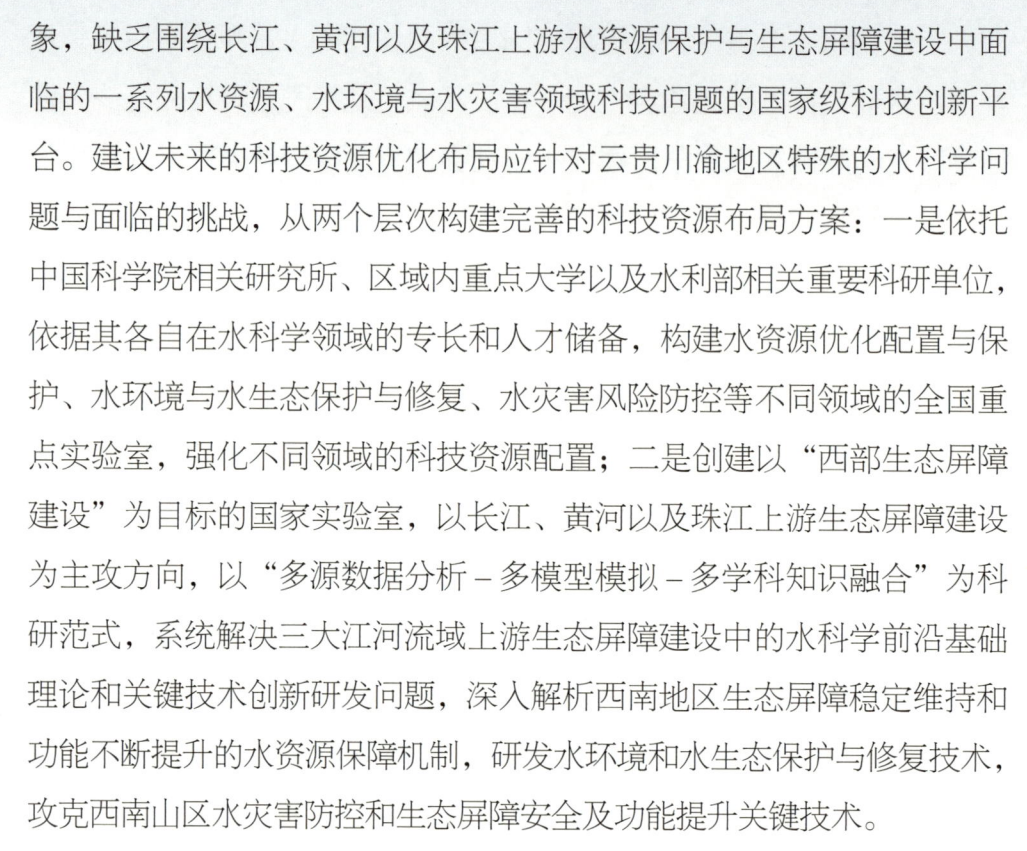

象，缺乏围绕长江、黄河以及珠江上游水资源保护与生态屏障建设中面临的一系列水资源、水环境与水灾害领域科技问题的国家级科技创新平台。建议未来的科技资源优化布局应针对云贵川渝地区特殊的水科学问题与面临的挑战，从两个层次构建完善的科技资源布局方案：一是依托中国科学院相关研究所、区域内重点大学以及水利部相关重要科研单位，依据其各自在水科学领域的专长和人才储备，构建水资源优化配置与保护、水环境与水生态保护与修复、水灾害风险防控等不同领域的全国重点实验室，强化不同领域的科技资源配置；二是创建以"西部生态屏障建设"为目标的国家实验室，以长江、黄河以及珠江上游生态屏障建设为主攻方向，以"多源数据分析－多模型模拟－多学科知识融合"为科研范式，系统解决三大江河流域上游生态屏障建设中的水科学前沿基础理论和关键技术创新研发问题，深入解析西南地区生态屏障稳定维持和功能不断提升的水资源保障机制，研发水环境和水生态保护与修复技术，攻克西南山区水灾害防控和生态屏障安全及功能提升关键技术。

3. 优化人才配置和激励机制

人才资源是极为重要的科技资源，与东部发达地区相比，云贵川渝地区在高素质专门人才资源的获取与配置方面存在明显劣势，为此，国家需要在西部人才建设的相关政策与支持方面进一步加大支持力度。建议未来水科学领域现有的人才培养和支持机制，如科技部相关人才计划，国家自然科学基金委员会的"杰出青年""优秀青年"等人才计划，以及其他部委设立的人才计划如中国科学院系统的"百人计划"、水利部设立的"水利青年科技英才"等，在扶持政策与机制方面考虑给予西部人才一定的倾斜；同时，建议在这些机制中增设水科学领域的专门人才支持计划，这样可有效提升云贵川渝相关专门人才的培养、引进和稳定发展能力。另外，建议云贵川渝地区设置专门的高层次人才计划，有针对性地引进和培养高素质专门人才，促进地区人才队伍建设的高速发展。

三、阶段目标

(一) 近期 (2030年) 发展目标

以实现区域水源涵养功能更加优化、水生态和水环境持续改善、水资源利用多目标协同高效为主；重点任务布局优先考虑西南生态屏障区水源涵养功能修复和提升、流域"水－能源－粮食－生态"互馈权衡机制与适应性管理、流域水生态与水环境持续优化的保障体系与适应性管理、喀斯特地区与干热河谷区水资源可持续利用与保护，以及成渝地区双城经济圈水资源保障及水安全研究。

(二) 中期 (2035年) 发展目标

全面提升云贵川渝地区生态屏障建设的水安全保障能力、长江经济带绿色高质量发展的水资源供给能力，区域水环境全面达标，水灾害防治与风险防控能力接近发达国家水平，跨境河流协作共赢机制全面建立；重点任务布局主要考虑编制云贵川渝国家水网规划，优化水资源配置格局，提高经济社会发展的供水保障能力；构建重点河湖水生态修复与水环境持续优化及保障体系；维护山洪与地质灾害形成机制与生态屏障安全；发挥跨境河流水资源保护与可持续协作利用；建立云贵川渝内外交互的流域横向生态补偿机制。

(三) 远期 (2050年) 发展目标

全面建成云贵川渝国家水网与水安全保障体系，实现云贵川渝生态屏障综合保护与区域绿色高质量发展，形成较为完善和可持续的跨境河流水权益保障与流域协调发展机制。

第三节　云贵川渝水资源科技支撑西部生态屏障建设的战略任务

一、三层次重大科技任务

（一）战略性科技任务

1. 云贵川渝国家水网格局与水安全保障体系构建

1）遴选依据

构建"系统完备、安全可靠，集约高效、绿色智能，循环通畅、调控有序"的国家水网，全面增强我国水资源统筹调配能力、供水保障能力、战略储备能力，是国家水网建设的宗旨，也是有效破解水资源配置与经济社会发展需求不相适应的矛盾，以及全面保障新时期我国经济发展战略目标的重要举措。云贵川渝国家水网建设面临多方面的不足和挑战：一是国家与云贵川渝地区的水网体系架构尚未完全确定，国家层面的骨干水网处于后续工程高质量提升或规划与论证阶段，而区域层面的水网体系更加不完善，经济社会发展用水需求与水资源供给能力不平衡，水资源供需矛盾突出。二是云贵川渝国家水网格局既不能满足国家水资源空间分布均衡的要求，也不能满足区域内水资源时空分布均衡的要求；水资源开发利用强度与水资源和水环境的承载能力不平衡的矛盾突出，水资源配置工程缺乏必要的互联互通。三是区域内水网工程在生态环境保护方面尚存在不足，水资源开发利用与生态保护要求不平衡，开发与保护矛盾突出，缺乏水资源利用和配置工程的前置性生态环境影响与保护系统研究。

2）主要内涵

一是编制云贵川渝国家水网规划，优化水资源配置格局，提高经济社会发展的供水保障能力。在节水优先的前提下，以资源环境承载能力为约束，聚焦国家发展战略和现代化建设目标，着重解决水资源总体规模仍然不足、国家与云贵川渝地区的水网体系架构尚未完全确定、水网布局与经济社会发展不均衡、城乡覆盖不均衡等问题。

二是开展南水北调西线工程对云贵川渝水安全保障体系的影响研究。南水北调西线工程是我国目前在研时间最长的调水工程，其规模宏大、工程难度大，导致工作进度缓慢。西线工程在东中线工程的经验基础上继续发展，着力解决水资源短缺、水生态损害、水环境污染和洪水灾害四大问题，是水旱灾害防御体系、水资源配置工程、水资源保护和河湖健康保障措施中不可或缺的一环，对国家水安全格局有重要作用。

三是开展气候变化、人类活动对云贵川渝水资源时空分布的影响重大问题的研究。结合国家与云贵川渝地区的水安全保障需求，研究气候变化、人类活动对云贵川渝水资源的中长期影响；挖掘节水潜力，加大需水预测、雨洪资源利用潜力和关键技术研究；加大长江上游区域跨境河流水资源战略储备支撑国家水网建设研究；加强国家重大水资源配置工程与云贵川渝重要水资源配置工程的互联互通，结合国家骨干水网和省市县级水网，沟通多种水源，构建多源互补、互为备用、集约高效的城市供水格局。

四是落实严格的水资源保护制度，推进水生态系统保护与修复，强化水利工程建设过程中的生态保护；建立和完善水功能区水质达标评价体系，加强水功能区动态监测和科学管理；从严核定水系水域纳污容量，按照"水量保证、水质合格、监控完备、制度健全"的要求，大力开展重要饮用水水源地安全达标建设；科学确定维系河流健康的生态流量和湖泊、水库的生态控制水位，保障生态环境用水基本需求，定期开展河湖健康评估。

3）阶段目标

云贵川渝国家水网格局与水安全保障体系构建是该区域水资源领域重要的战略任务，需要用 15～25 年的时间逐步建设和不断完善。

2030 年，完成南水北调西线工程的实施工程可研工作，缓解珠江水系和金沙江水系的水资源供需矛盾；开展跨流域调水工程的区域生态环境及经济社会影响评估。

2035 年，初步建成具有水资源基本供需保障能力、系统完备、安全可靠、集约高效、绿色智能的区域水网工程体系；南水北调中线工程实现全面提质增效，西线工程实现第一期布局建设。

2050 年，全面建成较为完善的云贵川渝国家水网格局与水安全保障体系，强有力保障西南地区国家水网工程的安全可靠、集约高效、绿色智能、循环通畅和调控有序。

2. 长江上游综合保护与绿色高质量发展

1）遴选依据

云贵川渝大部分区域处于长江流域上游。2019 年，云贵川渝地区的占地面积、常住人口和经济总量分别占长江经济带的 55.1%、33.2% 和 24.1%（王振，2021），既是长江经济带建设的难点区域，也是长江流域乃至全国的重要生态屏障区。推动长江经济带实现生态优先、绿色发展，关键要解决好长江上游的问题。近年来，长江上游经济带的生态环境保护工作取得了积极进展，但是距离水环境和水生态质量全面改善、生态系统功能显著增强的目标要求仍有一定差距，具体表现为污废水排放总量较大、湖泊富营养化严重、水土流失和荒漠化问题凸显、水环境风险隐患突出、多种珍稀物种濒临灭绝等，生态环境治理体系不健全是其重要原因。长江上游经济带生态环境保护的主要矛盾已转变为人民对优质水资源、宜居水环境、健康水生态的更高层次的需求与流域生态环境治理体系和治理能力不足之间的矛盾。推进长江上游经济带生态环境治理须"对症下药",即从生态系统整体性和长江上游流域系统性出发,强化顶层设计,实施多元共治,完善市场机制,开展综合协调,共抓大保护、不搞大开发,为推动长江上游经济带生态环境的根本好转及建设"美丽中国"提供有力制度保障。

2)主要内涵

(1)推进水风光多能互补一体化发展,统筹优化区域水能资源开发。云贵川渝四省份的绿色能源资源富集,具备水风光多能互补一体化发展的有利条件,虽然过去水能资源开发利用强度较大,但存在小水电无序开发导致生态环境被破坏等问题;同时,其他具有较大发展潜力的绿色能源利用率较低。"双碳"目标驱动下的区域经济发展战略要求最大限度地发展具有较大发展前景的绿色低碳能源产业,积极推进区域水风光多能互补一体化发展将是本区域未来主导型经济发展战略,并在这一产业转型发展战略的引导下,从根本上解决长期以来水电开发利用中存在的诸多矛盾与弊端,构建水电行业可持续高效发展的机制与体制,推动绿色能源产业实现跨越式发展。

(2)借力低碳产业转型,严格淘汰落后产能,实现全域水环境高标准治理。绿色低碳经济发展的核心是实现低碳经济产业转型升级,借助这一契机,积极淘汰落后产能,在承接产业转移的过程中必须实施严格的环境准入标准,全面控制工业污染排放强度。制定严格的环境准入制度,提高行业准入门槛,不断提高产业资源环境利用效率,严控污水排放强度和排放总量,实施全区域污水全达标排放目标控制制度,实现污水排放的高标准控制和管理,确保在"双碳"目标实现的过程中,水环境污染问题得到根治。

(3)坚持完善生态补偿机制,促进区域间及上下游协调发展。坚持"谁开发、谁保护,谁利用、谁补偿"的原则,对超出水环境承载力的行为给予处罚，对通过适度控制发展速度换取水环境质量改善的行为予以补偿，在云贵两省范围内形成并逐步完善生态补偿机制，以促进省内各区域间、上下游的经济社会与水环境保护的协调发展，并预留部分生态补偿经费，用于解决历史遗留下来的重金属矿渣污染问题和磷矿渣造成的河流总磷含量超标问题。对于一些地区牺牲本地发展换来的大江大河流域源头段水质保护行为，建议在国家层面对采用财政转移支付手段给予补偿的可行性予以论证，并推动落实可操作的补偿方案。

（4）创新区域水源涵养和生态碳汇能力协同发展技术体系。大力植树造林、封山育林，发挥森林的"绿色水库"作用，提升水资源总量，减少山地面源水土流失给江河湖库造成的污染，以达到山清水秀的目的。在国家财力有限的情况下，可通过转让荒山使用权吸引城市的剩余资金，并利用农村剩余劳动力和城市下岗职工改造荒山、荒地；成立多种体制的荒地生态资源开发公司，形成规模化的企业集团，加快荒山、荒地的开发；采用减免税收或以环境生态效益补偿的办法进行鼓励。此外，各级政府要把水土保持和生态环境建设纳入社会经济发展计划，要加强政府引导和监督执法，并充分调动广大群众参与生态环境建设的积极性。

（5）推动低碳产业大数据和新型技术融合，提升流域水资源智能化管理水平。加快产业数字赋能，推动互联网、大数据、人工智能、5G等新兴技术与绿色低碳产业的深度融合，提高数字技术对产业发展的渗透性和覆盖性。构建区域水环境保护、水资源高效利用的清洁能源工业互联网平台体系，发挥数字化系统对能源供需端的支撑作用，提升能源网络和水网的智能化管理水平，增强流域和区域尺度的水资源高效、绿色和安全运行能力。

3）阶段目标

长江上游综合保护与绿色高质量发展是"长江大保护"和长江经济带高质量发展的重要组成部分，依照长江经济带的发展规划，这一区域重要发展战略的实施应该在 2035 年基本实现其目标。

2030 年：坚持完善生态补偿机制，促进区域间及上下游协调发展；借力低碳产业转型，严格淘汰落后产能，实现全域水环境高标准治理。

2035 年：推进水风光多能互补一体化发展，统筹优化区域水能资源开发；创新区域水源涵养和生态碳汇能力协同发展技术体系；推动低碳产业大数据和新型技术融合，提升流域水资源智能化管理水平。

3. 跨境河流水资源保护与可持续协作利用

1）遴选依据

改革开放以来，跨境河流水资源开发与地缘合作先后成为我国沿边开放、西部大开发和"一带一路"倡议等国家政策中的重要议题。2020年，习近平总书记在云南考察时提出，云南要"努力在建设我国民族团结进步示范区、生态文明建设排头兵、面向南亚东南亚辐射中心上不断取得新进展，谱写好中国梦的云南篇章"[①]。2016 年，我国与湄公河流域五国建立"澜沧江—湄公河合作机制"，共同期望将水资源合作打造成澜沧江—湄公河合作的旗舰领域，以共同应对气候变化，确保粮食、水和能源安全。

开展跨境河流研究具有广泛的应用前景和显著的社会、经济和生态效益：①掌握全球变化和跨境河流可持续发展趋势，为国家制定区域国际重大资源环境问题决策、参与区域国际重大事务提供科学依据；特别是为国家与周边和下游流域国家在水资源国际分配、跨境水道系统的合作开发和协调管理、界河整治、跨境生物多样性保护和污染控制等方面提供科学依据和决策支持。②为国家在东南亚区域经济合作中以跨境河流作为"契机"，通过参与跨境资源与市场的竞争利用和生态环境保护，在重大国际事务中发挥作用提供决策支持。③追踪国际跨境资源与环境

---

① http://yn.people.com.cn/n2/2020/0604/c372451-34063238.html[2024-5-20].

科学研究的前沿进展，促进相关研究方法和新技术在我国西部跨境资源环境领域的开发及应用，进一步缩小我国研究与国际同类研究先进水平之间的差距。

2）主要内涵

（1）全球变化背景下跨境河流水文与水资源响应。变化环境下的西部跨境河流的水文变化及其驱动具有明显的区域差异，与此相关的水资源变化等都存在诸多不确定性。需要分析研究水文过程和水资源系统对气候变化和人类活动的响应、跨境河流水资源的脆弱性与适应性，以及上游国家水资源开发利用的跨境影响等问题。

（2）跨境河流健康维持机制。近几十年来，我国西部跨境河流处于快速变化之中，河流生态健康受损，跨境影响加剧，争端不断。维持跨境河流的健康需要解决河流关键功能区与水生生物的多样性关联、河流健康基准及关键生态阈值，以及跨境河流的生态安全综合调控机制等问题。

（3）跨境河流水资源安全科学调控。跨境河流方面的研究滞后于境内河流，导致跨境水安全调控科学基础和技术支撑能力薄弱，在国家水权益保障方面处于被动。需要及时开展跨境河流水资源本底、水资源权属、跨境水资源分配与共享、水资源安全调控等研究。

3）阶段目标

2025 年，在周边和下游流域国家间进行水资源国际分配、跨境水道系统的合作开发和协调管理、界河整治、跨境生物多样性保护和污染控制等方面的合作研究。

2035 年，在全球变化背景下，跨境河流水文与水资源响应、跨境河流健康维持机制等领域的合作研究取得实质性、系统性进展，相关国家和地区达成共识，在东南亚区域经济合作中发挥科技支撑作用。

2050 年，"澜沧江—湄公河合作机制"得以进一步深化，引导其他跨境河流建立各具特色的合作机制，实现跨境水资源安全科学、主动管理。

（二）关键性科技任务

1. 西南生态屏障区水源涵养功能修复和提升

1）遴选依据

西南生态屏障区是我国长江、澜沧江、怒江、珠江等重要江河的发源地和水源涵养区。历史上，该地区植被曾破坏严重，如今在天然林保护、退耕还林（草）等一系列重大生态工程的作用下，区域植被及水源涵养功能得到一定程度的恢复。但是受重大工程项目建设、农业开发、城市扩张等人类活动以及林火、病虫害等的频繁干扰，加之很多地区（如川西高寒地带、干热河谷、喀斯特地区）环境极端、土壤贫瘠、生态脆弱、对气候变化敏感，区域林草植被遭到破坏后，水源涵养功能恢复缓慢，甚至部分地区呈明显退化状态。西南生态屏障区水源涵养功能总体尚未恢复，仍有巨大提升空间，而水源涵养功能是西南生态屏障区生态服务功能的主体，也是其他生态服务功能形成和维持的基础。西南生态屏障区的水源涵养功能直接影响区域以及长江中下游防洪抗旱、保障供水和水生态维持与修复。因此，西南生态屏障建设的首要任务之一就是维持和提升区域水源涵养功能，结合区域生态系统类型和地域特点，围绕森林水源涵养功能的系统评估与预测、水碳生态服务功能的协同与权衡及多功能优化管理，以及典型退化生态系统的生态多功能的植被恢复技术等重点方向进行布局。

2）主要内涵

（1）山地森林水源涵养功能的形成、演变过程及驱动机制。森林水源涵养功能是西南生态屏障区水源涵养功能的主体。近30年来针对西南山区森林水源涵养功能的研究众多，但是普遍缺乏系统性。系统地评估与预测森林水源涵养功能首先需要明确森林水源涵养功能的完整内涵和精确计量方法，森林水源涵养功能应该是森林生态系统综合水服务功能的表征，涵盖森林生态系统的持水、供水、径流调节、降水调节和水质净化五项水供给和水服务功能。森林水源涵养功能并不是各项水服务功能的简单加和，而是对整个系统功能的综合反映。与此同时，西南生态屏障区气候和地形复杂，森林生态系统类型多样，区域社会经济条件差异大，森林水源涵养功能的形成具有地域性和主导服务性。干旱区与洪涝区、水源区与水蚀区等对森林的水供给和水服务功能的需求显著不同。不同地域通常以某一项或两项森林水服务功能为主导，重点突出主导性森林水服务功能，系统协调其他水服务功能，以谋求森林水源涵养功能的整体价值最优。

由于缺乏对森林水源涵养功能的内涵和特点的全面认识，对森林水源涵养功能的定量评价缺少适宜性和系统性强的方法体系，妨碍了人们对西南山区森林水源涵养功能的科学认知。因此，围绕水源涵养功能，未来的重点任务是针对西南川滇森林及生物多样性生态功能区、三峡库区水土保持生态功能区以及桂黔滇喀斯特石漠化防治生态功能区等国家重点生态功能区，研发森林水源涵养功能的系统评估方法和模型，开展森林水源涵养功能的系统评估与预测，全面、及时掌握西南生态屏障区各典型森林生态系统的水源涵养功能的时空演变过程及驱动机制，进而为变化环境下西南生态屏障区森林生态系统水源涵养功能的系统性修复和提升提供适宜的科学依据。

（2）山地生态系统水源涵养功能与其他生态服务功能的协同与权衡。生态系统具有固碳释氧、涵养水源、调节气候、维持生物多样性、调节径流、净化水质和水土保持等多种生态服务功能。西南山地生态系统是长江等大江大河的主要水源涵养区，但其主导生态服务功能不仅包括涵养水源，还包括固碳释氧和维持生物多样性等。生态服务功能具有整体性，各生态系统的生态服务功能之间在不同的时空尺度上存在着此消彼长的权衡关系或彼此增益的协同关系。因此，生态屏障建设需要针对各个区域的主体生态功能定位，权衡和协同多种生态功能和生态效益，尤其是"碳中和"背景下生态系统的水碳生态功能的多尺度协同与权衡，实现区域生态服务功能的整体最优。未来西南生态屏障区建设的重点任务之一就是厘清主要水源涵养区（山地生态系统）的各项生态系统服务功能在不同时空尺度上的协同和权衡关系，明确各个典型山地生态系统（高山亚高山区、干热河谷区、喀斯特地区和丘陵区）生态多功能的优化路径，构建多目标、动态化的生态效益综合评价体系和评估模型，为西南生态屏障区生态多功能优化管理提供科学指导。

（3）典型退化生态系统基于生态多功能优化的植被恢复技术研发与集成。生态脆弱的高山亚高山区、干热河谷区、喀斯特地区是西南生态屏障区的主体。这些区域的植被早期遭到破坏后，生态功能恢复缓慢；尤其是高寒地区，对气候变化敏感，生态系统稳定性差，近年来火灾、病虫害频发，加大了生态恢复的难度。区域生态的总体退化趋势并未得到全面遏制，特别是高寒草甸、人工针叶林和针阔混交林退化明显。尽管针对西南地区的植被生态恢复技术研发已久，但大多数都是针对单一生态功能，以碳汇或者水源涵养功能为恢复目标，目前仍然缺乏有效提升高山亚高山区、干热河谷区和喀斯特地区的生态系统抗干扰能力（对气候变化及其引发的病虫害及火灾等的抵御能力）以及生态多功能性的技术体系。因此，西南生态屏障建设需要首先识别生态系统功能退化的区域分布和时空演变规律，摸清退化区域的生态功能提升潜力，明确高山亚高山区、干热河谷区和喀斯特地区等典型退化生态系统的生态功能退化过程与退化机制，系统评估气候变化、人为因素和自然干扰对生态脆弱区生态系统结构和水碳生态功能的稳定性及韧性的影响，探索以生态多功能优化为目标的植被恢复重建技术体系与模式，开展生态多功能优化植被恢复技术的集成示范与应用推广，保障西南生态屏障区脆弱生态系统的稳定性和综合生态效益的持续提升。

2. 流域"水-能源-粮食-生态"互馈权衡机制与适应性管理

1）遴选依据

水、粮食和能源是实现区域可持续发展的核心战略资源，三者之间的关联是全球可持续资源管理的核心所在。生态系统是自然资源的重要组成部分，提供了大量的生态系统服务，是水、粮食、能源的重要来源。在日益加剧的人类活动的影响下，水、粮食和能源需求的大幅提升加剧了生态系统的脆弱性，降低了自然环境的自我调节和修复能力，因而增加了环境压力，由此产生了资源管理的环境外部性，反过来对水、粮食和能源安全造成威胁。不同的生态系统往往呈现出各具特色的"水-能源-粮食-生态"关联框架和核心冲突。造成这种关联框架差异的原因在于区域可配置的自然资源不同，这导致人们利用资源的方式也存在差异，并由此产生了具有区域特色的"水-能源-粮食-生态"关联权衡关系。云贵川渝地区既是多条大江大河的水资源形成区、生物多样性热点区及国家水电能源重要基地，也是我国多民族聚集地和贫困人口集中分布区。如何科学权衡经济、水、能源、生态间的互馈关系，探索基于水资源节约、高效利用的经济-社会-生态环境协调发展路径，并制定流域应对变化环境的适应性管理机制与政策，是该区域亟待解决的关键问题之一。

2）主要内涵

"水-能源-粮食-生态"关联的布局优化研究尝试回答的是"如何给出一个最佳的管理方案"的问题。"布局"是"水-能源-粮食-生态"关联中各子要素的相互作用与区域分配，"优化"是根据核心关键资源的使用方式和利用效率，将水、粮食、能源和生态系统的协同关系最大化。"水-能源-粮食-生态"关联的布局优化研究更侧重于考虑社会、经济和生态等多方面的治理成效。虽然"水-能源-粮食-生态"

的布局优化能够在计量层面给出"水－能源－粮食－生态"协同关系最大化的方案,但是在实践中还是要回归到生态系统的实地修复和治理措施上,这往往是模型输出结果落地的难点。另外,区域尺度上的"水－能源－粮食－生态"时空关联性的计量精度有限,没有充分挖掘生态系统服务等指标在识别关联关系和阈值方面的潜力,研发的模型与特定区域主导类型"水－能源－粮食－生态"关联的适配性较弱,从关联研究成果转变为资源部门治理成果依然存在较大的治理缺口。

在流域尺度,明晰流域多利用目标及其需求,建立流域"水－能源－粮食－生态"关联关系模型,揭示多利用目标之间的交互作用与耦合规律,进一步探究气候变化和梯级水电开发对该关联关系的影响,评估满足多利用目标需求的水资源利用经济效益;结合流域水资源多利用目标需求,揭示流域水系统适应性演变规律,提出在流域水资源利用中基于生态系统稳定性的安全调控及确定阈值的理论方法。

3. 水灾害与水土流失防治

1)遴选依据

我国西南地区是水灾害频发且灾害损失最严重的地区之一,主要包括山洪、泥石流、滑坡等灾害。受全球气候变化和经济社会因素的影响,近年来极端天气事件及其次生灾害呈增加趋势,地质灾害和极端天气事件等重特大自然灾害的突发性、异常性和复杂性有所增加。西南山区河流灾害防治、山区流域生态环境保护与修复、山区河流水工程安全等一直是山区河流开发与保护的核心科技问题,也是国家的长期重大需求。云贵川渝大部分区域处于长江流域上游,这是全国水土流失最严重的区域之一。长江流域各省区市在保护长江生态环境方面不遗余力,长江流域的水土流失面积由 20 世纪 80 年代的 62.2 万千米^2 逐步下降到 2020 年的 33.7 万千米^2,水土流失降幅达到 45.8%(水利部长江水利委员会,2020),但金沙江下游和西南喀斯特地区水土流失严重的局面尚未得到彻

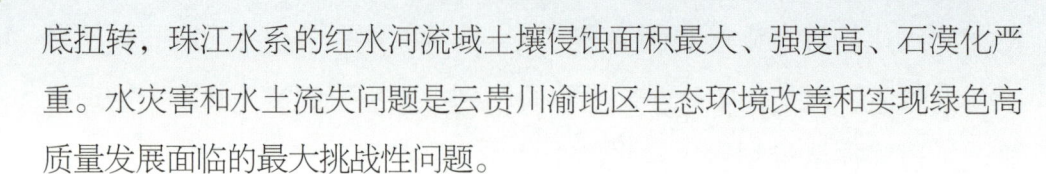

底扭转，珠江水系的红水河流域土壤侵蚀面积最大、强度高、石漠化严重。水灾害和水土流失问题是云贵川渝地区生态环境改善和实现绿色高质量发展面临的最大挑战性问题。

2）主要内涵

（1）云贵川渝地区的洪水形成机理及其演变趋势。针对云贵川渝地区特殊的地形地貌特征，系统分析典型山区"降雨–入渗–径流"形成过程，以及降雨–径流转化机制。阐明坡地、河道和蓄水工程的调蓄能力，明确气候变化、土地利用方式的转变、植被状况变化等对山区洪水形成过程的作用机理。近年来，极端天气气候事件频发，加之西部地区受地震及人类活动的影响，气候与地质环境均发生了一定的变化，水灾害的发生条件及形成特征也随之改变。因此，需要阐明水灾害的长期演化规律，明确变化环境对水灾害形成与演化的作用效应，特别揭示气候变化、土地利用方式转变、植被状况变化背景下中大流域水灾害形成与演变。

（2）耦合致灾机理与临界判据的灾害预警体系构建。在西南山区，滑坡、泥石流或山洪灾害的发生一般都是水–土（岩/沙）耦合条件下的产物，特别是降水诱发灾难性滑坡、山洪泥石流灾害等。山区在变化环境下的水–土（岩/沙）耦合致灾过程极为复杂，因此迫切需要阐明云贵川渝地区复杂径流转化下的水–土（岩/沙）耦合致灾机理，提出复杂情形下水灾害形成的阈值判据与确定方法。近年来，云贵川渝地区突发短时大暴雨、山洪泥石流规模扩大、堵溃效应增大及滑坡沿程侵蚀危害增大等问题，改变了传统水灾害的动力特征及其演变机制，因此需要阐明山区灾害演化过程的动力学机制，发展不同尺度流域坡地、河道洪水演变快速分析方法，建立复杂地形地貌条件下的洪水预报模型，创建薄土层–强降雨–高海拔山区情形下，大暴雨所引发的流域水灾害预警系统。

（3）云贵川渝地区水土流失机制与综合防治技术体系。针对云贵川渝地区特别是三峡库区、喀斯特地区和金沙江下游等地在不同时空尺度上土壤侵蚀机理各不相同的情况，开展坡面－小流域－河道土壤侵蚀与水土流失机制研究，同步进行试验和监测，追踪泥沙来源，全面揭示该地区的土壤侵蚀规律，分析水土流失及其伴生过程发生机制，创建适应气候变化的云贵川渝地区水土流失控制预测模型，建立云贵川渝地区水土流失控制理论；在系统分析水土流失内在机制和作用因子的基础上，阐明多种水土流失控制措施的作用效能，特别是对应对气候变化和人类活动方式变化的水土流失与灾害防治技术进行创新，构建基于农业保护性耕作和种植结构、适宜植被配置、与水土保持工程措施为一体的水土流失防治技术模式，为云贵川渝地区水土保持提供技术支撑。

（4）云贵川渝地区水土流失与防灾减灾实时智能监测网络和风险评估。优选水土流失与防灾减灾实时监测控制点，包括水源地和侵蚀严重区的监测网络布局，特别是水电站、水库廊道等人为活动强烈与生态脆弱区，亟须建立完善野外径流小区和小流域侵蚀观测站，研发水土流失智能监测设备与系统，构建完善适应不同尺度水土流失的监测体系；利用雷达、卫星、雨量站等多源数据，结合人工智能、大数据分析等技术，以及水土流失和灾害预测模型，建立流域水灾害科学分析中心与实时预测预报系统。构建典型区域风险源的识别与分析模式，创建典型流域的风险判识方法，构建流域灾害风险评估与管理平台。

4. 重点河湖水生态修复与水环境持续优化及其保障体系

1）遴选依据

长江上游及云贵高原地区湖泊的水生生物多样性正呈现逐年降低的趋势。2018年3月，生态环境部、农业农村部、水利部联合制订的《重点流域水生生物多样性保护方案》指出，长江上游受威胁鱼类种数占总数的27.6%，重点保护物种濒危程度加剧，白鱀豚、白鲟、鲥鱼已功能性灭绝，长江江豚、中华鲟成为极危物种。同时，长江上游以及云贵高原的湖泊也是我国水环境污染较为严重的水域。云贵川渝水生态修复与水环境治理是区域水资源保护与利用的重点领域。西南山地是全国大型清洁能源基地之一,坝库与隧道引水等工程在防洪、发电、水资源调节等方面发挥了巨大综合性效应,同时对河道及流域的生态系统、地表过程,特别是水文过程产生了重大影响。未来我国待开发的水电资源80%集中在西南地区,亟待开展梯级水库廊道生态环境演变与河流水环境的互馈关系研究等。

2)主要内涵

(1)水生态系统健康胁迫机制及完整性要素修复。明晰压力源对水生态系统健康的胁迫机制,确定长江上游水生生物多样性维持生境要素阈值;从恢复河流连通性、重建湿地/岸线水生植被、重塑鱼类关键栖息地底质等方面集成水生态完整性要素修复关键技术体系。通过研究生境要素与水生生物的关系,评估上游植被发育的水位需求、鱼类产卵育幼的流速流量需求、底栖动物的生境面积需求等,建立适于长江上游的水生生物多样性维持生境要素阈值的生态基流和生态径流等水文参数系统,并在典型河段运用生境要素阈值制定技术来确定保护敏感物种和群落的环境因子控制范围。根据长江上游水生生物多样性维持生境要素阈值,在生态调度关键参数确定、河流连通性恢复、鱼类产卵场生态水力学条件修复、湿地/岸线水生植被重建、河道健康底质重塑等方面开展水生态完整性要素修复技术研发集成。

(2)重点流域和湖泊水环境持续优化技术体系与保障机制。阐明流域或湖泊水体典型污染物源汇解析与致污机理,确定典型河流或湖泊水体污染物的组成,识别流域典型污染物的主要源汇关系,量化各种污染物源汇关系对流域水体污染负荷的贡献,系统辨析变化环境下流域典型污染物源汇关系与致污机制。完善湖泊水环境监测网络及信息平台、污水治理设施运行物联网管理平台等监测管理平台,研究建立精细化湖泊水资源调度管理体系;定量评估已建成的环湖截污治污系统、健康水循环体系、生态修复和增绿复绿工程等举措的系统成效；开展流域面山生态植被工程、生态和管理综合治理措施优化研究；继续研究湖滨生态带划定、生态廊道建设、缓冲带保护等湖泊生态保护和修复科学方案，优化湖泊周边生态保护红线管控策略。

（3）典型流域水电梯级开发的水生态修复与复杂河－库系统水环境协同管理。针对流域河流－梯级库群系统，构建水文－水温－溶解氧－营养盐耦合模型，实现多要素的变化过程预测模拟；建立水质指标与遥感数据多元回归模型反演水质时间演变过程，采用实测校核的模拟方法预测场景化的水环境空间演变趋势，整合多源数据形成同化体系，进而开展跨越多梯级水库、纵向流河道以及上游整体流域的多尺度水环境归趋特征分析，并以此为基础对比不同水功能区水质控制目标的变化趋势。

遵循"非生物层—生物层（微生物、藻类、底栖动物、特有珍稀鱼类）—系统层（水生生境、岸坡过渡带、水－陆耦合系统、流域）"的层级递进路线，开展生态影响机制与修复研究。揭示梯级高坝大库对河流关键物种及其生境的扰动规律，分析生态系统对水电开发的响应过程，以及鱼类生境修复及高坝过鱼技术；继续开展河流连续体－不连续体的理论研究，结合山地河流地貌分异实现对其纵横维度水力联系的科学刻画；推动河流健康评价和监测的常态化、标准化，建立河流健康的数据采集与监控指标体系，提出河流健康视角下的生态工程全生命周期规划建设体系。

（4）不同生态功能区典型清洁生态小流域构建与绿色发展模式集成。以典型流域、大型水库和湖泊水域为对象，查明水土流失与面源污染的协同迁移路径及负荷；集成典型流域坡面水源涵养与源头减控、面源污染过程消纳与末端处理、农村生活污水多模式处理、农业废弃物多级资源化利用和水系岸坡生态功能修复等关键技术，凝练"减源、增汇、循环、截获"四位一体的生态清洁小流域建设技术体系；结合典型小流域

生态种植、生态养殖、观光农业等农村生态产业发展模式，研究生态清洁小流域可持续发展的有效模式与保障机制。

5. 成渝地区双城经济圈水资源保障及水安全

1）遴选依据

成渝地区双城经济圈是新时期国家推动长江经济带高质量发展的重要增长极。本区域水资源总体较丰富，但季节性缺水、工程性缺水、水质性缺水等问题突出，自古以来，在用水、管水和治水等方面留下了都江堰、白鹤梁等一批闻名中外的水利遗产。目前，区域部分产业节水力度不足，灌溉水有效利用系数低于全国平均水平，高耗水工业企业用水效率整体不高，局部河段及部分中小河流断面超过国控和省控标准，江河堤防建设和山洪沟治理滞后，城市内涝问题突出，监测预报预警调度体系尚不完善。同时，伴随着气候变化和人类活动的不断加强，长江干流及大部分支流的径流量呈持续递减态势，将进一步加剧水资源供需矛盾。为此，亟须开展水资源供需系统仿真及优化、水资源安全保障网络信息化体系建设、城市湿地系统水环境修复与功能提升等方面研究，提出区域内防洪减灾体系、水资源配置方案，推进成渝地区双城经济圈智慧水利建设。

2）主要内涵

（1）水资源供需系统仿真及优化决策研究。考虑气候变化和城镇化等驱动力动态，开展区域水资源承载力动态评价及监测预警体系建设，探索城市群内部水资源分配平衡调节方案；在充分考虑社会经济发展及城镇生态用水需求的基础上，建立成渝地区双城经济圈水资源供需系统模型，针对若干发展路径条件下成渝地区双城经济圈未来的水资源供需变化趋势，对水资源供需系统仿真方案与决策优化进行综合分析。

（2）区域水资源安全保障网络信息化体系开发。研究推进跨区域重大蓄水、提水、调水工程建设的方案，增强跨区域水资源调配能力；完善跨省市水体监测与污水处理网络，建立上下游水质信息共享和异常响应机制、毗邻地区污水处理设施联合调度机制，搭建跨省市水环境综合治理信息共享平台；结合各地区水旱灾害防御、河湖管理、水资源管理、水土保持、水工程管理等领域的信息化建设，充分运用云计算、大数据、物联网、人工智能、数字孪生等新一代信息技术，建成以采集、传输、分析、预警、控制、调度为一体的区域水资源安全保障网络信息化体系。

（3）城市湿地系统水环境修复与功能提升。研究区域自然环境、社会经济系统与水系统间的最小必要关联及变化规律，分析文化、制度等"软实力"因素对湿地系统的影响方式和程度，综合考虑湿地污染防控、生态修复、景观提升及休闲展示功能，构建成渝地区双城经济圈城市湿地系统水环境评估指标体系；基于评估结果，从内外源污染治理、水系整治连通、蓝绿基础设施应用、景观工程布局等角度出发，研究设计各城市湿地系统水环境修复与功能提升集成技术体系。

6. 干热河谷与喀斯特地区水－生态－社会经济协调发展

1）遴选依据

干热河谷和喀斯特地貌是云贵川渝地区两类特殊的生态脆弱区和经济欠发达地区，经济社会发展与生态环境保护之间存在较为突出的矛盾。干热河谷中燥热干旱的气候是受远离海洋和高山深谷地形的"焚风"效应影响的结果。第四纪以来，随着高原隆起和河谷深切，干热河谷的气候、植被、水资源时空分布发生了显著变化，加之受人类活动和社会经济发展的影响，河谷坡面生态景观退变，危害到人类的生存和发展。干热河谷（含干暖河谷、干旱河谷等）区的过境水资源量丰富、可利用水资源匮乏，降水分配不均、季节性缺水严重，水土流失严重、林草植被恢复难度大，水分垂直梯度差异明显。针对流域自然地理分异、生态环境特点和水资源特征及管理现状，亟待开展水资源保护与合理利用工程建设，并提出针对性对策。西南喀斯特区生态环境脆弱，水资源与生态、社会经济空间布局不匹配。

岩溶生态系统是全球最典型的脆弱生态系统之一，我国喀斯特岩溶区约占全国陆地生态系统总面积的 1/3，主要集中于西南地区，其特殊的水文过程为区域提供了重要的生态服务功能和经济价值。西南喀斯特区陆表渗漏快速、滞留水分能力弱，深部地下水以及高山峡谷地下水难以利用，加之极端气候和社会经济快速发展，水资源供需矛盾日益显著。不同气候条件下水资源对生态和社会经济发展的承载能力，是喀斯特地区水－生态－社会经济协调发展战略科学问题的核心。

2）主要内涵

（1）干热河谷地区生态水文演变和水资源合理利用与保护。研究第四纪以来高原的隆起和河谷的深切，干热河谷的气候、植被、水资源时空演变特征和机理，人类活动和社会经济不同发展模式对河谷坡面生态景观和水文过程的影响机制，以及水资源时空分布的演变机制。判断气候变化和人类活动对生态水文、水资源的影响程度。评估不同气候条件下干热河谷的植被分布、生态需水量、地表和地下水资源量、社会经济发展需水量，确定水资源对维持生态系统和社会经济发展的承载能力。

研究干热河谷多尺度下森林植被的生态水文调节机制和森林植被对流域生态水文过程的调节机制，定量区分森林采伐、森林恢复对流域径流的影响。基于干热河谷的气候、土壤、植被学和植物区系学、树种引种驯化、造林技术等多方面研究成果，开展植被恢复与水资源保护利用的综合研究，建立耦合降水、土壤水、蒸散发、地表径流等水量分配环节的综合水文模型，并考虑植被结构的生态、经济和社会三大效益，提出区域植被结构优化的方案。

从节水技术升级、小微型水利设施建设、作物结构优化等角度出发，探索干热河谷高效农业节水利用模式。在示范区开展滴灌、喷灌、渗灌、补灌等灌溉方式的组合模式研究，推广直沟埋草沟灌、目字开沟埋草沟灌、生物覆盖漫灌、秸秆覆盖漫灌等针对经济果园的抗旱节水措施。研发集雨保水技术，以增加降水入渗，减少水分流失，提高土壤含水量，降低季节性缺水的危害。根据其实际的自然和社会经济条件，将不同的水肥耦合技术和农艺节水技术进行优化组合。筛选水分利用效率相对较高、抗旱、质优、丰产和早熟的经济作物，探索立体复合种植，充分利用光、热和有限的水分资源，实现经济价值的最大化和农业生态系统的优化。

（2）西南喀斯特地区生态水文演变和水资源合理利用与保护。研究西南喀斯特地区的气候、地貌特征，以及不同气候和岩性条件下陆表植被、土壤、水文的分异特征和空间区划，加强石漠化演变规律及其关键驱动因子、喀斯特关键带结构与功能变化、植被与水文过程相互作用等基础研究；分析不同喀斯特地貌区水文循环机理及生态水文尺度效应，精准模拟和预测植被恢复潜力、水资源供给能力和消耗水量，评估不同气候条件下的生态需水量、地表和地下水资源可供水量、社会经济发展需水量，确定水资源对维持生态系统和社会经济发展的承载能力和时空调控方式。构建喀斯特石漠化地区生态承载力评价指标与技术体系，建立喀斯特生态系统承载力模型，提出全面推进"美丽中国"建设目标下西南喀斯特石漠化治理的布局方案，集成研发岩溶石漠化区生态屏障建设与乡村振兴模式及关键技术；构建适用于不同空间尺度的石漠化治理战略分区系统及科学管理方略，建立符合科学逻辑和可演绎的喀斯特石漠化综合治理模式，引领全国喀斯特石漠化综合治理工作，为实现喀斯特石漠化治理提质、加速、增效与绿色可持续发展等提供科技支撑。

7. 云贵川渝内外交互的流域横向生态补偿机制

1）遴选依据

生态补偿是以促进人与自然和谐发展为目的，通过将生态保护中的经济外部性内部化，采用公共政策或市场化手段，调整生态保护者与受益者等利益相关者之间的利益关系的制度安排。根据补偿者与受偿者之间的行政隶属关系，可以将生态补偿分为纵向生态补偿和横向生态补偿两种形式。与纵向生态补偿相比，横向生态补偿起步较晚，但是在补偿方式上更多地引入了市场机制，更加灵活有效，也能兼顾经济发展与环境保护的机制创新。横向生态补偿按补偿范围来划分，可分为跨省补偿与省内补偿。截至目前，我国已建立新安江流域（皖浙）、汀江—韩江流域（闽粤）、九洲江流域（粤桂）、赤水河流域（云贵川）、九龙江流域（闽）、渭河流域（陕甘）、酉水河流域（湘渝）等跨省/省内生态补偿试点。这些试点由各级地方政府牵头，在上下游以及跨流域省份专门协作统筹管理，实行"双向补偿"的转移支付，在一定程度上有效缓解了国家生态区绿色经济发展的巨大压力，最大限度实现了区域生态资源结构优化。通过跨省补偿的试点实践，我国在确定补偿主体、受偿对象、资金来源、资金分配方案和保障措施，以及解决流域上下游之间生态效益外溢导致的低效率供给等方面取得了一定的成效，但也暴露出来一些严重的问题。流域横向生态补偿所面临的深层困境主要有：①补偿主体及其权利义务不明确；②补偿支付标准不科学；③补偿方式单一；④补偿协商平台存在缺陷。为了缓解流域横向生态补偿中暴露出的问题，应当引入新型流域横向生态补偿机制，以协调各方利益相关者的关系，促进流域水资源的可持续利用。

在"长江大保护"战略、绿色高质量发展等新发展观的指引下，云贵川渝地区将形成新的国土空间规划体系和国土空间生态修复需求。西南生态屏障区建设仍然面临着保护与发展的权衡难题，系统性、多层级的生态补偿方案仍然严重缺失，结构性、根源性矛盾尚未得到根本缓解。生态系统服务供需量化及匹配难题、空间格局失序失衡、公平和效率权衡等问题，依然是生态补偿在实践层面和学术层面共同面临的难题。由于河流水系及流域具有多尺度嵌套的特性，以及水流动带来的开放性特征，涉及水资源的生态补偿更为复杂。为了应对以上问题，并进一步推动生态文明建设，促进区域经济社会发展实现全面绿色转型，亟待加强重点流域水资源保护与生态屏障建设生态补偿机制的研究。

2）主要内涵

（1）生态系统服务功能权衡与供需的关联研究。利用遥感监测、模型模拟、空间分析等方法，分析云贵川渝地区主要生态系统类型与主要生态系统服务的时空演化规律，进而揭示不同措施的实施过程中生态系统服务间的权衡与协同关系；在此基础上，开展全球变化背景下不同区域的多情景模拟预测，提出促进生态系统服务协同的相应方案和策略，通过调整生态因子，优化生态恢复措施空间格局；建立生态系统服务流、生态系统服务级联的刻画体系，推动生态系统服务级联下的供需分析，为未来生态补偿的学术研究和实践落地提供基础性的支撑。

（2）跨行政区的生态补偿动态核算体系研究。基于公平性、经济性、可操作性等原则设定生态补偿动态核算方式评价指标，比较分析污染补偿、保护补偿中多种补偿量核算方法的优缺点，开展补偿意愿和利益相关者协商调查，因地制宜构建流域生态补偿核算体系。通过重要生态功能、水资源供需矛盾和污染危害程度分析，提出并布设典型流域跨地区生态保护补偿试点，基于试点区内受益地区与保护生态地区、流域下游与上游生态保护补偿活动的动态追踪与评价，优化并逐步推广跨行政区的生态补偿动态核算体系。

（3）生态补偿方式与机制研究。基于资源环境经济学理论，科学界定保护者与受益者的权利和义务，参照国内外已有经验，推进生态保护补偿标准体系和沟通协调平台建设，提出受益者付费、保护者得到合理补偿的运行方案。根据各领域、各地区的特点，探索建立多元化补偿机制，采取对口协作、产业转移、人才培训、共建园区等多种补偿方式。构建生态补偿满意度指标体系，运用可计算一般均衡模型（Computable General Equilibrium，CGE）、逼近理想解排序法（Technique for Order Preference by Similarity to Ideal Solution，TOPSIS）和障碍度模型方法，对生态保护补偿、生态环境损害赔偿、生态产品市场交易等相关政策进行仿真与绩效评价，提出政策协同与综合管理方案。

（4）社区层面的保护模式与替代生计研究。以接壤区、城区、农村、流域社区、山区社区等为分类依据，建立适合不同社区实际的生态保护评估指标体系，进而从已有试点经验中选择社区参与的典型模式和有效路径。基于实地调研结果，采用质性内容分析和多主体模型等方法提取不同研究视角、地理空间和政策背景下生态补偿区域社区生计转型中产业发展的内在逻辑，归纳总结核心事实，提出自然保护地社区生计转型原则和指导方案。

8. 关键性科技任务的阶段目标

2030年，重点布局西南生态屏障区水源涵养功能修复和提升、重点河湖水生态修复与水环境持续优化及其保障体系、云贵川渝内外交互的流域横向生态补偿机制、干热河谷与喀斯特地区水－生态－社会经济协调发展，以及成渝地区双城经济圈水资源保障及水安全等方面的研究。

2035年，推进成渝地区双城经济圈水资源配置方案优化、智慧水利建设，水灾害防治与风险防控能力接近发达国家水平，跨境河流协作共赢机制全面建立；重点布局流域"水－能源－粮食－生态"互馈权衡机制与适应性管理研究、山洪与地质灾害形成机制与生态屏障安全研究等。

2050年，实现区域水源涵养功能更加优化、水生态和水环境持续改善、水资源利用多目标协同高效、区域生态屏障的水安全保障能力全面提升等目标；干热河谷与喀斯特地区水－生态－社会经济协调发展格局全面形成。

（三）基础性科技任务

针对西部生态屏障建设中基础性的、体现能力建设的科技问题，重点为各类科技基础设施、监测预警平台体系、生态资源调查、人才培养、科学普及等提供科技支撑，具体任务包括：

（1）建立空-天-地一体化和高精度智能化的河湖水系统综合观测网络；

（2）建立山区流域水环境综合监测与预警平台；

（3）建立西南山区生态水文与水源涵养保护观测试验研究站网；

（4）建立西南山区水灾害防治综合观测研究站；

（5）建立干热河谷水-生态-社会经济协调发展研究站；

（6）长江上游数字孪生流域建设。

二、组织实施

（一）与国家任务计划相衔接

1. 优化中国科学院科技任务计划布局

中国科学院是云贵川渝生态屏障区水资源、水土保持和石漠化防治等领域的研究主力军，在流域水资源合理利用、水旱灾害及水沙灾害的形成与预估、干热河谷及岩溶地区水资源保护等领域具有良好的基础。中国科学院科技任务计划布局要紧扣长江上游保护、西南山区国家重要水源涵养生态屏障建设及西南山区绿色高质量发展等国家重大需求和地方发展规划，在"长江大保护"和经济带绿色高质量发展、生态安全屏障优化、国家公园建设等方面，整合全院相关科技力量开展多学科联合攻关和大协作。

2. 强化与国家任务计划的衔接

在国家层面部署的水网工程建设重大计划中，云贵川渝国家水网工程将是重要组成部分，由水利系统、生态环境部门组织实施，中国科学院可针对南水北调西线工程等部署前瞻性科学研究，例如在水资源供需保障、生态环境影响、自然灾害风险防控及区域可持续发展等领域部署相关计划，为国家水网工程建设提供科学支撑。长江上游综合保护与绿色高质量发展涉及的问题较多，科技部单一研发计划类项目难以支撑，需要依托现阶段重点流域水资源与水环境领域、脆弱生态恢复治理领域等多方面的立项实施。为此，中国科学院可以部署综合研究计划，利用多学科优势，弥补项目的单一性，为国家推动"长江大保护"战略提供科学支撑。

(二) 与国家科技力量相衔接

1. 优化中国科学院科研机构布局

强化西南地区水文与水资源学科领域的基础研究和应用基础研究力量，弥补相关领域的研究短板；布局云贵川渝生态屏障区资源环境全国重点实验室群建设。

2. 加强跨机构、跨部门协作

在长江上游乃至云贵川渝等西南地区，中国科学院在水文与水资源学科领域的研究力量相对薄弱，需要加强与其他相关机构的密切协作。整合中国科学院、各部委和地方现有各类水资源领域相关研究机构，以及相关监测站点和观测研究基地，组建解决该区域国家重大战略问题的联合攻关团队。

第四节 促进云贵川渝地区水资源领域科技发展的战略保障

一、体制机制保障

建立政府、企业、研发机构、社会组织及公众多元参与的组织管理体系，创新科技工作组织管理模式（图4-1）；建立跨区域协同创新机制，

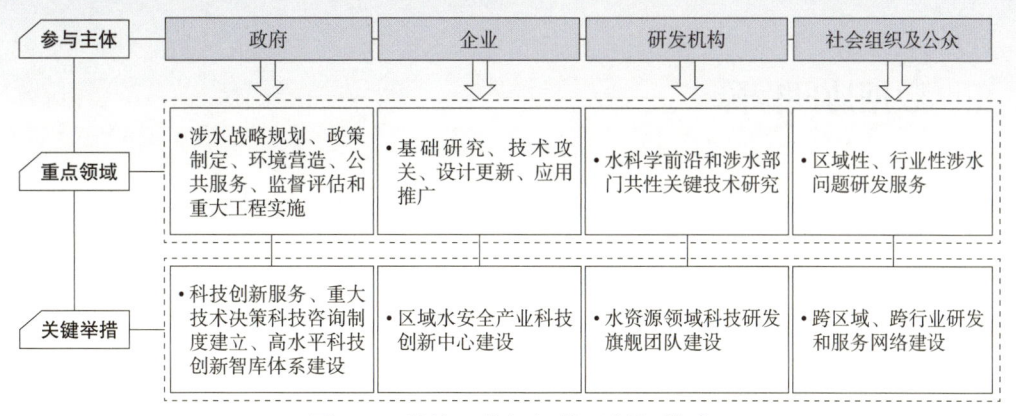

参与主体	政府	企业	研发机构	社会组织及公众
重点领域	涉水战略规划、政策制定、环境营造、公共服务、监督评估和重大工程实施	基础研究、技术攻关、设计更新、应用推广	水科学前沿和涉水部门共性关键技术研究	区域性、行业性涉水问题研发服务
关键举措	科技创新服务、重大技术决策科技咨询制度建立、高水平科技创新智库体系建设	区域水安全产业科技创新中心建设	水资源领域科技研发旗舰团队建设	跨区域、跨行业研发和服务网络建设

图 4-1 科技工作组织管理创新模式

积极融入全球创新网络；实施创新激励与成果转化促进机制；构建完善的科技创新投入机制。

二、平台建设保障

建成以采集、传输、分析、预警、控制、调度为一体的区域水资源安全保障网络信息化体系，实现数字化场景、智慧化模拟、精准化决策，提升动态监测与实时预警能力；建设云贵川渝水资源利用与保护科学创新基地，形成国家、部门、地方分层次的合理构架，并进一步完善管理运行机制，加强评估考核，强化稳定支持；重视水资源保护与利用科技原始创新，加强原型观测和试验站网建设；整合水利、水文、水资源、气象、环保等领域涉及的河流、湖泊、渠道、水库等数据资源，构建水利信息管理系统的统一平台，建立有效的业务协调机制，完善相关办法，统一规范各类建设标准；以满足实际需求、提高业务支持能力为目的，引导应用需求，建立信息技术应用服务水利管理和业务需求的科学发展模式；基于卫星遥感、无人机、云计算、物联网、大数据、人工智能等技术，打造高效感知、互联互通、资源共享、业务协同、数字仿真、智能应用的智慧水资源管理平台。

三、数据协同保障

构建云贵川渝全域水资源数据库，建立定期更新以及按需更新机制，不断提高数据的准确性和完整性；不断更新基础设施以有效支撑水利信息化的持续发展；完善数据标准体系，解决当前跨部门、跨学科、跨地区、跨层级数据标准不统一等问题，实现跨专业多部门数据资源融合、数据互联互通、资源共享；建立健全科学数据管理制度，保证汇交数据的真实性、准确性、可用性和一致性，有效实施科技成果数据汇交机制；全面落实水利信息化规划，统筹建设各业务应用系统，避免资源浪费；健全水利信息共享方面的政策法规，建立共享机制，促进信息所有者共享各自的资源，打破事实上的信息壁垒。

四、人才资源保障

深化水资源领域科技能力建设，要突出抓好高端人才的引进培养，切实解决高端人才不足的问题；整合多方人才队伍，开展多行业类型人才梯队培养，形成良性人才建设梯队；通过跨学科的协同效应，转变传统教育理念，优化以学科交叉融合为导向的资源配置，组建跨院系、跨领域的团队，依托项目建设推进不同学科的交叉与有机融合；加强国家级人才项目对水资源相关研究领域的支持，对中西部单位给予更多的政策倾斜；针对水领域的科研特点和人才需求，各大高校、研究机构应尝试建立多模式的人才培养体系；根据人才资源供需矛盾和水利发展需求从人才资源数量、质量、结构等方面进行系统、全面、立体开发，使人才资源内部及其与其他资源之间均达到最佳匹配，发挥最佳效益。

五、国际合作保障

深化国际合作，以使命为导向支撑科研项目的总体战略目标，聚焦战略需求，引领全球科学研究合作网络，形成具有全球视野的国际合作战略思想；搭建国际学术交流平台，建立合作机制，为国际合作机制的实施和研究提供实现途径；与国际一流高校和科研机构开展合作研究，建立科研人员互访交流机制，吸引更多国际知名教授和学者；结合资源和环境科学前沿、重大需求和学科优势，共同设立基金，支持优秀学者的原创性研究，并吸引全球优秀人才共同参与科学研究；科学布局各种层次体量的国际合作研究项目，通过开展水资源领域的国际科技合作，参与双边或多边的重大科技合作计划，提高我国在国际上的科技声望和总体水平，提升我国在大型国际研究计划中的影响力；在与发达国家的合作交流中，实现资源共享、强强联合、优势互补，形成具有国际影响力的创新团队，避免出现人才断层现象，提高中青年科技人员的业务水平，培养新的学术带头人，通过持续不断提高自身科研实力来提升话语权；在国际合作项目的实施过程中，应围绕水资源保护和利用的先进技术，突出重点，集中力量，选择和支持国家有紧迫需求和重大影响的项目。

第五章

蒙古高原生态屏障区水资源利用领域发展战略

第一节　蒙古高原水资源利用的全球
科技发展态势总体研判

一、蒙古高原水资源利用的全球科技发展现状

以"蒙古、蒙古高原、内蒙古、水污染、水资源、水环境、土壤水、地表水、地下水、湖泊、降水、凝结水、水文过程、湿地、生态系统、生态水文、生态安全、生态环境、生态保护"等为关键词,对国家自然科学基金委员会网站、LetPub 和科学网等数据库进行检索,通过人工筛选,获取 1987~2021 年国家自然科学基金和国家科技计划资助的与蒙古高原水资源利用和生态系统保护等有关的项目信息,利用统计方法和 GIS 空间可视化方法,从项目的资助数量、资助金额、骨干机构、地区、项目类型、研究内容等方面进行多维度解析,梳理和总结国家自然科学基金和国家科技计划对蒙古高原水资源利用、生态系统保护等领域的资助现状及变化特征。

(一)国家自然科学基金项目情况

1. 资助数量、资助金额和项目类型

1987~2021 年,国家自然科学基金资助的与蒙古高原水资源利用有关的项目共计 241 项,年均资助近 7 项,总资助金额为 1.23 亿元,年均资助金额约为 351 万元。在 2010 年之前,国家自然科学基金资助项目很少,年均仅 3.2 项,2011 年资助项目显著增加,且资助数量较为稳定,2011 年和 2019 年资助项目最多(21 项),2011 年资助金额为 1441 万元,

2019年资助金额为1456万元。单项资助金额最高为500万元（1997年），是吕达仁院士主持的重大项目，主要研究内蒙古半干旱草原土壤–植被–大气相互作用（吕达仁等，2005）；其次为李凌浩和白文明研究员分别在2011年和2020年主持的重点项目（300万元和292万元），研究内容为氮循环和草原恢复生态学机制（游成铭等，2016；范利可等，2022）。

  根据国家自然科学基金委员会初步统计数据，国家自然科学基金项目主要集中在地球科学部和生命科学部，其中地球科学部共101项，占总项目的42%，研究领域主要集中在草原土壤水、气候变化、植被覆盖、生态系统、湖泊历史变化及遥感水文（借助遥感手段对各种水资源利用进行区域尺度研究）等方面。生命科学部共99项，占总项目的41%，研究领域主要集中在草原退化、草地生态系统、蒙古特有草种生物多样性和种群关系、人类活动对生态系统的影响等方面。工程与材料科学部的项目数量排在第三位，占总项目的8%，主要研究内容包括水资源综合利用、水利工程优化调度、生态居住模式安全性及典型草原水文过程模拟等。

  地区科学基金（87个）、面上项目（78个）和青年科学基金（40个）是主要资助类型，占总资助项目数量的85%；其他资助类型较少，除国际（地区）合作交流项目（11个）外，其余项目类型均少于5个；重大研究计划项目、重大项目和专项项目等均少于3个，且单个项目资助金额均未达到500万。不同项目之间的资助金额相差较大，地区科学基金和面上项目的资助金额分别达到3197万元和4268万元，两者占总资助费用的61%；青年科学基金和国际（地区）合作交流项目的资助费用分别达到923万元和1124万元，占比分别为7.5%和9.1%；重点项目仅为5项，平均资助金额为234万元。以上结果表明，国家自然科学基金委员会在蒙古高原水资源利用领域的部署力度略显不足，未来应加大这一地区的资助强度。

2. 基金项目在地区和单位的分布特征

据国家自然科学基金委员会初步统计数据，1987～2021年，国家自然科学基金资助的与蒙古高原水资源利用有关的项目主要分布在14个省（自治区、直辖市）的54家单位，其中排名前五位的为内蒙古116项、北京88项、辽宁8项、甘肃6项、天津5项。从资助金额来看，北京资助金额最高，为5745万元；其次为内蒙古，资助金额为4463万元；青海省资助金额最少，为14万元；其余获资助的各省（自治区、直辖市）的金额为100万～900万元。获批项目单位多为高等院校和研究所，获批项目数量排名前五位的单位分别为内蒙古大学36项、内蒙古师范大学35项、中国科学院植物研究所30项、内蒙古农业大学26项、北京师范大学16项。地处蒙古高原的内蒙古大学和内蒙古师范大学获资助项目排名前两位，内蒙古农业大学排第四位，体现出较强的地域优势。中国科学院获批项目最多的为植物研究所和地理科学与资源研究所，分别为30项和11项，其他研究所获批项目均不足10项。植物研究所主要在蒙古高原氮沉降、植物-环境系统、草原土壤碳库、群落多样性方面引领前沿研究，地理科学与资源研究所主要在草地生态系统生产力、地下水及降雨对生态系统的影响等方面进行研究。

3. 研究内容及主要方向

通过对资助项目的标题进行提取，得到相应关键词，可反映该项目的主要研究方向及内容。1987～2021年，资助项目中有关蒙古高原水资源利用的研究主要集中在生态水文、土壤水、湖泊、水环境及生态系统保护等领域。地区科学基金项目主要研究内容为土壤水、碳、氮、灌区农业和地下水、人类活动与生态环境耦合机制，以及生态系统生物多样性等。面上项目主要研究内容为土壤碳氮通量、微生物群落、土壤侵蚀、土壤水分、植被生产力、生态系统恢复演替、生态水文过程模拟、生态安全等。青年科学基金主要研究方向为植物对气候变化的响应、植被物候、植物多样性、植被生产力、植被景观格局、降水对生态系统的影响等。国际（地区）合作交流项目主要研究内容包括农业非点源污染、生态系统生产力、植被对气候变化的响应及景观多样性等。重大研究计划项目主要研究内容为河套灌区浅层地下水动态变化、土壤呼吸对脉冲式降雨的响应，以及华北克拉通破坏在东北和内蒙古东部晚中生代湖泊系统中的响应。重大项目主要研究内容为内蒙古半干旱草原土壤–植被–大气的相互作用。

（二）国家科技计划基本情况

根据科技部初步统计数据，自2006年以来，与蒙古高原水资源利用有关的国家科技计划项目共计16项，其中国家科技支撑计划项目9项、国家重点研发计划项目6项、国家重点基础研究发展计划项目1项。2006~2011年，国家科技支撑计划项目主要研究内容为灌区作物节水，其中河套平原农田综合节水技术研究为连续支持项目，2012年后多集中在生态系统保护及水资源可持续利用等领域。国家重点研发计划项目则侧重于生态系统演变、保护及修复等相关研究内容。国家重点基础研究发展计划项目的研究内容也与生态系统可持续性有关。

二、蒙古高原水资源利用的全球科技前沿

基于文献计量分析方法，利用 CiteSpace 对关键词共现、凸现强度等进行对比，分析蒙古高原水资源领域的国际研究态势与科技前沿。以 Web of Science 核心合集为数据来源，以"水资源"（water resources、water resource）、"湖泊"（lake、lakes）、"地下水"（groundwater、underground water）、"地表水"（surface water、open water）、"生态水文"（ecological hydrology、ecology hydrology、eco-hydrology、eco-hydrological）、"生

态系统保护"(ecosystem protection、ecosystem conservation)为主题词进行检索，应用 CiteSpace 去除重复文献，共检索到蒙古高原水资源监测与评估领域文献 2485 篇、生态水文与生态系统保护领域文献 352 篇。

（一）蒙古高原水资源监测与评估

根据 Web of Science 核心合集统计，国际上蒙古高原水资源监测与评估方面的研究主要分布在地质学（783 篇）、环境科学与生态学（747 篇）、地球科学（713 篇）、自然地理学（314 篇），以及其他学科领域（280 篇）。工程学和农业科学领域的发文量较少但中介中心性较高，表明这两个学科在蒙古高原水资源监测与评估方面的研究越来越得到各国关注。高频关键词代表了一个研究领域的热点，按照频次较高的关键词的词汇属性将近年蒙古高原水资源监测与评估领域的热点研究问题进行归类，结果表明，该领域对蒙古高原气候变化、土壤水分监测、全新世水分演变、湖泊沉积物、地下水质量等问题关注较多。

蒙古高原地表水研究主要集中在环境科学、地质学、地球科学及农业科学等学科领域。在全球水循环过程中，土壤水是联结地表水和地下水的重要纽带，以土壤蒸发和植被蒸腾为主的生态系统中的能量和水分交换过程受到土壤水分的控制（Liu et al.，2023），部分植被通过吸收地下水和根系的水力再分配作用影响土壤水分含量，并通过蒸腾作用调节土壤、植被与大气之间的水分平衡（Liu et al.，2020a），土壤水和地下水通过地表蒸散发过程改变潜热和感热的相对大小，调节大气－植被－土壤之间的能量收支和水分传输，并影响之后的降雨过程（Mamat et al.，2018；Mo et al.，2019）。1940~2015 年蒙古高原年平均气温上升了 2.24℃，年均降水量下降了 7%（Han et al.，2021），2021 年东亚沙尘暴引起了国际社会对蒙古高原生态问题的广泛关注，土壤水分监测及其对气候、环境的影响在近几十年一直是蒙古高原水资源利用研究的热点问题（Bao et al.，2022）。蒙古高原土壤水分监测研究主要集中在土壤水分遥感反演与验证（Kaihotsu et al.，2019）、土壤水分和干旱时空变化（Bailing et al.，2018）、造林和放牧对土壤水分的影响（Liu et al.，2013）、干旱监测模型（Shen et al.，2019）、温度和降雨对土壤水分的影响（Shen et al.，2019）、土壤水分对水热通量的影响（Yamanaka et al.，2007）等。土壤水分反演与监测通常选取蒙古高原上分布的实地监测参考站点进行数据验证（Luo et al.，2021b），但蒙古高原干旱和半干旱地区的地面站密度较小，限制了在空间和时间尺度上对土壤水分的检测评估（Wang et al.，2018），受山区融水和降水的影响，蒙古高原北部和东北部地区的土壤水分含量高于西部，而蒙古高原西南部的裸地覆盖是导致土壤水分降低的主要原因（Bao et al.，2014）。干旱对以畜牧业和农业为主的蒙古高原造成了严重影响，会直接改变土壤水分状况，由于人类活动的干扰，蒙古高原土壤水分对干旱累积效应和滞后效应呈现出复杂的响应状态（Gu et al.，2022）。

蒙古高原湖泊研究的热点问题主要包括以下几个：①湖泊沉积有机碳和养分分布的控制机制。地质条件和植被覆盖度显著影响沉积有机碳和养分的积累过程，决定了内流湖泊的环境发育条件，并且沉积物质量与内陆湖周围环境密切相关，较大的坡度和较好的植被覆盖度是降水稀少和低温条件下湖床上沉积有机碳和养分浓度较高的重要因素（Li et al.，2021）。②湖泊环境变化。湖泊环境变化与气候变化之间存在密切关系，东亚夏季风降水变化对湖泊水位和地表侵蚀变化具有直接影响。气候变暖和大气干燥主导了湖泊环境变化，主要表现为从天然草原到播种牧场的大规模转变加速了湖泊水分流失（Bai et al.，2020）。③湖泊生态水位管理。水文状况在维持湖泊的水生生态系统结构和生物地球化学过程中起着重要作用，而湖泊生态水位被认为是保障水生生态系统服务的重要水文条件特征参数（Cao et al.，2020），受区域气候变化、径流调控和取水的共同影响，蒙古高原地区内流湖泊生态缺水问题日益突出，可采取维持可持续生态水位的措施，包括控制当地用水量和注入生态水（Xing et al.，2021）。④湖泊微生物群落的结构和多样性。磷和氮的代谢显著影响了湖泊微生物群落的多样性。⑤湖泊微生物群落构建过程及其控制因素。除了生态区域和海拔、纬度和气候带等地理因素可以影响微生物群落的组成之外，湖泊深度、温度也是影响湖泊化学成分和微生物活动的重要因素。此外，pH值和盐度对微生物的生长、繁殖、代谢产生很大的影响（Tang et al.，2021），蒙古高原中盐湖、多盐湖和寡盐湖中细菌的高度多样性表明，盐度是群落多样性的主要驱动因素，但细菌在这些湖泊的生物地球化学过程中也具有一定的作用（Tandon et al.，2020），微生物的多样性随着盐度的增加而减少，在高盐度湖泊中最低。⑥湖泊变化及其驱动因素。不同地区湖泊变化的驱动因素不同，影响湖泊的因素十分复杂，确定湖泊变化的气候和人为驱动因素对于蒙古高原生态脆弱地区的水安全、生态系统可持续性和气候变化适应性至关重要（Bai et al.，2020）。气候变暖和干燥对半干旱蒙古高原湖泊干化影响显著，降水减少导致湖泊面积缩减，而温度增高和植被增绿导致的蒸散发增加更是加速了这种缩减趋势，人类活动对湖泊水收支的影响也逐渐加剧。蒙古国湖泊面积的变化程度远远低于我国内蒙古自治区，在内蒙古自治区的农业产区，农业灌溉以及地下水和河流的取水可能是导致湖泊萎缩的另一个驱动因素，2009年之后降水在蒙古高原湖泊恢复过程中发挥了重要的作用（Zhou et al.，2019）。

　　蒙古高原地下水研究的热点问题主要包括以下几个：①地下水砷污染。地质构造和沉积环境影响含水层的水动力和水化学环境，进一步影响蒙古高原高砷地下水的形成和分布（Wang et al.，2019）。在内蒙古河套地区，地下水中砷浓度较高，植物中的砷含量从根向叶、茎和种子逐渐降低，砷的生物利用度受部分抵消过程的复杂相互作用的影响（Nakazawa et al.，2020）。浅层地下水中的砷浓度与晚更新世–全新世古河道的摆动强度指数高度相关，浅层含水层的摆动强度指数越高，地下水的还原性越高，浅层地下水中的砷含量越高（Li et al., 2022）。②地下水与蒸散发。蒙古高原的蒸散发在生长季占全年的比重较大，其波动与降水量、土壤水分含量和叶面积指数变化密切相关，对于牧草生长，大气热胁迫的影响弱于土壤水分胁迫，土壤蒸发是蒸散发的主要贡献成分（Zhang et al., 2005）。高蒸腾比或低土壤蒸发比非常有利于强化草类作物的有效水分利用和生产力，地下水起到了维持蒙古高原草原的作用，由于地下水水位的降低，在干旱年份遭受的土壤水分胁迫度较高，但实际的草原蒸腾量有所减少（Wu et al., 2016）。干旱灌溉区的地下水满足蒸散发的需求，但未来输水量的减少将导致该区出现土壤盐渍化和生产力下降（Yang et al., 2021）。③地下水流量。解析蒙古高原地下水补给和水循环的机制对于缓解水资源短缺至关重要，也有助于优化水资源利用和管理，目前多利用同位素技术和地球化学方法确定地下水流量（Yu et al., 2024；Ma et al., 2022）。降水、土壤水和地下水的环境同位素组成（δD 和 $\delta^{18}O$）已被应用于地下水补给和土壤水蒸发的演变（Tan et al., 2016），降水和土壤水同位素组成的变化提供了有关水沿土壤剖面的混合和停留时间的信息，地下水稳定同位素值通常反映入渗补给地下水的降水高程（Blasch and Bryson, 2007）。④矿山开发与地下水。露天煤矿开采量约占全球煤炭开采总量的40%。蒙古高原是世界上最大的露天煤矿开采区，煤炭产量占全球煤炭总产量的13%以上，1975～2015年，蒙古高原地表采矿总面积每年增加9.13%（Ma et al., 2021），矿山开发不仅破坏了大面积草原，改变了地表景观格局，也使得地下水量大幅减少，并导致生态系统发生急剧退化（Shen et al., 2021），对生物多样性、生态系统过程和生态系统服务产生深远的影响。⑤地下水–湖泊相互作用。湖泊水通过断层由深层地下水补给，此过程在维护当地生态系统方面起着至关重要的作用，在干旱和半干旱地区的环境和水资源管理中需要加以考虑（Ma et al.，2022）。

（二）生态水文学与生态系统保护

据 Web of Science 核心合集初步统计，国际上蒙古高原生态水文学与生态系统保护研究主要分布在环境科学（220篇，占35.1%）、生态学（83篇，占13.3%）、地质学（63篇，占10.1%）、地球科学（62篇，占9.9%）、水资源科学（47篇，占7.5%）等学科领域。生物多样性保护和农业科学领域发文量较少但中介中心性较高，表明这两个学科的研究在生态水文学与生态系统保护中越来越受到各国关注。

蒙古高原生态水文学研究多关注地下水补给、蒸散发、水的可用性对气候变化的响应、水分利用效率及全新世蒙古高原水文变化研究。对于地下水回灌程度较高的荒漠而言，集中回灌具有重要意义。对于依赖地下水的科尔沁沙质草原生态系统的研究表明，地下水对维持科尔沁草原的生态功能具有重要作用，蒸腾量与实际蒸散发之间的比率范围为88%~94%，远高于其他草原的观测结果；与降低地下水水位有关的模拟表明，在干旱年份，地下水的贡献减少25%（Wu et al.，2016）。基于涡动协方差技术量化的蒙古高原草原蒸散发相关研究表明，蒸散发主要发生在植物生长季，与降水量或土壤水分变化呈现强相关关系，与叶面积指数呈线性关系，冠层发育条件和土壤质地是蒸散发的主要制约因素，导致植被生长季蒸散发的水源供给受到限制（Li S G et al.，2007）。在气候变化和土地覆盖类型转变的影响下，对蒙古高原21世纪的蒸散发进行预估和调查后发现，蒸散发的时空变化取决于正在实施的气候政策以及气候对温室气体排放产生的能源强迫的敏感性，由于预计降水量同时增加，增强的蒸散发不会威胁到蒙古高原大部分地区的水资源供应（Liu et al.，2013）。虽然蒙古高原多数地区都缺水，但浑善达克沙地的地下水资源十分丰富，学者对该地区的地下水补给机制进行了研究，结果表明该沙地的地下水补给主要受控于现代集中式补给，而非扩散补给（Yu et al.，2020）；也有学者通过同位素分析得出该区地下水主要来自东南方向150~200公里的偏远山区，而非邻近流域补充（Zhu et al.，2018）。利用模型模拟研究蒙古高原草地生态系统水文过程（如蒸散发）是生态水文研究方面的热点问题之一，多采用水文模型结合GIS技术进行定量分析。未来的气候变化预示着干旱风险的增加，使旱地生态系统的功能和服务恶化，解释生态系统的水分利用效率（water use efficiency，WUE）对干旱的敏感性可以为旱地的节水和碳收支提供重要的环境影响，对蒙古高原半干旱生态系统两个代表性温带草甸的水分利用效率，以及气候和生物对生态系统总产量、蒸发量和蒸腾量的影响的评估相关研究表明，生长季的降水频率对生态系统的水分利用效率会产生影响，蒸腾和蒸发的幅度和变化在调节水分利用效率和植被叶面积指数方面具有重要作用（Dong et al.，2021）。在古气候水文研究中，洪水平流沉积物是一个热点问题（Struck et al.，2022）。研究者通过分析沉积物岩心揭示全新世河道的迁移和环境变化，研究表明1850年前后，河套平原西部河水聚集，形成了大量的小湖泊。对沉积物的分析也可重建全新世的水文气候特征，研究发现蒙古高原北部全新世初期湿润条件的建立滞后于青藏高原约1000年，青藏高原夏季风增强可能抑制了蒙古高原降水的增加（Zhang et al.，2012）。

  蒙古高原生态系统保护则多关注气候变化和人类活动对生态系统的影响、生态系统服务、生物多样性、微生物呼吸及模型分析等领域。深入认识气候变化和人类活动对生态系统结构和功能的影响有助于生态系统的可持续管理和资源的可持续利用。降水在很大程度上控制着蒙古南部戈壁山脉的植被生长，气候变化会使干旱草原生态系统更容易受到放牧的影响（Yan et al.，2021），同时影响野生动物数量，因此需加强畜牧、野生动物及气候变化之间的相互作用研究。近20年，锡林郭勒典草原生态系统整体质量有所改善，为应对未来气候变化，应通过生态系统服务补偿来调节放牧压力，促进区域草地生态恢复（Ye et al., 2021）。利用生态系统服务框架，分析生态系统服务协同效应是可持续发展的关键，由于水分的限制，内蒙古不同流域间存在复杂的空间相互作用，生态系统服务最终与坡度、降水、温度、土壤性质和种群密度等因素形成不同类型的生态系统服务（Dou et al., 2020）。随着学科的发展，研究者开始对不同季节的生态系统服务供给进行定量化分析，为生态系统可持续发展提供科学支撑。土壤水分和土地利用的相互作用影响沙尘事件的季节变化，从而影响生态系统服务功能，利用生态系统模型和统计模型研究确定控制沙尘排放的关键地表因子，结果表明自2006年以来，内蒙古高原沙尘事件发生次数略有减少，2003~2015年，在受政策控制的土地利用条件下，模拟的沙尘事件约减少了25%（Yong et al., 2021）。多样性–稳定性关系是生态系统保护研究的一个重要方面，多样性可提高生态系统的稳定性，而群落稳定性是生态系统的最基本功能之一。因此，考虑群落聚集过程有助于解释长期放牧干扰下草地退化过程中多样性–稳定性关系的维持机制，放牧通过改变不同环境条件下的结构和功能变异性来影响群落稳定性，内蒙古锡林河流域的功能多样性对群落稳定性的影响最大，生态位分化主要由放牧引起，物种多样性对环境条件的响应是维持多样性与稳定性关系的关键机制（Kang et al., 2020）。为了缓解蒙古高原草原退化，中国和蒙古国政府都实施了一系列新政策和生态项目，人类活动是草原退化的主要因素，而气候变化是草原恢复的主导因素，但对蒙古高原大部分草地净初级生产力具有积极影响，中国内蒙古自治区的政策措施和生态项目给蒙古国带来了积极的效果（Zhang Y et al., 2020）。耕地、放牧、植树等土地利用方式可引起内蒙古半干旱区土壤水分动态和植被–蒸散发–土壤水分反馈的复杂变化，对内蒙古半干旱区受人类活动干扰和未受人类活动干扰的生态系统中的蒸散发和土壤水分关系的研究表明，与未受人类活动干扰的草原及围栏草原相比，耕地和放牧草原的蒸散发与大尺度降水的比值显著降低，这些差异可以解释为上层土壤层的土壤体积含水量（即土壤中水分占有的体积与土壤总体积的比值）较低，这与重度放牧和休耕农田中表层土壤压实有关，由于植物根系分布和土壤物理性质的改变，与蒸散发有关的土壤水分因土地利用和土地覆盖类型而异，例如与未受人类活动干扰的灌木丛相比，利用地下水的杨树种植园的蒸散发与大尺度降水的比值要高得多（Lu et al.，2011）。

（三）国际合作网络及主要研究机构

据 Web of Science 核心合集初步统计，总体来看，蒙古高原水资源利用领域相关研究包含中国、蒙古国、俄罗斯、日本等全部或部分在蒙古高原的国家或蒙古高原邻近国，以及美国、德国、英国等西方发达国家和地区，其中湖泊相关研究方面参与国家最多（30个），发文量最大，受到各国广泛关注；生态水文和生态保护方面参与国家较少，分别为8个和12个。

从水资源利用领域相关研究发文数量来看，中国、美国和蒙古国在地下水、地表水、湖泊、水资源、生态水文学和生态保护等方面发文量均位居前列。中国科研成果数量最多（1858篇），远超美国（541篇），但后者科研成果影响力较大，未来我国应着重提升该领域研究成果的国际影响力。

从国际合作来看，中国与其他国家在水资源、生态水文学和生态保护等方面均存在密切合作关系，其中，中美合作在蒙古高原地区水资源相关研究中最为密切，其次为蒙古国与美国、日本等发达国家的合作。中国科学院、蒙古国科学院和俄罗斯科学院分别是各国在该领域开展相关研究的主要单位，未来我国应积极开展与两国科学院之间的科研合作。

针对我国内蒙古地区，中国仅和美国、日本等少数几个国家存在部分合作关系，未来我国可以充分发挥在该地区水资源研究方面的基础优势，增强该地区的国际合作。

三、蒙古高原水资源利用的全球科技发展趋势

（一）国家自然科学基金和国家科技计划

据国家自然科学基金委员会初步统计数据，蒙古高原水资源利用方向研究仍较为薄弱，整体低于国家自然科学基金委员会地球科学部和生命科学部的平均水平。近五年的数据显示，蒙古高原水资源利用领域受到的关注有所减少，资助项目数量甚至有降低趋势。资助地区集中在内蒙古和北京，资源严重分布不均。蒙古高原水资源利用主要项目为地区科学基金和面上项目。据科技部初步统计数据，蒙古高原水资源利用方向的重大研究计划项目（3项）、重大项目（2项）及专项项目（1项）较少。因此，今后我国在蒙古高原的科技部署应加大对重大研究计划项目的支持。

在已资助项目中，20世纪90年代之前的相关研究多集中在小尺度研究上，研究内容涉及草原环境、土壤环境、土壤-植被-大气相互作用等。2000～2010年，随着计算机和遥感技术的发展，相关学者开始注重水资源和生态系统的动态监测以及草地恢复或退化机制研究（Akiyama and Kawamura，2007；Tong et al.，2004；Qin et al.，2008），同时也多关注生态系统修复（Li et al.，2008）、气候变化（Wuyunna et al.，2009）、土地利用/覆被（John et al.，2009）等方面的研究内容。2011～2021年，研究者开始关注极端天气对水资源及生态系统的影响（John et al.，2013），同时借助生态水文模型开展一些大尺度的气候响应机理研究，多集中在生态系统水分利用效率（Dong et al.，2021）、植被生产力（John et al.，2016）、物候及生态环境要素之间的耦合机制研究等方面（Fan et al.，2020）。

1987～2021年，利用遥感技术对蒙古高原地表水、湖泊及湿地进行动态监测也逐渐成为研究热点（Sumiya et al.，2020；Zhou et al.，2019；Jie et al.，2021；Tao et al.，2015）。从国家科技计划支持项目中也可看出，近年来国家和学者更关注生态系统服务、保护、演变及修复相关内容，这需要多学科联合进行研究。因此，随着学科之间的交叉融合，研究者应注重多学科交叉，加强大尺度地表水和地下水综合过程监测与机理以及生态系统服务功能等方面的研究。

（二）研究领域

在蒙古高原水资源监测与评估领域，2010年之前，学者多关注湖泊沉积物、环境变化及微生物多样性研究，蒙古高原群落多样性、气候变化对植被生物量及生产力的影响研究，以及地下水沉积物、水污染等研究。2010年之后，学者多关注水资源足迹、湖泊变化及驱动因素、水资源格局及消费、地下水时空格局、气候变化对浅层地下水的污染等问题。水资源足迹、水资源消费、湖泊变化、地表水质量，以及使用遥感手段监测大尺度河流、土壤水、湖泊等地表水将会成为未来的热点研究问题。

有关生态水文学与生态系统保护的研究多集中在生态学和农业科学领域，其中生态学领域2007年开始出现相关研究，农业科学领域2008年开始出现。未来应多关注修复的生态系统对生态环境及生态水文的影响研究，以及改进和开发适合蒙古高原的多尺度生态水文模型研究。

总之，在全球气候变化和国际-国内双循环的新格局下，未来应加强蒙古高原水资源基础研究重大科技布局，加强水资源足迹、水资源利用、水质量及修复生态系统对生态环境和生态水文的影响研究，以期实现农业节水、水资源综合高效利用，为服务"一带一路"建设提供水资源和生态环境保障。

第二节 蒙古高原水资源利用的成效及存在的问题

蒙古高原是一个重要的地理区域,它横跨中国内蒙古自治区、蒙古国、俄罗斯南部等地区,是全球自然资源最富集的区域之一。水资源作为支撑该地区经济、社会和生态发展的重要基础,其利用问题一直是关系地区生态、经济和社会发展的关键因素。随着全球气候变化的加剧和人类活动的不断扩展,蒙古高原水资源利用面临着前所未有的挑战。然而,通过科学的规划和管理,蒙古高原在水资源利用方面取得了一系列显著的成效,本节旨在分析蒙古高原水资源利用的成效以及存在的问题,以期为未来水资源的可持续利用提供有益的借鉴。

一、蒙古高原水资源状况

蒙古高原地域广阔,其核心区域为蒙古国和中国内蒙古自治区,水资源分布极不均匀。其中,蒙古国的地表水资源分为三大流域:北冰洋、太平洋以及中亚内陆河流域。这些流域约占蒙古国国土面积的65%,主要河流是色楞格河,其源头位于杭爱山脉,流经蒙古国北部和俄罗斯中南部的外贝加尔地区,最终流入贝加尔湖。贝加尔湖的生态系统状况在很大程度上取决于色楞格河的来水量。蒙古高原是气候变化最为明显的地区之一,1961~2009年地表气温上升了2.1℃/年。该区域水资源分布极不均匀,大部分区域处于年降水量400毫米等降水线以下。1901~2016年蒙古高原降水量逐年呈现出不显著的增加趋势,没有发生突变,整个研究区域多年平均降水量为169.8毫米。多年平均降水量的空间分布格局基本呈现出西南部和中部降水量少,东部和北部边缘降水量多,即从边缘向中部递减的环带状空间格局,由湿润、半湿润气候过渡到半干旱和干旱气候。高原东北部、中北部和西南部地区年降水量呈增加趋势,高原西部、大兴安岭以西和东南部地区年降水量呈减少趋势(栾金凯,2019)。由于位于干旱区,该区域降水量较少,年降水量为 50~400 毫米,年基准降水量仅在最高的山地高原可超过 400 毫米,在汉艾、库夫斯古尔和肯蒂山区可超过 300 毫米,在东部平原地区可超过 240 毫米。森林草原的年降水量为 130~240 毫米,戈壁的年降水量为 40~160 毫米,而阿尔泰南部内陆沙漠地区的年降水量只有 55 毫米。蒙古高原的春季、夏季、秋季和冬季多年平均降水量分别为 40.6 毫米、207.9 毫米、50.4 毫米和 6.8 毫米,分别占年降水量的 13.3%、68.0%、16.5% 和 2.2%;受东亚夏季风的影响,降水量主要集中于夏季(那音太等,2019),其中夏季总降水量的 85% 集中在 9 月(Ulzii-Orshikh et al.,2019)。

蒙古高原的湖泊是其水资源状况的集中体现。曾经蒙古高原上湖泊星罗棋布,草原和湖泊共同哺育着当地居民。20 世纪 80 年代末,蒙古高原共有 785 个面积大于 1 千米^2 的湖泊,其中我国内蒙古自治区 427 个、蒙古国 358 个(Tao et al.,2015)。

在过去 20 年,大量湖泊干涸,至 2010 年前后,蒙古高原的湖泊数量锐减至 577 个,其中我国内蒙古自治区有 145 个湖泊消失,蒙古国有 63 个湖泊消失,分别减少 34.0% 和 17.6%。伴随着湖泊数量的减少,蒙古高原的湖泊面积也快速减少,20 世纪 80 年代末湖泊总面积为 17 972 千米^2,其中我国内蒙古自治区为 4160 千米^2,蒙古国为 13 812 千米^2,而 2010 年左右湖泊总面积锐减到 16 380 千米^2,其中我国内蒙古自治区为 2900 千米^2,减少 1260 千米^2,蒙古国为 13 480 千米^2,减少 332 千米^2(Tao et al.,2015)。蒙古高原不同区域的湖泊面积随年代的变化趋势差异巨大:在蒙古国,相对湖泊面积随时间呈现轻微波动,现存相对湖泊面积与 30 年前基本持平;而在中国内蒙古自治区,相对湖泊面积自 90 年代初开始急剧减少，现存相对湖泊面积约为30年前的一半。

由于蒙古高原的俄罗斯部分占比较小，本书只介绍占蒙古高原主体部分的蒙古国和中国内蒙古自治区的水资源状况。

（一）蒙古国水资源

蒙古国河流共有135个水文站，其中1/3的水文站观测时间超过30年；但是由于水文站分布不均匀，这些水文观测数据的精度较低且不规范（Garmaev et al.，2019）。

蒙古国的地形条件和气候特征导致河网分布极不均匀，其中杭爱山流域和肯特山流域的河网密度最高（0.18～0.35千米/千米^2），而沙漠流域的河网密度最小（<0.05千米/千米^2）(Garmaev et al.，2019)。

在水资源分布方面，蒙古国大部分地表水资源为湖泊水，水资源量约为500千米^3；冰川中的地表水资源量为19.4千米^3；河水约为34.6千米^3，其中30.6千米^{3}的河水形成于蒙古国境内，约4千米^{3}的河水形成于邻国境内（Asian Development Bank，2020）。蒙古国的地下水资源量约为10.8千米^3。蒙古国自然地理条件多样，河网和湖泊分布非常不均匀（Gerel et al.，2021）。近几十年来，蒙古国河流处于枯水期，即河水水位处于低水位，这种情况自20世纪90年代中后期以来一直持续到现在。在此期间，有研究者观测到自20世纪70年代以来蒙古国河川径流量呈上升趋势，其中1993年的径流量最大，为78.4千米^3；此后，河川径流量开始下降，2002年达到最低值，为16.7千米^3；2015年，蒙古国河流的径流总量为22.7千米^3，比多年平均径流量少11.9千米^3（Asian Development Bank，2020）。

蒙古国的跨境河流有色楞格河、楚库河、卡坦察河、小叶尼塞河、特斯河、哈拉哈河、克鲁伦河、布尔根河和其他一些小水体。这些河流的水位线在温暖季节达到最大值，这是降雨产生径流引起的普遍结果

(Oyuunbaatar，2010）。

色楞格河流域有近67%的面积位于蒙古国境内，占蒙古国国土面积的19%，全国约有75%的人口居住在这个流域，几乎所有的工业都集中在这个地区。色楞格河流域的人口密度最高，为4.9人/千米^2，而整个蒙古国的人口密度为1.5人/千米^2。色楞格河流域是蒙古国的主要经济区，全国约80%的工业总产值、80%~85%的粮食作物以及75%~80%的土豆和蔬菜都产自这里。这里的牲畜数量约为$2×10^7$头（占全国总量的1/3）(Asian Development Bank，2020；Garmaev et al.，2019）。

色楞格河径流变化范围很大。1934~2018年，莫斯托沃伊（Mostovoi）附近瀑布的多年平均径流量为27.8千米^3；观测期间的最大年径流量为46.7千米^3，出现在1973年；最小年径流量为16.1千米^3，出现在2002年。在所有观测记录中，色楞格河的最大径流量为7620千米^3/秒，最小径流量为30.6千米^3/秒，这两个极值都出现在1936年。近20年，色楞格河流域一直处于枯水期，这一时期的径流量仅为21.9千米^3（Garmaev et al.，2019）。色楞格河径流量的长期变化特点是自相关系数值相当高，这表明出现长期低水位（或高水位）的可能性很大。

在湖泊方面，根据1∶100 000地形图，蒙古国内面积小于5千米^{2}的小型湖泊约有3700个，面积不小于5千米^{2}且小于50千米^{2}的湖泊有113个，面积不小于50千米^{2}且小于100千米^{2}的湖泊有12个，面积不小于100千米^{2}且小于500千米^{2}的湖泊有8个，面积不小于500千米^{2}且小于1000千米^{2}的湖泊有2个，面积不小于1000千米^{2}的湖泊有4个（Garmaev et al.，2019）。

蒙古国的湖泊大多没有出水口，湖水量很容易减少。近几十年的气候变化导致湖泊数量减少，尤其是近20年来，450个湖泊和700多条河流干涸。到2015年，湖泊总面积减少了7.8%（Asian Development Bank，2020）。受蒙古国克鲁伦河和喀尔喀河（又称哈拉哈河）补给的我国呼伦湖对俄罗斯也很重要。为了稳定湖泊面积缩减引起的湖泊水位下降,中国专家实施了调水项目,每年从海拉尔河上游调水约 1 千米^3。这将明显影响俄罗斯境内枯水年的河水径流。

蒙古国的大部分水资源主要集中在西部的冰川中;根据 1∶100 000 的地形图,粗略估计蒙古国的冰川面积为 670 千米^2,分布在 42 个山脉上(Asian Development Bank,2020)。近 70 年来,冰川面积减少了 30%。直到 1990 年前,冰川的融化速率一直很低,之后融化速率增加;近几十年冰川面积迅速减少。蒙古国 – 美国联合考察队于 2010 年 3 月基于卫星数据测量发现,冰川每 100 年倒退 100 米,厚度减少 70 米(Konya et al.,2013;Davaa et al.,2014)。

(二)中国内蒙古自治区水资源

内蒙古自治区位于中国辽阔的北部疆域,拥有得天独厚的地理位置。其水系独具特色,分为内、外两大部分,外流河系包括黑龙江、辽河、大凌河、海滦河、黄河等蜿蜒的河流。内流河系主要有乌拉盖河、昌都河、锡林郭勒河、塔布河、艾不盖河、额济纳河等。据内蒙古自治区人民政府的数据,这些河流不仅流量充沛,流域面积也相当广阔,其中流域面积超过 1000 千米^2 的河流高达 107 条,流域面积大于 300 千米^2 的河流更是多达 258 条。

此外,内蒙古还拥有近千个湖泊,其中面积超过 200 千米^2 的湖泊有 4 个,它们分别是壮丽的呼伦湖(又名达赉湖)、贝尔湖、达里诺尔湖和乌梁素海。在这些湖泊中,呼伦湖以其 2315 千米^2 的辽阔面积和高达 138.5 亿米^3 的储水量,成为内蒙古最大的湖泊。贝尔湖作为中蒙两国的跨国淡水湖,总面积约 608 千米^2,总蓄水量约为 55 亿米^3。

2022 年度《中国水资源公报》数据显示,内蒙古自治区的多年平均水资源总量达到了 509.2 亿米^3,约占中国水资源总量的 1.88%。其中,地表水资源量占全国总量的 1.41%，达到了 365.9 亿米^3；而地下水资源量则占全国总量的 2.82%，达到 223.1 亿米^3。在水资源利用方面，2022 年全区供水总量为 191.4 亿米^3，其中地表水源为 95.8 亿米^3，地下水源为 88.7 亿米^3，其他（非常规）水源为 6.9 亿米^3。

然而，内蒙古的降水分布并不均匀，全区多年平均降水量为 3190 亿米^3，折合为降水深度是 275.40 毫米。阿拉善盟的年降水量仅为 40~100 毫米，而大兴安岭林区的降水量则高达 450~500 毫米。大约 85% 的区域的降水量少于 400 毫米，这导致地表水和地下水资源分布不均。特别是嫩江水系和额尔古纳河水系分别占据了全区水资源总量的 38.20% 和 26.30%，而西部的黄河水系仅占 10.60%。

关于地表水资源，其年径流量受大气降水及下垫面因素的双重影响，分布并不均衡。年降水量主要集中在 6~9 月，汛期径流量占全区径流量的 60%~80%。历年间年径流量的差异极大，东部林区各河流的年径流量最大值与最小值的比值为 4~12，中部河流则为 6~22，而西部地区部分河流的这一比值甚至高达 26 以上。

在地下水资源方面，全区多年平均地下水资源量为 217.84 亿米^3，但与地表水存在 72.12 亿米^3 的重复量。地下水资源的分布受到大气降水、下垫面条件和人类活动的综合影响，平原区相对丰富，而山丘区和内陆河流域则较为贫乏。特别是在内陆河流域，地下水资源模数仅为 0.79 万米^3/千米^2，显示出其水资源的稀缺性。然而，在内陆闭合盆地的平原或沟谷洼地，地下水则相对富集。根据《2022 年内蒙古自治区水资源公报》数据统计，2022 年全区降水量和水资源总量较多年平均值均偏少，大中型水库蓄水和平原区地下水动态总体稳定。2022 年全区平均降水量为 271.8 毫米，较多年平均值减少 1.0%，属平水年。全区水资源总量为 509.22 亿米^3，较多年平均值减少 1.3%，其中地表水资源量为 365.91 亿米^3，较多年平均值减少 1.1%；地下水资源量为 223.13 亿米^3，较多年平均值增加 2.4%。

二、蒙古高原水资源利用的成效

(一) 蒙古国用水状况

蒙古国的水资源主要用于居民生活用水、公用事业部门用水、工业用水和农田灌溉。由于水资源的空间分布极不均匀，蒙古国各地的用水量差别很大。蒙古国水资源最丰富的地区是西北部、北部和东北部的北冰洋和太平洋流域。色楞格河流域为蒙古国的人口和经济发展做出了主要贡献，蒙古国较大的城市均位于这个流域，如乌兰巴托、达尔汗和额尔登特。蒙古国约 90% 的工业用水取自色楞格河流域。与此同时，蒙古国南部地区的居民可利用水资源量最少，居民的供水问题尤为突出。由于巨大的戈壁滩和半沙漠/沙漠地区水井稀疏，每人每天的耗水量不到 10 升（Asian Development Bank，2020）。鉴于此，蒙古国考虑将鄂尔浑河（色楞格河最大的右岸支流）的部分径流调到南戈壁区。这既与人口和农业用水供应有关，也与该地区的矿藏开发需要有关。

蒙古国的总用水量在逐年增加，2010 年总用水量为 3.26 亿米^3，而 2015 年总用水量为 4.00 亿米^3。根据蒙古国高、中、低三种用水量情景，在低用水量的情况下，蒙古国的用水量为 4.78 亿米^3；在中等用水量的情况下，用水量将增加 26.8%；在高用水量的情况下，用水量将增加 2 倍。蒙古国采取了一些措施来保护水资源，如几乎所有城市和大型居住区都有污水处理设施。但是由于部分地区经济困难，目前 40% 以上的污水处理设施并没有运行，污水被直接排放到河流中。乌兰巴托、达尔汗和额尔登特的污水处理设施运行效率达到 85%～90%，但也存在污水处理设施事故和未经许可排放废水的情况（Asian Development Bank，2020）。

工业用水的一个显著特点是采矿企业是用水大户，例如该地区修建了长约 60 千米的管道，从色楞格河底流水中取水，为额尔登特市和采矿及加工企业供水；为了向乌兰巴托供水，修建了长达 40 千米的引水渠。因此，色楞格河为流域中的人口和经济发展做出了主要贡献。虽然色楞格河流域是蒙古国水资源最丰富的地区，但是在枯水期，由于大量取水，小河流干涸。因此，合理用水和保护色楞格河对蒙古国的可持续发展非常重要。

（二）中国内蒙古自治区用水状况

根据《2022 年内蒙古自治区水资源公报》数据统计，2022 年全区用水总量为 193.47 亿米^3，其中，农田灌溉用水 131.96 亿米^3，占用水总量的 68.2%；林牧渔畜用水 13.47 亿米^3，占用水总量的 7.0%；工业用水 13.24 亿米^3，占用水总量的 6.8%；城镇公共用水 3.32 亿米^3，占用水总量的 1.7%；居民生活用水 7.98 亿米^3，占用水总量的 4.1%；人工生态环境补水 23.50 亿米^3，占用水总量的 12.1%（图 5-1）。

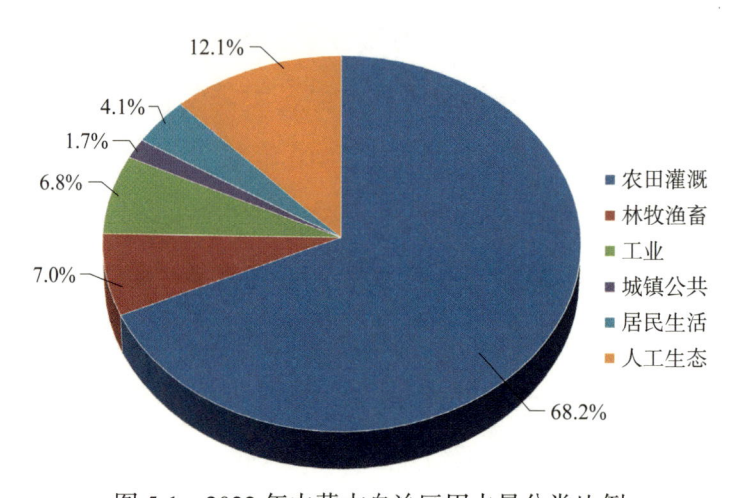

图 5-1　2022 年内蒙古自治区用水量分类比例

根据《2022 年内蒙古自治区水资源公报》数据统计，2022 年全区耗水总量 138.20 亿米^3，较上年减少 0.08 亿米^3，综合耗水率为 71.4%。其中，农田灌溉耗水量 89.19 亿米^3，占耗水总量的 64.5%，耗水率 67.6%；

林牧渔畜耗水量11.13亿米³，占耗水总量的8.1%，耗水率82.6%；工业耗水量9.45亿米³，占耗水总量的6.8%，耗水率71.4%；城镇公共耗水量1.86亿米³，占耗水总量的1.3%，耗水率56.1%；居民生活耗水量4.91亿米³，占耗水总量的3.6%，耗水率61.5%；人工生态环境补水耗水量21.66亿米³，占耗水总量的15.7%，耗水率92.2%。

根据《2022年内蒙古自治区水资源公报》数据统计，2022年全区人均水资源量2121米³，人均综合用水量806米³。万元地区生产总值（当年价）用水量74.96米³，万元工业增加值（当年价）用水量13.65米³。按2020年不变价计算，万元地区生产总值和万元工业增加值用水量较2020年下降率分别为8.9%和13.0%。全区农田灌溉亩均毛用水量214米³，农田灌溉水有效利用系数为0.574。全区居民人均生活用水量91.0升/天，其中，城镇居民人均91.6升/天，农村居民人均89.6升/天。

内蒙古自治区的水资源分布极不均衡，大部分水资源集中在呼伦贝尔市和兴安盟，而黄河流域的水资源量相对较少，是气候干旱、水资源严重缺乏的地区。水资源的短缺与人口、耕地及经济发展需求极不匹配。由于地表水资源的不足，内蒙古部分地区存在地下水超采的问题，特别是在鄂尔多斯市等地，地下水水位持续下降，导致生态环境受到影响。农业用水占比较高，而工业用水相对较少，用水效率有待提高。

（三）蒙古高原水资源开发利用成效

由于蒙古高原的主要经济产业为畜牧业、农业和采矿业，其水资源多用于农田灌溉、林木渔畜、生态环境以及工业用水。全区有红山水库、黄河海勃湾水利枢纽工程、"引绰济辽"工程、"北水南调"工程等水利工程，有力支撑了我国内蒙古自治区的水资源利用。在水资源管理方面，我国内蒙古自治区出台了《内蒙古自治区"十三五"水资源消耗总量和强度双控实施方案》等，以期在全区范围内全面落实最严格的水资源管理制度。蒙古国也出台了《蒙古国水资源法》，以加强水资源的管理和保护。

（1）水资源开发利用率不断提升。蒙古高原作为中国北方重要的生态安全屏障，其水资源的开发利用对于保障区域生态平衡和支持经济社会发展具有重要意义。近年来，随着科技的进步和政策的支持，蒙古高原的水资源开发利用率得到了显著提升。为了缓解水资源压力，提升地表水开发利用率，蒙古高原开展了一系列引调水骨干工程建设。例如，我国内蒙古自治区筹建了呼和浩特抽水蓄能电站、黄河海勃湾水利枢纽工程、东台子水库、红山水库、尼尔基水库、"引绰济辽"工程、"引嫩济锡"工程等水利工程，以平衡水资源供需矛盾，提升水资源支撑保障能力。蒙古国也兴建了舒伦（Shuren）水电站和泰什（Tayshir）水库等水利工程。特别是随着南部戈壁地区采矿需水量的增加，蒙古国计划在北部地区建设鄂尔浑河–戈壁（Orkhon-Gobi）调水项目、克鲁伦河–戈壁（Kherlen-Gobi）调水项目，推动"北水南调"计划，将北部水资源通过管道输送到干旱的南部，但是由于涉及跨境流域，其实施前景还需进一步考证。随着科技的进步和技术的创新，蒙古高原在水资源开发利用上采用了更为高效和环保的技术手段。例如，滴灌、喷灌等节水灌溉技术的广泛应用，不仅有效减少了农业灌溉中的水资源浪费，还提高了农作物的产量和品质。我国内蒙古自治区作为蒙古高原的重要组成部分，实施了一系列水资源保护和节水措施；通过建设深度开发利用节能监管平台，对用水设备进行改造，提高了水资源的利用效率。这些措施有助于减少水资源的浪费，确保每一滴水都得到高质量的使用。针对蒙古高原湖泊快速消退的问题，研究人员通过遥感技术和野外考察，对湖泊变化进行了全面评估。研究发现，煤炭开采和灌溉耗水是导致湖泊面积减少的主要原因。基于这些发现，政府和相关部门已经开始采取相关措施，合理规划地下水资源的开采和使用，以减少对湖泊的不利影响。此外，政府和社会各界对水资源保护的意识日益增强，也促进了水资源开发利用率的提升。通过加强水资源管理和监管，严格控制用水总量和用水效率，蒙古高原在保障水资源可持续利用的同时，也促进了经济社会的稳步发展。

（2）基层水利服务能力逐步改善。蒙古高原的主要经济产业为畜牧业、农业和采矿业，其水资源多用于农田灌溉、林木渔畜、生态环境以及工业用水。为了减少农业灌溉用水，我国内蒙古自治区通过农业水利基础设施建设，对灌区渠、闸、林、田等农业基础水利设施进行了全面配套升级，改变了粗放的灌溉用水方式，提高了农田灌溉有效利用系数，减少了引黄耗水量；此外，还引入了信息化计量技术，以实现对田间用水、灌区用水的信息化、精量化配置和管理（刘钢等，2018）。例如，中国"紫光-阿尔泰"水业工程公司对蒙古国的农业灌溉进行了投资，以促进农业节水技术的发展（张晓雨，2012）。蒙古国采用膜下滴灌技术等进行农业灌溉，且计划从旱区土壤盐碱地改良、农业水管理、农业产业化、农业技术推广以及农业创新等方面进行农业节水；也尝试以财政补贴形式，帮助牧民在不减少家庭收入的情况下每年主动将牲畜数量减少5%，以促进畜牧节水，目前已取得初步成效（Asian Development Bank，2020）。在基层水利服务能力建设方面，我国内蒙古自治区的工作做得比较多，如实行了最严格的水资源管理制度，通过出台一系列政策和规范性文件，如《关于实行最严格水资源管理制度的实施意见》等，为水资源的合理开发与利用提供了法治保障。这些政策的实施有助于提高基层水利服务的规范性和有效性。为了提升用水效率，内蒙古自治区积极推进农业水价综合改革和水资源税制度改革，利用价格杠杆推动取用水向节约高效转型。此外，通过水权转让试点，实现了农业节水和企业用水的多赢效果，促进了水资源的合理分配和高效利用。在具体实施方面，内蒙古自治区通过安排专项资金，推广农业灌溉用地下水"以电折水"工作，计划实现农业灌溉用水计量全覆盖，这有助于基层水利服务能力的提升。同时，通过建立智能化监管平台，实现对地下水的精细化管理，提高计量监测能力。此外，内蒙古自治区还强化了水资源保障能力，通过推进水网骨干工程建设，如"引绰济辽"二期工程，提高区域供水安全保障能力。

（3）生态环境综合治理成效显著。随着全球环境问题的日益突出，蒙古高原作为地球上重要的生态屏障之一，其生态环境的保护与恢复显得尤为重要。由于长期的人类活动、过度放牧、气候变化等因素的影响，蒙古高原的生态环境遭受了严重的破坏，草原退化、沙漠化、水资源短缺等问题日益突出。这些问题不仅影响了当地居民的生产生活，也对全球生态环境造成了威胁。经过一系列综合治理措施的实施，蒙古高原的生态环境已经得到了显著的改善。为了改善蒙古高原的生态环境，当地政府和社会各界采取了一系列综合治理措施。首先，加强草原生态保护和恢复，通过实施禁牧、休牧、轮牧等措施，减少草原压力，促进草原生态系统的自我修复。同时，推广科学的放牧技术和管理方法，提高草原资源的利用效率。其次，加强森林资源的保护和管理，通过植树造林、封山育林等措施，增加森林面积，提高森林覆盖率。再次，加强森林病虫害的防治工作，维护森林生态系统的健康稳定。最后，加强湿地保护和恢复工作，通过建设湿地公园、湿地保护区等措施，保护湿地生态系统的完整性和多样性。近年来，在一系列生态综合治理下，蒙古高原河湖、湿地、地下水生态环境得到明显改善。例如，内蒙古自治区"黑河调水"工程已向额济纳旗东居延海连续调水18年，明显改善了其生态环境，使退化的草场得到了恢复，牧草品种和各种珍稀野生鸟类的数目增多。此外，持续推进的"一湖两海"（呼伦湖、乌梁素海、岱海）治理工作，通过开展生态修复和生物多样性保护，筹建岱海生态应急补水工程，建设流域生态环境大数据平台和水土保持动态遥感监测平台，以及推动实施"引黄济岱"工程，进一步改善了河湖水生态环境。同时，我国内蒙古自治区建设了覆盖全区的地下水监测站网，可实现地下水超采区、地下水水源地、水生态环境脆弱区的全面监测，以推动全区地下水生态保护和治理。对于蒙古国而言，图拉河流域管理组织（Tuul River Basin Organization）和世界自然基金会（World Wide Fund for Nature）以及马里兰大学为图拉河建立了"流域健康调查卡"，从生态、经济以及社会多方面对其流域状态进行了估计和评价，以期改善图拉河生态环境（Asian Development Bank，2020）。

经过一系列综合治理措施的实施，蒙古高原的生态环境已经得到了显著的改善。首先，草原生态系统得到了有效恢复，草原面积和植被覆盖度明显增加，草原生态系统的稳定性和服务功能得到了提升。其次，森林面积和森林覆盖率得到了提高，森林生态系统的健康稳定得到了保障。再次，湿地保护和恢复工作也取得了显著成效，湿地生态系统的完整性和多样性得到了有效保护。最后，水资源短缺问题也得到了缓解，通过建设水利工程、推广节水灌溉技术等措施，提高了水资源的利用效率和水资源的供给能力。蒙古高原生态环境综合治理的成效不仅改善了当地居民的生产生活条件，也对全球生态环境产生了积极影响。首先，草原生态系统的恢复和森林面积的增加提高了生态系统的碳汇能力，有助于减缓全球气候变暖的趋势；其次，湿地生态系统的保护和恢复对于维护全球生物多样性和生态平衡具有重要意义；最后，水资源的有效利用和供给能力的提升也为当地经济社会的可持续发展提供了有力保障。

（4）非常规水配置利用水平稳步提升。该地区拥有丰富的非常规水资源，如雨水、雪水、地下水、再生水等。这些非常规水资源虽然分散且难以直接利用，但通过科学配置和合理利用，可以有效地缓解水资源短缺问题，促进地区可持续发展。蒙古高原作为一个干旱地区，其水资源问题尤为突出。因此，提升非常规水配置利用水平对于该地区来说具有重要意义。这不仅可以增加水资源供给，缓解水资源短缺问题，还可以促进水资源的循环利用和节约使用，降低用水成本，提高用水效率。同时，这也有助于改善生态环境，提高生态系统稳定性，为地区可持续发展提供有力支撑。为了提升蒙古高原非常规水配置利用水平，当地政府和社会各界采取了一系列措施。加强了非常规水资源的调查和评估工作，将非常规水源如再生水、疏干水等纳入水资源的统一配置体系，通过制定和执行合理的水资源调配方案，实现水资源的优化配置和高效利用。《2022年内蒙古自治区水资源公报》数据显示，2022年内蒙古自治区自产自用疏干水1.54亿米^3，污水处理回用量4.99亿米^3，矿坑水利用量1.63亿米^3，集雨工程利用量0.004亿米^3，微咸水0.32亿米^3。加强再生水管网等基础设施的建设和改造，确保非常规水资源的顺畅输送和有效利用。同时，加强设施的维护和管理，确保设施的正常运行和长期使用。再生水、矿井水等既可以用于地下水超采区的替代水源，也能作为工业项目的供水水源（仝永丽等，2014）。其中，我国内蒙古自治区黄河流域自2018年以来，87%的工业用水已配置或者置换为地表水和非常规水，其中再生水、疏干水等非常规水源使用量占了近1/3，工业生产用地下水比2014年减少了2.9亿米^3。蒙古国在其首都乌兰巴托和色楞格河流域建设了较多的污水处理设施（Garmaev et al., 2019）。但总的来说，蒙古国的污水处理设施较少，处理水平和回用效率较低（Ochir and Gomboo，2011）。此外，我国内蒙古自治区针对地下水超采问题，实行最严格的地下水开采管控制度，通过高效节水、水源置换等措施，压减农业地下水开采量。在地下水超采区内，禁止农业新增取用地下水，工业生产用水优先配置非常规水源，逐步减少工业取用地下水。

（5）水权制度改革不断深化。蒙古高原地区水资源相对匮乏，加之长期以来的不合理利用，使得水资源短缺问题日益严重。传统的水权制度往往基于行政分配，难以适应市场经济的需求，导致水资源利用效率低下，浪费现象严重。因此，深化水权制度改革，建立符合市场经济规律的水权制度，成为蒙古高原地区亟待解决的问题（马强，2012）。近年来，蒙古高原地区在水权制度改革方面取得了显著进展。首先，明确了水权的概念和范围，将水资源的使用权、经营权、收益权等纳入水权范畴，为水权的流转和交易奠定了基础；其次，建立了水权交易平台，通过市场化运作，实现了水权的优化配置和高效利用；最后，政府还出台了一系列政策措施，鼓励和引导社会资本参与水权交易，推动水权市场的繁荣发展。

在改革过程中，内蒙古地区尤为突出。内蒙古自治区在全国率先开展黄河水权转让试点，通过工业项目建设单位投资农业节水工程，将农业灌溉节约的水量用于工业发展，实现了水资源的优化配置和高效利用。此后，内蒙古不断引入市场要素进入水权市场，水权交易之路成功迈向市场化。经过多年的实践探索，内蒙古在优化水资源配置和利用效率过程中逐步形成了一套"用水企业出资、挖掘灌区节水潜力、统筹区域配置、进行跨盟市转让"的水权转让创新模式。内蒙古自治区在我国率先成立了水权收储转让中心，以推动跨盟市间、各行业间开展多种形式的水权交易，进一步推进水权交易的市场化建设，构建以水为媒的水–能源–粮食纽带关系，以保障内蒙古水资源的高效利用以及区域可持续发展（刘钢等，2018）。

（6）水资源管理制度和法律不断健全。我国内蒙古自治区水利厅出台了《内蒙古自治区"十三五"水资源消耗总量和强度双控实施方案》，以期在全区范围内全面落实最严格水资源管理制度；而且印发了《内蒙古自治区水资源税改革试点实施办法》，以加强水资源管理和保护，促进水资源节约与合理开发利用。蒙古国政府也制定并颁布了符合国情的水资源管理制度和法律，如《蒙古国水资源法》，以加大对河湖水资源保护和水污染治理的力度。此外，中蒙两国在1994年就共同签署了保护跨境水资源的协议，包括克鲁伦河在内的共87条跨境河流及湖泊（牛磊，2011）。随着"一带一路"倡议和"中蒙俄经济走廊"规划的实施，两国也加强了水资源领域的合作。

三、蒙古高原水资源利用中存在的问题

蒙古高原地区城镇化和采矿等经济活动迅速发展,水资源短缺和水质污染严重,蒙古高原水资源利用仍存在一系列的问题,如跨境河流的上下游地区难以和谐发展、工农业用水效率低下、粗放式水资源快速消耗等。特别是在全球气候变化和人类活动的影响下,蒙古高原干旱化趋势加重,湿地萎缩;湖泊数量下降,面积减少,湖水含盐量升高;地下水水位下降且水质恶化,地表径流减少,生态缺水现象严重,使得蒙古高原水资源状况更为严峻,水资源利用面临更大的挑战。

(1)农业灌溉规模不断增加,导致地下水水位显著下降,河道断流次数增加,湖泊和湿地面积萎缩。蒙古高原气候干旱,降水稀少,水资源相对匮乏。为了满足日益增长的农业生产和人口需求,农业灌溉规模不断扩大,成为提高粮食产量和经济效益的重要手段。然而,这种灌溉规模的增加,无疑给当地的水资源和生态环境带来了沉重的压力。蒙古高原农田主要分布在我国内蒙古自治区的东南部。随着社会经济的发展,农业灌溉规模不断扩张,农业用水量显著增加,威胁地下水及生态安全。例如,内蒙古自治区最大的粮食产区通辽市地处黄金玉米带,在政策的刺激作用下,通过大规模引水和抽水灌溉,粮食产量明显增加。随着农业灌溉规模的增加,地下水开采量也逐年上升。大量的地下水被用于农业灌溉,导致地下水水位显著下降。这种下降不仅影响了当地居民的饮用水安全,还导致土壤盐碱化、土地退化等问题加剧。例如,农灌机电井数量从1980年的0.62万眼增加至2010年的9.82万眼(丁元芳和黄旭,2020),地下水埋深从2.5米下降到5米左右。农业灌溉规模的增加,使得河流的径流量大幅减少。特别是在干旱季节,河流的径流量无法满足农业灌溉的需求,导致河道断流次数增加。这不仅影响了河流生态系

统的稳定性，还使得河流的输沙能力下降，进一步加剧了河床的淤积和河道的萎缩。由于河流上游建坝建库拦截来水，河道断流次数增加，入湖水量减少，再加上气候暖干化趋势，导致湿地和湖泊面积显著减少与萎缩（Tao et al.，2015）。近年来，通辽市大力发展农业节水灌溉，全市在2010年实现的节水灌溉面积已占耕地总面积的1/3，但这可能导致节水灌溉效率悖论，即"越节水，越耗水"的困局（Grafton et al.，2018）。如果不控制灌溉规模，仅依靠技术性节水措施，很难真正解决水资源短缺问题。

地下水水位下降、河道断流次数增加以及湖泊和湿地面积萎缩这些问题给蒙古高原的生态环境带来了严重的影响。首先，这些变化破坏了地区的生态平衡，使得一些珍稀物种面临灭绝的风险。其次，这些变化还影响了当地的农业生产和经济发展。由于水资源短缺，一些地区的农业生产受到了严重的影响，农民的收入也大幅下降。最后，这些问题还对社会稳定和人类健康构成了威胁。

（2）工农业污水大规模排放，导致河流、湖泊和湿地水质不断恶化。蒙古高原的工农业生产规模不断扩大，但同时也带来了严重的环境问题。工业废水、农业灌溉排水以及畜禽养殖污水等大量排放，使得河流、湖泊和湿地的水质不断恶化。这些污水中含有大量的有害物质，如重金属、农药、化肥残留等，对水生生态系统造成了巨大的破坏，并威胁居民身体健康。工农业污水未经处理或处理不当就直接排入河流，导致河流中的溶解氧减少，水质恶化。一些河流的河床被污染物覆盖，河水变得浑浊不堪，鱼虾等水生生物大量死亡。农业灌溉排水和畜禽养殖污水中的氮、磷等营养物质进入湖泊，导致湖泊富营养化。富营养化使得湖泊中的藻类大量繁殖，形成"水华"，进一步加剧了水质的恶化。湖泊富营养化不仅影响了湖泊的景观价值，还对水生生态系统造成了严重破坏。工农业污水排放导致湿地退化，湿地的面积减少，功能下降。湿地退化不仅影响了当地的生态环境，还对全球气候和生物多样性造成了影响。同时，由于气候变暖及建库蓄水等作用，进入湖泊、河流等水体的水量明显减少，降低了水体的自我净化能力。内蒙古地区重要的湖泊与湿地如乌梁素海湿地、额尔古纳湿地、岱海、黄旗海和呼伦湖等均受到不同程度的污染（于海峰等，2021）。尽管近年来内蒙古地区实施了一系列生态恢复措施，使水体的水质有所改善，但目前保护和恢复的水体面积占比仍较小，例如，目前内蒙古全区湿地保护率仅为35%左右（赵美丽，2021）。水质恶化破坏了水生生态系统的平衡，导致水生生物大量死亡或迁移。这不仅影响了水生生物的种群数量和多样性，还对整个生态系统的稳定性造成了威胁。人们饮用被污染的水可能导致各种疾病的发生，如各种炎症和癌症等。此外，污染物质还可能通过食物链进入人体，给人类健康造成长期影响。渔业、旅游业等产业也受到严重影响，渔民和游客数量减少，收入下降。同时，治理污染还需要投入大量的人力、物力和财力，给当地经济带来了沉重负担。

（3）流域上下游水资源利用矛盾突出，流域综合管理面临巨大挑战。蒙古高原这片广袤无垠的土地，孕育了众多河流和湖泊，形成了复杂而敏感的生态系统。然而，随着人口增长和经济发展，流域上下游水资源利用矛盾日益突出。由于水资源相对集中且易于获取，上游地区往往过度开发水资源，用于农业灌溉、工业生产等。这导致下游地区的水量减少，无法满足其正常需求。下游地区是经济相对发达、人口密集的区域，对水资源的需求量大。然而，由于上游的过度开发，下游地区面临着严重的水资源短缺问题。比如西辽河流域，长期以来，上游城市和下游城市关于西辽河水资源开发利用问题存在较大争执（谢艾楠等，2021）。尽管内蒙古自治区人民政府曾出台"六四"分水协议，即保证下游可用的水资源量能达到西辽河水资源总量的40%以上，但由于缺乏合理监管，协议并未得到有效落实。如何对跨行政区域、跨境河流进行综合集成管理，是蒙古高原水资源开发利用面临的重要挑战。此外，河流和湖泊不仅为人类提供生产和生活用水，还是生态系统的重要组成部分。然而，在上下游水资源利用的过程中，往往忽视了生态用水的需求，导致生态环境恶化。

面对流域上下游水资源利用的矛盾，流域综合管理面临着巨大的挑战。当前，蒙古高原的流域管理体制尚未完善，存在多头管理、职责不清等问题。这导致在流域水资源利用和管理过程中，难以形成有效的协调和合作机制。由于流域范围广泛，涉及多个行政区域和行业部门，信息共享存在困难。这使得在流域水资源利用和管理过程中，难以及时获取准确的信息和数据支持。流域综合管理需要投入大量的资金用于基础设施建设、生态保护、污染治理等方面。然而，当前蒙古高原地区的资金投入不足，难以满足流域综合管理的需求。在流域综合管理过程中，需要运用先进的技术手段进行监测、评估和管理。然而，当前蒙古高原地区的技术手段相对落后，难以支撑流域综合管理的有效实施。

（4）人工造林增加了蒙古高原水资源利用压力，影响了高原生态系统的稳定性。人工造林作为改善生态环境、提高森林覆盖率的重要手段，在全球范围内得到了广泛应用。在蒙古高原，由于气候变化、过度放牧等原因，草地退化、沙漠化等问题日益严重，因此，通过人工造林来恢复和改善生态环境成为一种重要的生态修复措施。然而，这种大规模的植树造林活动，在带来生态效益的同时，也对当地的水资源利用和生态系统的稳定性造成了不容忽视的影响。首先，人工造林会增加地下水的利用率，树木在生长过程中需要大量的水分，特别是在生长初期，对水分的需求更为迫切。因此，随着人工造林面积的扩大，树木对水分的消耗也逐年增加，使得原本就紧张的水资源更加捉襟见肘。研究显示，人工林的蒸散发普遍高于当地自然植被的蒸散发，这可能会打破当地的地下水平衡。在蒙古高原这样水资源本身就相对匮乏的地区，大规模人工造林可能会导致地下水水位的进一步下降，影响地表水的补给，进而对当地水资源的可持续利用构成威胁。其次，人工造林会影响水文循环过程，使得地表径流减少，地下水水位下降。这主要是因为树木的蒸腾作用使得大量的水分蒸发到空气中，导致地表径流减少。同时，树木的根系还会吸收地下水，使得地下水水位下降。由于人工林通常具有更高的蒸腾作用和截留降水的能力，这可能会导致地表径流量减少，减少了流向河流和湖泊的水量，从而影响到高原湿地和河流的生态需水。最后，人工林往往物种单一，生物多样性较低，这可能会降低生态系统对环境变化的抵抗力，以及生态系统的稳定性。在蒙古高原，原生植被对维持当地的生态平衡具有重要作用，人工林的引入可能会对原生植被造成排挤，影响当地物种的生存和繁衍。蒙古高原南部是我国实施"三北"防护林体系工程建设的重要地区。尽管人工造林对防沙治沙及局部生态环境改善具有明显的促进作用，但盲目的人工造林，特别是杨树、柳树等乔木林的种植，会给水资源利用造成巨大压力（Zhang X et al., 2018）。由于人工林用水需求较高，远大于自然降水的补给，维系人工林健康生长必然需要大规模的灌溉，而可利用地表水资源稀少，只能依靠地下水资源，导致地下水水位迅速下降，局部地区甚至出现地下水漏斗。因此，从长远来看，人工林的维持和盲目扩张，必然加快地下水的消耗及周边地区生态环境的恶化，影响蒙古高原生态系统的稳定性和可持续发展（Chen J et al., 2018）。然而，人工造林的影响并非全然负面。合理的人工造林可以提高植被覆盖度，减少风蚀和水蚀，有助于改善土壤结构和提高土壤保水能力。因此，人工造林的规划和实施需要综合考虑水资源利用、土壤保护、生物多样性维护等多方面因素。

（5）蒙古高原对气候变化极为敏感，未来水资源利用风险巨大。蒙古高原地势高峻，气候寒冷干燥，以草原和荒漠为主要地貌。这种特殊的气候条件使得蒙古高原对气候变化极为敏感。首先，高原上的冰雪融化对气候变化反应迅速，轻微的温度变化都可能导致大量的冰雪融化，进而影响高原上的水资源分布和利用。其次，蒙古高原的草原生态系统对气候变化也非常敏感，气候变暖可能导致草原退化、沙化等生态问题，进一步影响水资源的质量和数量。观测表明，过去几十年，蒙古高原的气候变化速率显著高于全球平均水平，年平均气温显著上升，而年降水量明显减少，导致高原的暖干化程度增加。气候变化成为蒙古高原湖泊干涸、湿地萎缩、水储量不断减少的重要原因之一。根据气候变化预测结果，蒙古高原未来仍可能向暖干化趋势发展（Yembuu，2021），到21世纪中叶，降水量可能减少20~50毫米，而气温将变暖2~3℃，同时干旱灾害将更频繁地发生（Sato et al.，2007）。随着全球气候变暖，蒙古高原的气候变化日益加剧，这对水资源利用产生了深远的影响。一方面，气候变暖导致冰雪融化加速，河流径流量增加，给防洪和抗旱带来了极大的压力；另一方面，气候变化还可能导致降水分布不均，部分地区出现干旱，而另一些地区则可能出现洪涝灾害。这种变化使得水资源的时空分布更加不均，给水资源的开发和利用带来了极大的困难。面对气候变化带来的挑战，蒙古高原未来的水资源利用风险巨大。气候变暖可能导致高原上的冰川加速融化，这不仅会加剧洪水灾害的风险，还可能导致水资源的短缺。气候变化还可能导致降水分布不均，部分地区的水资源短缺问题将更加严重。此外，气候变暖导致的草原退化、沙化等生态问题，将进一步破坏水资源的生态环境，影响水资源的质量和数量。

第三节 蒙古高原水资源利用领域支撑西部生态屏障建设的战略任务

一、总体思路与体系布局

（一）总体思路

按照"节水优先、空间均衡、系统治理、两手发力"的治水思路，紧密围绕蒙古高原生态屏障建设重大需求和水文与水资源国际科技发展前沿，以"山水林田湖草沙冰"一体化治理理念为指导，统筹推进生态保护修复、水资源节约与优化配置、水灾害防治、水环境治理的科技创新，全面提升蒙古高原水资源利用、保护和管理能力，突破数字化、网络化和智能化等一批现代水文与水资源关键技术，建设空－天－地一体化监测预警平台和精准化决策模拟器，培育干旱区水文与水资源人才高地，构建蒙古高原水生态和水安全保障体系，引领国际生态脆弱区水资源研究领域创新发展。

（二）布局体系

汇聚中国科学院内外科技力量，依托国际合作项目，以及国家、科技部、中国科学院及地方项目，组织和协调针对蒙古高原生态屏障建设的重大科技任务，建立跨区域、跨学科的科技协作平台，整合已有的野外观测与监测站点，统一观测标准和规范，形成以水资源及其利用要素为核心的大型观测网络和研究平台支持系统，从战略性、关键性和基础性科技任务三个方面分期部署多层次科技任务，推动蒙古高原生态屏障建设研究。

战略性科技任务：围绕水生态文明建设、区域水安全保障等国家重大战略性和全局性需求，瞄准世界科技前沿和未来学科发展方向，亟待布局蒙古高原"水－能源－粮食－生态"相互作用和耦合机制的战略性综合科技研究。

关键性科技任务：瞄准蒙古高原水资源及其利用领域科技布局中的关键点与核心技术，亟待布局以下重点研究方向：①变化环境下气候变化与人类活动对蒙古高原水循环和水资源时空分布的影响机制；②跨境河流、湖泊和地下含水层跨境水安全问题；③水资源高效利用与节水技术；④"水－能源－粮食－生态"协同与可持续发展；⑤干旱区内陆河流域水文过程研究等。

基础性科技任务：瞄准水资源及其利用领域基础研究和水文与水资源发展能力建设，解决本领域基础条件不足的问题，亟待布局以下重点研究方向：①变化环境下水文与水资源监测新技术、新方法；②流域/区域水综合模拟重大科学装置建设；③区域水资源承载力与水安全要素基础性调查；④跨境河流水资源利用综合科学考察。

二、重点布局方向

蒙古高原位于亚欧大陆腹地，是"一带一路"建设中蒙俄经济走廊的必经之路。该地区大部分区域属于生态脆弱区和经济发展相对落后地区，经济社会发展与生态环境保护之间存在较为突出的矛盾。近几十年来，蒙古高原的气候、植被覆盖、水循环和水资源发生了显著变化。自1980年以来，该地区快速升温，降水呈微弱上升趋势，但区域间差异显著，山区的年均降水量超过400毫米，而西南部戈壁地区的年均降水量低于50毫米，气候呈现出"暖干化"的整体趋势（Guo et al., 2024）。与此同时，蒙古高原人口及经济的快速增长对水资源的需求不断增加，导致区域水资源供需矛盾日益尖锐。

蒙古高原生态问题的核心是水资源利用问题，集中表现为两个方面。一方面，跨境河流上游地区的水源涵养区的植被破坏、过度放牧和大规模采矿等人类活动改变了自然生态系统的结构和功能，进而影响了水文循环过程和水资源的分布与利用，不仅导致了水资源的减少，还加剧了水资源的分布不均和水质恶化问题；另一方面，工农业用水方式低下粗放、产业布局中高耗水产业所占比重大，造成地表水资源快速消耗，表现为人类活动引起的湖泊面积急剧减小，因此蒙古高原生态系统的保护和修复核心是实现水资源的合理分配与高效利用。

重点布局方向为"山水林田湖草沙"生态系统保护与生态修复。草地退化与干旱化是蒙古高原目前面临的最主要生态环境问题，在中国境内尤为突出。放牧和开矿是中国内蒙古自治区草原生态系统的主要干扰因子，而在蒙古国则主要为垦殖等问题。对蒙古高原的草原生态系统的保护和修复尤为重要，其意义重大，且任务重、压力大。因此，应将蒙古高原草原生态系统的保护和生态修复作为支持西部生态屏障建设的重点战略布局方向，主要包括以下方面：详细调查主要河流、湖泊和地下水资源的分布现状；建立涵盖水文特征指标、水体理化指标和水生生物指标的主要河湖综合诊断体系，诊断河湖水生态健康状况；诊断分析需要保护和修复治理的对象、重点保护对象的受胁迫类型与程度，识别河湖水生态健康存在的重大问题及成因；根据不同保护修复尺度、层级和限制性因素，提出河湖水生态单要素修复治理路径。

三、重大科学问题

蒙古高原的生态系统是我国北方重要的生态屏障。蒙古高原具有降水时空分布不均、可利用水资源匮乏、季节性缺水严重、水土流失问题突出、林草植被恢复难度大、水分垂直梯度差异明显等特点。蒙古高原生态屏障区域具有典型的脆弱生态系统，不同区域的独特水文过程为当地提供了重要的生态服务功能和经济价值。然而，脆弱生态区的水文过程和水资源极易受到极端气候和社会经济快速发展的影响，导致水资源供需矛盾日益显著。因此，针对蒙古高原流域的自然地理、生态环境和水资源特征及管理现状，亟待开展水资源保护与合理利用工程建设，并提出针对性对策。在当前气候变暖背景下，有以下几个亟待回答的重大科学问题。

（一）蒙古高原人类活动与生态水文的协同和演化

蒙古高原绝大部分地区处于干旱半干旱区，对气候变化极其敏感，近年来气候暖干化是导致蒙古高原草原退化、湖泊萎缩及地表径流明显减少的自然影响因素。与此同时，社会经济的快速发展使人类对水资源的需求和利用远超天然水资源的承载力，导致地表水的过度利用和地下水的过度开采。在蒙古高原，人类用水已经显著改变了流域的水循环及水资源格局。在气候变暖和人类活动的双重影响下，蒙古高原的水资源承载力不断下降，水资源供需矛盾更加突出，该地区已成为北半球水资源极其短缺的地区之一，在未来一段时间内将继续面临水资源严重短缺的严峻挑战。

人类无序用水和气候变化的共同作用会对蒙古高原地表水与地下水资源总量、流域水循环和水环境产生怎样的影响？未来是否会持续？蒙古高原湖泊面积萎缩和草地退化会对整个蒙古高原的水资源格局与流域水循环产生什么样的影响？上述问题的核心就是气候变化－水－生态－人类社会的协同机制问题，而对这些问题的回答是保障蒙古高原生态系统健康的科学基础。因此，亟须研究过去、现在、未来（年代际、百年、千年尺度）蒙古高原的气候水文变化，揭示气候变化和人类活动对蒙古高原水资源的影响，不同时间尺度上高原草地沙漠化/荒漠化（草地退化）的起因、过程、机制与影响因素，以及其与气候、水文（尤其是大气降水和地下水）、人类活动变化的关系。结合蒙古高原不同区域草地生态系统功能、承载力的变化，从水资源现状指出蒙古高原生态屏障建设所存在的问题，部署蒙古高原生态屏障建设亟待进行研究的基础性重大科学问题。

（二）蒙古高原人地耦合系统中的水–粮食–生态–经济关联机制

水是维持生命、生态系统和人类社会的基础，在促进社会经济可持续发展方面发挥着不可替代的作用。随着气候和土地利用方式的快速变化，全球水循环与水资源在空间和时间上的异质性更加显著，引发了诸多与水相关的问题，成为人类社会面临的水安全重大挑战。气候暖干化和不断加剧的人类活动所带来的用水量增加，打破了蒙古高原生态屏障区域的生态系统平衡。评估不同气候条件下水资源演变、生态系统变化和社会经济发展需水量，确定水资源对维持生态系统和社会经济发展的承载能力，是水–生态–社会经济协调发展战略科学问题的核心。尽管过去对蒙古高原的气候变化、陆地水文与生态过程的研究已经取得了一定的进展，但从地理学的人地耦合系统科学的角度出发，针对水–粮食–生态–经济关联的研究还很薄弱。

因此，在水–土–气–生的相互作用过程取得新认识的基础上，需要开展蒙古高原气候变化、生态水文过程、农业生产与矿产资源开发过程之间的互馈关系研究，揭示水–粮食–生态–经济关联的内在机制。首先，蒙古高原干旱区生态系统对降水脉冲变化非常敏感，全球气候变化下降水的季节性特征改变和极端干旱/降水事件会对生态系统结构产生重大影响，而耕作/放牧过程中的不合理土地管理方式造成的土地退化进一步加剧了气候变化对旱区生态系统的负面影响。那么如何确定降水脉冲对干旱区不同生态系统的结构和功能的影响阈值，以及该阈值对耕作、放牧活动的响应？其次，蒙古高原干旱区生态系统结构的改变进一步导致生态水文过程发生变化，如农田面积的增加改变了蒸散发时空格局，并改变了地表产流和入渗过程，从而导致土壤水分、地下水水位显著变化，容易造成草地灌丛化等自然生态系统退化现象。那么如何厘定气候、灌溉、放牧、采矿因素对于局地和区域自然生态系统退化的贡献率，从而为农业节水灌溉的路径选择提供定量依据？最后，从互馈角度来看，气候变化和人类活动在改变水循环的同时也影响着自然和农业生态系统的水分利用效率，进而影响着水土资源承载力。那么在蒙古高原气候变化剧烈和人类活动增强的趋势下，如何找到适应性管理途径，在维持或提升农业生态系统的生产力的同时保持自然生态系统的稳定性？

开展上述基础研究，将深化对于集生产、生活、生态功能为一体的蒙古高原水－粮食－生态－经济系统空间格局的科学认知，为保证蒙古高原生态屏障建设提供科学依据。

（三）蒙古高原生态屏障建设的水资源可持续利用

水是生命之源、生产之要、生态之基、文明之源，是决定蒙古高原高质量发展的战略资源。蒙古高原是我国北方重要的生态安全屏障，是一个集森林、草原、湿地、河流、湖泊、沙漠、冻土等多种自然景观于一体的综合性生态系统。蒙古高原地处欧亚大陆中部干旱半干旱气候区，水资源短缺且水污染严重，生态环境脆弱，经济以农牧业与矿产资源开发为主，发展相对滞后，科研基础薄弱。气候变化导致蒙古高原区域降水资源时空分布不平衡加剧，洪灾和旱灾的频度和强度进一步加大。人口的不断增加和城镇化的快速推进也进一步加剧了局部地区的水资源短缺和水环境污染问题，加大了蒙古高原水资源的不稳定性和水资源的供需矛盾，给水资源管理带来更大的挑战。蒙古高原地区城镇化和采矿等经济活动迅速发展，水资源短缺，水质污染严重，地下水超采现象普遍，该区域研究重点关注水资源高效利用和节水技术。

当前，受自然因素与人为因素的综合影响，蒙古高原森林、草原功能退化，河湖、湿地面积减少，水土流失严重，水资源短缺，主要表现为草原退化、沙化面积广阔，林草植被质量不高，远低于全国平均水平；部分河流断流，湖泊湿地面积萎缩甚至消失，局部地区地下水超采严重；动植物自然栖息地受扰，野生物种减少，外来有害生物入侵严重，生物多样性受损；风沙危害严重，内蒙古地区草原退化及沙化面积占比较大。

当前，在气候暖干化和人类活动加强的双重影响下，蒙古高原水资源时空演变更加复杂，生态系统的结构、功能和生境将如何响应气候与水资源变化，仍是未知的科学问题。此外，蒙古高原高山冻土分布广泛，在气候变化和人类活动的影响下，冻土变化带给区域水资源的不确定性仍有待明确。因此，加强人类活动与生态水文的协同和演化研究，保障蒙古高原生态屏障区域的水资源可持续利用，是当前面临的重大战略性科技任务。因此，深入理解蒙古高原生态屏障区域的气候、生态系统变化、水资源时空演变特征和机理，重点弄清气候变化和人类活动对生态水文和水资源的影响，揭示人类活动和社会经济不同发展模式下生态景观和水文过程的相互影响机制，评估水资源对维持生态系统和社会经济发展的承载能力，发展水－生态－社会经济耦合模型，提出水－生态－社会经济协同管理与调控理论和技术。该项战略性科技任务的重点方向是：围绕蒙古高原水生态文明建设，解析暖干化背景下的蒙古高原气候、生态与水资源系统之间的复杂互馈关系和耦合影响机制，为蒙古高原生态屏障建设的水安全保障提供科技支撑。

四、阶段目标任务

蒙古高原位于欧亚大陆的腹地，地跨干旱、半干旱、湿润、半湿润气候区，特殊的地理区位使得其生态环境容易受到外界因素干扰，基于蒙古高原对人类活动和气候变化的高敏感性、生态破坏和土地退化的严重性，将水资源利用领域蒙古高原生态屏障建设的目标及发展重点任务分为近期、中期和远期三个阶段。

（一）近期目标及发展重点任务

以建设和巩固蒙古高原生态屏障为目标，将可利用的水资源作为最大的刚性约束条件，明确蒙古高原生态保护、水资源调控和土地恢复的内涵和意义，将蒙古高原研究区分为干旱区、半干旱区和半湿润区，空间上由"大"（蒙古高原）到"小"（各个分区），由整体到局部，辨析蒙古高原各分区生态退化的差异性和共同作用。

采用高时空分辨率监测方法和技术分析蒙古高原生态多样性与土地退化，建立蒙古高原生态退化实时监测站点和数据信息获取平台，形成蒙古高原生态监测网络，探明蒙古高原区域水资源总量、植被的净初级生产力、土壤养分含量等重要指标参数，实时监测蒙古高原生态屏障建设成效，掌握长时间序列的生态监测数据集，为蒙古高原生态状况阶段性评估和建设方案制定提供参考。

综合不同分区的监测结果，开展蒙古高原水资源利用、高原植被、草地退化的整体和区域性差异评估，结合蒙古高原先天水资源条件、经济社会结构和人文背景，识别蒙古高原整体及各分区生态退化的驱动因素，总结蒙古高原境内和境外部分在水资源利用、生态保护上的共性问题，结合水资源承载能力，掌握现阶段发展状况并预估其未来发展趋势。

（二）中期目标及发展重点任务

依据蒙古高原生态评估结果，制定高原生态多样性保护、草地退化修复方案，因地制宜、结合各分区特性采取应对措施，加大在"山水林田湖草沙"等方面保护和修复的投入力度，整体强化蒙古高原生态屏障的生态本底，提升蒙古高原生态屏障建设和管理水平。

在水资源利用、生态保护与修复等方面加强中蒙两国跨区域合作，建立数据互通、动态信息共享的科研交流平台，开展蒙古高原生态屏障建设中蒙联合科学考察和调研，举办蒙古高原生态屏障建设论坛和学术交流会。

提升跨国界生态保护与修复工程的建设水平，布局一批涵盖水污染治理、水资源规划和调配、林草恢复、土壤修复等工程措施的蒙古高原高标准生态工程。

完善蒙古高原生态屏障建设方面的政策条例及法律规范，成立中蒙两国的蒙古高原生态管理机构，中蒙双方的水利、生态环境、林业、农业部门共同商讨制定关于蒙古高原生态屏障区域的管理和维护办法。

（三）远期目标及发展重点任务

识别全球变化背景下自然因素和人类活动因素在蒙古高原生态退化过程中的贡献程度及驱动作用，预估气候变化和人类活动共同作用下蒙古高原的生态发展走向，对比我国内蒙古自治区与蒙古国的经济社会发展水平和生态保护均衡程度，适当对经济欠发达且生态破坏程度较高的区域加大政策倾斜和资金扶持力度，对生态经济协调性较好的区域给予奖励。

划定蒙古高原生态保育与恢复区，集中力量解决影响蒙古高原生态发展的不利因素，充分发挥其对中国西北生态脆弱区域的屏障作用。

契合国家西部大开发战略与"一带一路"倡议，统筹水资源高效利用、林草栽培、防沙抗旱、防灾减灾、资源贸易等方面的合作，以5～10年为基准，制定蒙古高原长远可持续发展战略和计划，生态保护与修复"两手抓",按步骤完成蒙古高原生态屏障建设进程。

建立跨国界、跨区域、跨流域的生态补偿机制,以促进蒙古高原最大限度发挥生态屏障作用为目标,以生态资源耗损量和新增量作为评价对象,建设蒙古高原生态资源补偿交易平台,盘活区域生态资源的潜在价值,提升蒙古高原的生态和社会经济发展水平,在中蒙俄经济走廊上构建生态、经济互利共赢的新增长极。

第四节　促进蒙古高原水资源利用领域科技发展的举措建议

一、开展基于国别的水资源利用科技计划,积极推动水资源利用领域的国际合作研究

蒙古高原作为一个完整的地理单元,在气候变化方面具有气温升高、降水时空分布不均的特点,由于社会经济制度存在差异,我国和蒙古国在水资源利用领域的科技支撑能力存在差异。我国内蒙古自治区水资源利用领域已启动典型的和具有代表性的湖泊水资源利用研究,建议在此基础上继续开展全域水资源利用和综合保障科技项目,切实推动水资源利用技术转化及应用示范。蒙古国相关区域可以加强水资源利用领域的资金投入和科技合作,除基础科学研究与合作外,还可以向技术开发、推广、应用及相关政策支持方面扩展。中国国家自然科学基金委员会与蒙古国科技基金会双方可以共同优先资助水资源利用领域的科技合作研究项目,联合攻关水资源利用领域关键核心技术及其技术转化,通过设立专项基金,支持两国科研机构和高校在水资源管理、节水技术及

污染控制等领域的合作研究。2019年，中蒙两国开展了地球科学和畜牧学两个领域的联合资助，并于2021年再次开展了畜牧学领域的联合资助，显示了双方在科技合作方面的积极进展。值得关注的是，蒙古国和中国内蒙古自治区的跨境河流（哈拉哈河、克鲁伦河等）关系到我国周边地缘关系、地缘合作和"一带一路"倡议的顺利实施。建议以蒙古高原跨境河流为研究对象，开展蒙古高原跨境河流的基本现状调查，分析跨境河流面临的主要水安全问题及影响因素，并考虑气候变化与极端气候事件对跨境水资源的潜在影响，如极端气候事件的增多可能导致的极端干旱等问题。积极推动水资源利用领域的国际合作研究，提出新时代蒙古高原跨境河流水安全的战略对策与建议。最后，充分发挥我国在联合国教科文组织、国际水文计划、国际水资源协会、国际水文科学协会（International Association of Hydrological Sciences，IAHS）等国际科学组织的作用，推动西部生态屏障建设水资源利用相关科技计划项目的开展。依托已有的双边和多边国际合作平台，如"一带一路"国际科学组织联盟、国际山地综合开发中心等，以及科技部、国家自然科学基金委员会和中国科学院与其他国家相关机构之间的合作平台，开展针对西部生态屏障区的水资源国际合作研究项目，积极引进科技人才，输出科技影响力，加强和拓展该领域的国际研究力量。

二、加强水资源多维度信息化监测

蒙古高原地域辽阔，地处典型干旱半干旱区，是我国北方地区重要的生态安全屏障。水是制约蒙古高原生态建设与经济社会可持续发展的重要因素。全球气候变化和人类对水土资源的利用加强，改变了水资源的时空分布，导致脆弱的生态环境对气候变化十分敏感，干旱的发生频率、强度和范围显著增加。因此，迫切需要深入了解水与生态环境的现状，并预测其未来发展趋势。然而，蒙古高原的监测能力严重不足，研究基础十分薄弱。建议布局高起点空－天－地一体化水文与水资源监测网络，整合多源实时监测数据，形成全方位的水资源和生态环境保护体系。具体表现为"天上看、地上查、网上管"的多维动态水资源监测新格局。其中，"天上看"是指利用内蒙古一号卫星、高分辨率对地观测卫星等空中平台，进行高精度的水文气象数据收集，实时监测水体变化、植被覆盖和土地利用情况，为干旱、洪水等极端气候事件的预警提供依据；"地上查"则包括覆盖蒙古高原的主要河流和湖泊的高原水文站网建设、针对特定地区的定期巡测无人机组网建设、高原地下水监测网建设，以及大众移动媒介监管上传系统，在补充传统观测数据的同时，还可以增强公众的水资源保护意识；"网上管"则代表着智慧网络与云管理平台的建立，集成来自卫星、无人机、水文站和公众监测的数据，通过数据分析和模型模拟，提供水资源管理决策支持。

三、积极响应"生态优先、绿色发展"的生态文明建设路线，构筑基于自然解决方案的蒙古高原生态建设样板

建设生态文明，是关系人民福祉、关乎民族未来的长远大计。在"生态优先、绿色发展"的路线指导下，对于蒙古高原地区而言，独特的气候和地理条件使得其无法单纯依靠供水工程来支持其生态与经济的长期发展，因此需要深入理解和利用区域水循环特点，以应对气候变化与人类活动给生态环境和社会发展带来的双重挑战。建议蒙古高原的水资源规划充分利用降水资源，构建雨水收集和利用系统。建议统筹考虑蓝水和绿水，制定基于自然的解决方案规划，保持水循环的平衡和生态系统的健康。建议提高蒙古高原植被与水域生态系统的生态服务功能，提高高原下垫面的吸水率和保水率，提高生态用水效率。建议打造基于自

然的解决方案的蒙古高原生态建设样板试点若干，基于实验和展示平台，推广有效解决生态和水资源问题的方法，包括生态修复、水资源管理和可持续农业实践，为当地社区提供实用的、可复制的解决方案。建议开展分区（生态区、植被区等）的水资源保护策略和水资源综合利用规划，制定更具针对性的有效管理措施，助力蒙古高原的可持续发展，保障蒙古高原的生态安全和社会经济和谐发展。

四、系统研究气候变化和人类活动对蒙古高原水资源可利用量的影响及水资源可持续利用管理

一方面，蒙古高原北部、东北部及高山区积雪和多年冻土较多，对气候变化极其敏感。研究变化环境下蒙古高原积雪和多年冻土对气候变化的响应特征至关重要，基于气候模型和水文模型等方法，解析水资源变化环境下的水资源可利用量及其时空分布规律，是制定内陆干旱区应对气候变化对策的理论基础，更有助于预测和应对未来可能的水资源风险。另一方面，人类活动对蒙古高原水资源利用的影响不容忽视，内蒙古地区煤炭开采、农田灌溉及城镇发展等人为活动对水资源的影响则更为显著。因此，如何进行水资源可持续利用管理，是国家及地方政府应对环境变化的迫切需求。建议系统布局，加强可利用水资源量及水资源利用管理研究，包括出台相关政策和条例，成立水资源利用支撑西部生态屏障建设工作小组，统筹各方力量，自上而下与自下而上相结合，完善生态屏障建设中央—地方—科研机构联动协作机制，合理利用地下矿产资源和地下水资源，发展节水灌溉农业等相关政策法规建议。

五、布局"水－能源－粮食－生态的协同关系"重大研究计划

蒙古高原煤炭及有色金属等矿产资源丰富,以农牧业为主,但生态环境脆弱,经济发展相对滞后,科研基础薄弱。在此背景下,如何实现联合国提出的 2030 年可持续发展目标,确保经济社会发展与自然环境的和谐共存,是蒙古高原面临的重大挑战。水资源与矿产资源开发、农业种植业和畜牧业发展密切相连,建议尽早布局重大研究计划,厘清蒙古高原水资源与能源矿产资源开发、农牧产品的生产及生态环境的协同关系。建议国家自然科学基金委员会交叉科学部设立重大研究项目,与蒙古国设立中蒙联合研究基金,开展全球变暖背景下水资源可持续利用与生态保护研究,助推全球环境治理,推进 2030 年可持续发展目标的实现。建议中国科学院国际合作局设立专项资金,尽快部署多项短期研究项目,加强对于蒙古国在全球资源流通和农产品国际贸易方面的现状研究,加强对蒙古国与我国经贸关系的历史回顾,以及未来我国与周边邻国的国际政治经济新格局的研判,加强对经贸构成的虚拟水土流通影响的研究,为评估和管理水资源利用及其环境影响提供依据。建议加强关于蒙古国发展对我国西北生态环境的影响等研究,为我国地缘政治及"绿色丝路"建设倡议提供科学支撑,为制定科学有效的区域合作与发展策略提供保障,推进资源的可持续利用和环境保护长远目标的有效实施。

六、加大人才队伍建设经费投入,多渠道培养壮大西部生态屏障建设相关科技人才梯队

人是行动力的主体和关键,蒙古高原生态屏障建设相关科技人才相对缺乏。建议加大人才队伍建设的经费投入,完善相关学科体系建

设，优先支持生态屏障建设学科创新团队；设立西部地区人才培养通道，打造地区高层次人才梯队；以科技和培训项目带动区域人才队伍建设，切实改善西部生态屏障建设研究的人才规模、结构、素质；为水资源支撑西部生态屏障建设研究领域培养相关科技人才 100 余人，包括 10% 的领军人才、20% 的学科带头人和 70% 的青年骨干。

第六章

北方防沙治沙带生态屏障区水资源利用领域发展战略

第一节　北方防沙治沙带水资源利用领域科技支撑西部生态屏障建设的战略形势

一、水资源利用领域全球科技发展态势的总体研判

（一）北方防沙治沙带水资源系统基本特征

北方防沙治沙带是亚洲中部干旱区的重要组成部分，涵盖了中国西北干旱区的主要部分，包括甘肃河西走廊，新疆塔里木盆地、准噶尔盆地，宁夏平原和内蒙古自治区的西部荒漠平原，地区地理位置东以贺兰山为界，南至昆仑山－阿尔金山－祁连山脉，北侧和西侧直抵国界，区域范围大致介于 73°E～107°E 和 35°N～50°N，总面积约 235.2 万千米^2，占我国国土面积的 24.5%（姚俊强等，2015）。西北干旱区的水资源主要受降水量和蒸发量的影响，降水量稀少且时空分布不均。研究表明，西北干旱区年降水量在 50～450 毫米（张志强和刘晓霞，2020），具有显著的区域差异和季节变化。祁连山和天山的迎风坡降水量较多，而塔里木盆地和河西走廊的降水量则较少（黄河水利委员会，2020）。年蒸发量高达 1000～2800 毫米（黄强和孟二浩，2019），降水少而蒸发大，使得西北地区具有水资源稀缺的特点。降水的年际变化也较大，受气候变化影响显著。近年来的研究表明，全球气候变化对西北地区的降水量和降水分布产生了深远影响。例如，韩小强和陈新元（2017）通过分析降水数据发现，西北干旱区的降水量总体呈增加趋势，但区域差异仍然显著。北方防沙治沙带光照充足，气温日较差大，其外围有高山环绕，山区有量较大而稳定的降水，为山前平原提供了丰富的出山径流，形成许多串珠状的灌溉绿洲。北方防沙治沙带绝大多数水系发源于高山地区，然后

向盆地汇集，形成"向心式"水系。山区降雨多，是产流区，98%的水资源来源于山区降水；平原区产流较少，年平均降水量在150毫米以下，是水资源的主要扩散与消耗区，80%的地下水来自地表水转化补给（黄强和孟二浩，2019）。

北方防沙治沙带的地表水和地下水关系密切，地下水是该地区的重要水资源来源。塔里木河、黑河和额尔齐斯河等河流的径流量主要依赖于高山冰雪融水和季节性降水（李瑞强和王晓红，2018）。祁连山和天山的冰雪融水对河流径流量的贡献显著，尤其在夏季，冰雪融水使河流水量大幅增加（刘建军等，2019）。地下水在该地区的水资源中占据重要地位，尤其是在农业灌溉和生活用水中。由于地表水资源匮乏，人们大量开采地下水用于农业灌溉，导致地下水水位下降，形成地下水漏斗区（王文杰等，2021）。

北方防沙治沙带甘肃河西走廊与新疆天山南北的绿洲，是著名的商品粮基地和重要的糖、油、肉、瓜果的集中产区。该地区的农业灌溉耗水量大，形成了独特的"灌溉农业，荒漠绿洲"模式。北方防沙治沙带也是国家实施西部大开发战略的重要区域，是维护国家生态安全的重要屏障，也是东西方文化和物质交流的重要通道。由于水资源短缺，大部分地区的生态环境十分脆弱。水资源短缺和利用不当以及不合理的农业耕作制度等引发了一系列的农业生产和生态问题，随着人口压力的增加、耕地面积的锐减，粮食安全面临巨大挑战，严重制约区域的生存环境、经济发展、社会稳定和国家安全。甘肃河西走廊地区由于农业灌溉和工业用水过度，地下水水位显著下降，绿洲面积缩减（李春玲和张建华，2019）。

北方防沙治沙带是对全球气候变化响应最敏感的地区之一。多种模型模拟结果显示，如果CO_2的排放量以每年1%的速度递增，中亚干旱区平均温度的上升将超过全球平均上升水平的40%（AÐalgeirsdóttir et al., 2005）。在全球变暖的大背景下，西北干旱区以冰雪融水为基础的水资源系统将变得更加脆弱。随着人口压力的不断增加和不合理的水资源开发活动范围的不断扩大，西北干旱区绿洲经济与荒漠生态两大系统的水资源供需矛盾也将更加尖锐（陈亚宁等，2014）。

（二）北方防沙治沙带水资源领域科技进展

1. 水文科技进展

在中国科学院及国家自然科学基金的支持下，我国针对北方防沙治沙带已经开展了"黑河流域生态-水文过程集成研究""变化环境下工程水文计算的理论与方法""中国气候与海面变化及其趋势和影响研究"等重大项目，并取得了丰富的研究成果。在气候变化的作用下，西北干旱区独特的水文过程也发生了明显变化。气候变化可能导致某些地区的年降水量增加，而其他地区则可能减少。极端降水事件的发生频率和强度增加，这对干旱区的水资源管理提出了新的挑战。气候变暖导致冰川消融，显著影响区域水资源供应，尤其是在塔里木河流域，冰川融水供应占径流总量的50%左右。西北干旱区西部的黑河、疏勒河、塔里木河的出山口径流量显著增加；而东部的石羊河和渭河的径流补给主要靠降水，降水的减少导致径流量呈现下降趋势。由于人类活动和气候变化的影响，河西走廊和吐哈盆地的地下水开采量大幅增加，导致地下水水位显著下降。例如，在石羊河流域，地下水开采量超过补给量，导致地下水水位持续下降（Ma et al., 2005）。在中游绿洲地区，过度灌溉和地下水开采导致地下水水位持续下降，地下水深度在1991~2010年平均每年下降9厘米，部分年份降幅达到2米（Liu et al., 2018）。

SPAC是了解植物在干旱环境中如何获取和利用水分的关键。近年来，研究者通过观测、实验和建模等手段，对西北干旱区的SPAC进行了深入研究。荒漠植物具有深根系和高效的水分利用机制，能够有效应对干旱胁迫。降水入渗和土壤水分动态是对西北干旱区生态系统水分状况起到关键作用的过程。

荒漠化是西北干旱区面临的主要生态问题之一。通过研究植被恢复、沙漠化防治措施对水文过程的影响，探讨水文过程在荒漠化防治中的作用。任雨等（2023）关于内蒙古科尔沁沙地防治的研究表明，沙障和植被种植显著增加了土壤水分含量，减少了风蚀和水蚀，对防治沙漠化具有重要作用。综上所述，中国西北干旱区在生态水文学领域的研究取得了显著进展。这些研究不仅深入揭示了干旱区水文过程和生态系统功能的复杂性，还提出了应对水资源短缺和环境保护问题的科学策略和技术措施。未来的研究应继续关注气候变化对水资源的影响，探索新型的水资源利用技术，并加强国际合作与交流，以推动区域内水资源管理的可持续发展。

西北干旱地区水－能源－粮食之间的相互关系研究显得日益重要，如何保障水安全、能源安全和粮食安全是复杂的系统性问题。当前，国内外在水－能源－粮食协同优化领域的研究主要成果包括：揭示了能源和粮食生产与水资源消耗之间的关联关系与反馈机制，构建了水－能源－粮食的分析框架。然而，当前对三者之间纽带关系的定量揭示和整体优化研究较少，在系统优化方法和协同建模技术等方面研究不足。总体上北方防沙治沙带水文科技研究已取得长足进展。但是，由于水文资料短缺、监测手段相对落后、高科技应用不足等，还有许多基础科学问题没有得到解决，水文科技的含量及贡献也有待提高（黄强和孟二浩，2019）。

2. 水资源领域科技进展

西北干旱区可用水量极为短缺，尤其是西北经济发达地区，水资源矛盾日益尖锐。因此，开源节流、发展节水技术和跨流域调水是缓解水资源短缺的重要手段。同时，水资源合理配置和科学调控可以使水资源发挥最大综合利用效益。西北大部分地区的水资源开发利用程度已超过40%的国际警戒线（宋建军，2003），开源潜力不大，必须全面建立节水型社会，以水资源的可持续利用来促进区域经济可持续发展。跨流域调水指修建跨越两个或两个以上流域的引水（调水）工程，将水资源较丰富流域的水调到水资源紧缺的流域，以达到调剂地区间水量盈亏的目的，是满足缺水地区水资源需求的一种重要措施。南水北调东中线工程是目前最大的跨流域综合开发利用调水工程，它解决了中国北方缺水的问题，增加了水资源承载能力，提高了水资源的配置效率，使得中国北方地区逐步形成水资源配置合理、水环境良好的节水防污型社会，并有利于缓解水资源短缺对北方地区城市化发展的制约，促进当地城市化进程。跨流域调水能有效解决西北干旱区水资源空间分布不均的问题（李娟等，2018）。

我国水资源配置方面的研究起步较晚，但发展迅猛，特别是20世纪90年代以后，计算机技术快速发展，使长序列月尺度的模拟计算得到普遍应用，水资源配置至此进入快速发展阶段。西北干旱区水资源合理配置的研究一方面应注重雨水、中水回用问题；另一方面应注重点源污染和面源污染对水质配置的影响。西北干旱区水资源年内分配集中度高，降雨主要集中在夏秋季。为了缓解西北干旱区水资源供需矛盾，减少洪水灾害，开展旱区雨洪利用具有十分重要的意义。

雨洪利用是指在保证防洪和生态安全的前提下，综合利用工程措施、技术和管理手段，对雨水和洪水实施拦蓄、滞留和调节，将雨水和洪水适时适度地转化为可供利用的水资源，用于满足流域经济、社会、生态和环境的用水需求。目前，使洪水资源化的方式主要是坚持点（水库、闸坝）、线（河渠、堤防）、面（蓄滞洪区、田间、地表）兼顾，工程措施、非工程措施、管理措施并重，蓄、泄、滞、引、补有机结合，通过科学调度，在保证防洪安全的前提下，充分利用洪水资源，达到防洪减灾、增加水资源和改善生态环境的目的。工程措施是指通过水利工程和水保工程，实施延缓洪水在陆地停留时间的手段。洪水资源利用涉及绝大多数的水利工程，如水库工程、河道整治工程、拦河闸坝工程、蓄滞洪区建设工程、农田水利工程、水土保持工程等。非工程措施是指在现有工程的基础上，通过科学规划和合理调度，科学合理地拦蓄洪水资源，延长其在陆地停留的时间，及时满足社会经济及生态环境的需水要求，补充回灌地下水。西北干旱区修建了大量的水利工程，基本进入后坝工时代。水利工程在一定程度上缓解了工程性缺水问题，但水库的调节也改变了河流的天然径流模式，扰乱了河流的水量时空分布，使水库下游河道的流量减少，甚至断流，对河流的生态多样性产生了负面影响。开展水利工程调度与调控，是水资源科学管理的重要措施之一。

随着人类对河流生态重要性的认识不断加深，国内外对生态调度开展了大量的研究。特别是针对特定水库构建了生态调度模型，这些生态调度模型可以分为两种形式：一种是将生态目标作为水库调度多目标问题的目标之一；另一种是将河流的生态需水作为模型的约束条件。生态调度研究包括基于生态的水量调度、泥沙调度、水质调度和其他生态因子调度。随着生态调度研究工作的不断完善和生态调度实践工作的不断发展，找准水库调度中社会经济目标和生态目标的结合点，实践水库的综合调度，将成为水库调度领域一个全新的模式。

总的来说，西北干旱区水资源科技研究已取得长足进展，修建了众多的水利工程和跨流域调水工程，初步进入后坝工时代，已开展节水及水资源评价、配置、调控、调度与科学管理等研究。但是，还有许多水利工程没有开展这方面的研究，研究的广度和深度有待加大，尤其是按照最严格的水资源管理制度，实行"三条红线"控制、落实河长制等方面还有许多新问题没有得到解决，水资源科技的深度、广度、推广应用程度也有待提高。

（三）水资源领域研究热点问题与发展趋势

北方防沙治沙带水文与水资源变化十分复杂，除了采用理论方法研究外，还应结合野外观测、实验手段才能厘清水文与水资源演变规律，为进一步开发利用水资源提供支撑。水资源短缺问题一直制约着社会经济和生态文明建设，水文与水资源科技研究应突出解决生产实际问题，将科研转化为旱区生产力将是重要的发展趋势。针对水资源短缺、生态环境脆弱、自然灾害严重、农业用水矛盾突出、水资源开发利用率低等问题，亟须研究并构建五大体系：①供水安全保障体系，以水资源合理配置和高效利用为重点，满足经济社会发展、产业结构调整和重大战略布局对水资源的需求；②生态环境安全保障体系，坚持人与自然和谐发展、生态修复与综合治理相结合的原则，统筹协调生态环境和经济社会两大系统的耗用水量，明确生态水权，保障生态用水安全，确保河道生态径流要求，维护河流健康，治理水土流失，保护和改善生态环境；③防洪抗旱安全保障体系，工程措施和非工程措施相结合，提高防洪抗旱减灾能力；④农业灌排保障体系，发展有效灌溉面积，提高农牧业综合生产能力和抗灾减灾能力，保障粮食安全，促进农牧业增产、农牧民增收和农牧区经济发展；⑤水环境安全保障体系，坚持保护与治理并重的原则，以水资源和水环境保护为重点，通过严格的水功能区划管理，实行排污总量控制和水质监测，加强对重要水源地和地下水的保护，保护和改善水体功能，结合水污染治理，加大中水回用力度，提高水环境承载能力（黄强和孟二浩，2019）。

1. 水资源监测评估

构建空-天-地一体化监测体系。如何实现多元传感器在不同搭载平台（卫星、无人机、水文监测站等）上的数据快速传输、处理及数据同化与信息融合，解决水资源监测应用时设备延时和移动性的问题，仍需进一步深入研究。在借鉴国内外先进经验和国家水资源监测工程经验的基础上，充分应用北斗卫星、5G等新一代通信技术，全面升级一体化监测设备通信模块，实现传输信息的实时切换。在可预见的未来，随着遥感技术的不断发展，更高的时空分辨率、更广泛的光谱波段覆盖及更有针对性的遥感数据产品将会不断涌现，在干旱区水资源方面的应用也会更加深入。

从时空两个维度研究水资源监测方法。在当前基于物联网的自动化水资源监测系统中，缺失数据的情况时常发生，如何利用同一水体中各个监测节点部署位置间的空间相关性，选取适合空间数据挖掘的深度学习算法，用数据缺失节点附近其他节点的同时期监测数据集作为输入，来联合预测该节点某段时间内的水资源数据，仍是模型研究的重点。

全面应用云计算、物联网、大数据、移动互联、人工智能、区块链等新一代信息技术，实现水资源监测信息采集、传输、接收、处理、分析等全业务流程的自动化、信息化和智能化。在不断发展与创新的计算环境的推动下，在大区域乃至全球尺度上全方位应用物理模型成为可能，并实现了对水文过程的快速甚至实时高精度模拟，为建立新一代智慧化的生态环境监控预警综合体系提供了契机。构建水资源动态监测评价预警系统以及水资源精细化、标准化、智能化网格信息产品体系，实现地表水和地下水、水量和水质联合分析评价，实现当前应用主题的信息化处理和产品化服务，支撑建立水资源管理与调配系统、水资源承载能力监测预警机制和动态分析评价。

加强应用适应恶劣环境条件的地下水一体化监测设备，提高监测设备在高原、高寒、高湿、高盐、高温差等恶劣条件下的稳定性、可靠性及自动传输能力，保证其实用性和先进性。积极研发与推广水质采样整套技术装备，建立水质自动监测仪器设备实验室，提升水质自动监测信息质量。构建现代化区域地下水监测系统运行与维护体系，形成以自主研发为主、具有一定规模和影响力的地下水监测仪器设备生产市场，实现研发和生产的良性循环。

2. 水循环与水资源发展趋势

随着遥感技术、地理信息系统和同位素技术在各个领域的广泛应用，

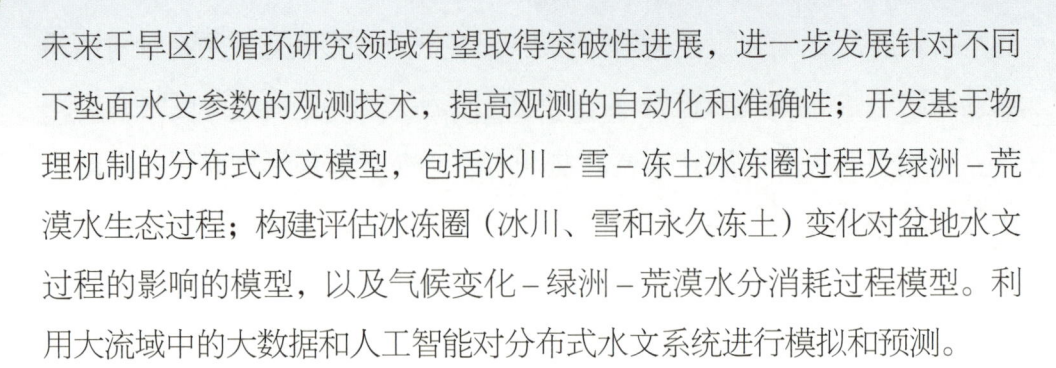

未来干旱区水循环研究领域有望取得突破性进展，进一步发展针对不同下垫面水文参数的观测技术，提高观测的自动化和准确性；开发基于物理机制的分布式水文模型，包括冰川－雪－冻土冰冻圈过程及绿洲－荒漠水生态过程；构建评估冰冻圈（冰川、雪和永久冻土）变化对盆地水文过程的影响的模型，以及气候变化－绿洲－荒漠水分消耗过程模型。利用大流域中的大数据和人工智能对分布式水文系统进行模拟和预测。

3. 生态水文学

在气候变化和人类活动的影响下，在复杂的流域系统中厘清北方防沙治沙带水文和生态过程的变化，探究流域尺度下生态与水文过程的相互作用关系，将基于叶片、冠层尺度的机理认识和模拟方法应用于生态系统和坡面尺度的水文过程辨析和模拟，并进一步实现向流域乃至区域尺度的扩展。植物水分利用策略与调控方面包含了有关植被生态－水文相互关系的多个研究方向，如植物水力调控机制与水分利用权衡、植物水分利用策略与根系水力再分配机制、最优冠层导度与模拟等；碳氮水耦合循环过程方面重点关注植物叶片和冠层尺度碳氮水耦合循环机制、基于过程机制的定量模型发展、基于模型的大尺度碳氮水循环模拟；在水循环关键过程方面，现有研究在植被的降水再分配过程、土壤下渗与储水、蒸散发等水循环的主要环节均有布局，关注的重心主要集中在植被冠层截留和陆面蒸散发两大关键过程方面；径流形成过程与变化方面主要考虑陆地植被生态因素影响下的径流形成过程及其随植被生态系统变化的响应；陆－气反馈作用的生态水文过程方面主要关注陆面蒸散发驱动的大气降水反馈效应等。

4. 节水技术与节水型社会

节水高效农业的核心是通过集成多种措施最大限度减少输水、配水、灌水及作物耗水过程中的水分损失，充分提高灌溉水利用率和水分生产率，因此，仅仅拥有完善的工程设施，而没有农艺技术的集成和科学的管理，输送到农田的水分将很难发挥其效益，未来，发展高效节水灌溉必然需要与农艺技术相结合，主动适应高效节水技术的新需求。

水肥药一体化可实现渠道输水向管道输水变化、浇地向浇作物变化、土壤施肥向作物施肥变化、农田打药向作物用药变化、水肥药分开施用向同时施用变化、单一技术向综合管理变化、传统农业向现代农业变化，其不仅是发展现代农业的重大技术，更是节约资源、环境友好的智慧农业技术。今后有望在节水设施研发、工程维护和质量监测上开展进一步研究。通过大规模的制度建设，建立起政府调控、市场引导和公众参与的节水型社会管理体制，以生态环境改善为目的，有效推进水务体制改革，促进水资源的统一管理。此外，完善节水科技推广与技术服务体系，建设农业节水试验与用水监测网络，建立农业节水补偿机制，形成节水产品市场准入机制，加强变化环境下农业高效节水的科学研究工作。

5. 水利建设

新一代信息技术不断成熟，高新技术与社会各领域不断深度融合，促进了社会信息化的发展，为水利治理信息化发展提供了示范及技术新动力。积极开展智慧水利建设，进一步向信息化、数字化方向发展，水利工程管理的重点也将从以往的"重视审批、忽视监督"转变为"重视服务、加强监督"的模式，结合智慧水利建设做到智能化综合管理，进一步提升农业水资源的灌溉管理效率与水平。建立系统科学的管理机制，保证工程效益的有效发挥，提高管理水平。对农田水利设施"建管并重"，保障农田水利工程的长期正常运行。加快补齐水利基础设施短板，加快完成规划内中小河流治理项目，使重点河流险工险段、城镇、重点城市的防洪标准得到显著提升，加大水土流失治理力度，遏制人为水土流失，使重点区域水土流失得到有效治理。

6. 污水资源化利用

污水资源化利用作为缓解水资源供需矛盾、改善水生态环境质量的重要举措，一直以来受到高度重视。当前，在"绿水青山就是金山银山"理念的指引下，干旱地区的污水资源化处理应该在国家、地区的发展战略和规划下，协调好各个子系统之间的相互关系，有效利用污水资源化措施，科学提高水资源承载力。干旱地区的污水资源化利用仍然存在许多短板，亟须创新推广、引进无害污水资源化适用技术，提升污水处理效果，科学有序推进，确保污水资源化健康发展。在今后的发展中，经过处理后的污水将不仅应用于农业、工业，还可能作为直接饮用水得到再利用，这对污水处理技术提出了更高的要求。加快推动城镇生活污水资源化利用，以现有污水处理厂为基础，合理布局再生水利用基础设施。积极推动工业废水资源化利用，完善工业企业、园区污水处理设施建设，开展工业废水再生利用水质监测评价和用水管理，推动地方和重点用水企业搭建工业废水循环利用智慧管理平台。

7. 水资源管理

对于缺水严重的干旱区来说，进一步发展节水技术，提高节水灌溉效率是未来优化水资源配置的重要措施。通过高效节水灌溉，由"浇地"变为"浇作物"，彻底告别"大水漫灌"。贯彻"蓄水是基础，节水是关键，调水是补充"的思路，遵循"把水资源作为最大刚性约束"的原则，协调经济社会开发利用与生态保护、水资源承载能力与经济产业布局、本流域水资源利用与外调水利用、国内与国际水资源开发，按照优先发展节水、加大使用再生水、合理开发当地水、科学适当补充外调水的策略，在现有水资源配置工程的基础上，围绕生态保护和高质量发展战略，按照空间均衡、系统治理的要求，构建水安全保障总体战略格局。随着信息技术的进一步发展，水资源协调管理与优化配置将进一步与大数据、物联网等结合。在物联网的帮助下，相关管理部门可以掌握实时数据信息，从而做出更加明智的业务决策，通过智能水资源管理系统，能够为用户提供更全面的灌溉信息与更好的灌溉设施，提高水资源利用效率。

二、水资源利用领域科技支撑西部生态屏障建设的成效与问题

(一) 水资源领域科技支撑西部生态屏障建设的研究计划项目与成效

针对北方防沙治沙带水资源研究，科技部、中国科学院、国家自然科学基金委员会等部门先后部署了多个战略性先导科技专项、重大科技专项和众多常规研究项目，水利部在水文服务体系、水文业务体系、水文管理与保障体系等方面进行了长期部署。

"黑河流域生态－水文过程集成研究"重大研究计划以我国黑河流域为典型研究区，从系统思路出发，通过建立我国内陆河流域科学观测－试验、数据－模拟研究平台，认识内陆河流域生态系统与水文系统相互作用的过程和机理，建立流域生态－水文过程模型和水资源管理决策支持系统，提高内陆河流域水－生态－社会经济系统演变的综合分析与预测预报能力，为国家内陆河流域水安全、生态安全以及经济的可持续发展提供基础理论和科技支撑。通过建立联结观测、实验、模拟、情景分析及决策支持等环节的以水为中心的"生态－水文过程集成研究平台"，揭示植物个体、群落、生态系统、景观、流域等尺度下的生态－水文过程相互作用规律，刻画气候变化和人类活动影响下内陆河流域生态－水文过程机理，发展生态－水文过程尺度转换方法，建立耦合生态、水文过程和社会经济的流域集成模型，提升对内陆河流域水资源形成及其转化机制的认知水平和可持续性的调控能力，使我国流域生态水文研究进入国际先进行列。近十年，国家自然科学基金资助的北方防沙治沙带水资源研究项目以及国际合作项目达100余项，其中包括水文过程研究20项、重点项目5项。在受到国家自然科学基金资助的同时，水资源的相关研究工作还得到了国家其他有关部门、组织的大力支持。

同时，一大批水资源领域研究成果获得了国家级与省部级科技奖励。"干旱内陆河流域生态恢复的水调控机理、关键技术及应用"获得国家科

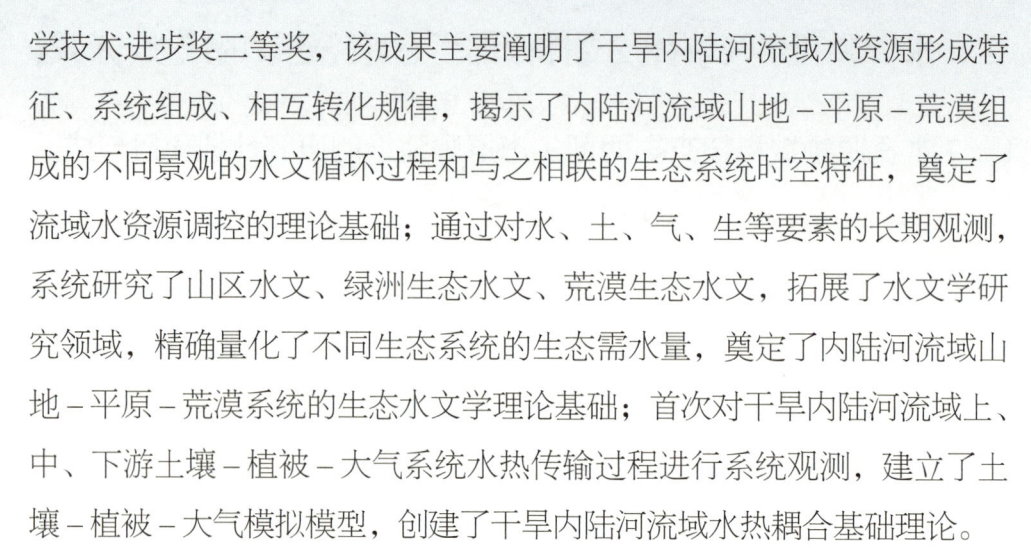

学技术进步奖二等奖，该成果主要阐明了干旱内陆河流域水资源形成特征、系统组成、相互转化规律，揭示了内陆河流域山地－平原－荒漠组成的不同景观的水文循环过程和与之相联的生态系统时空特征，奠定了流域水资源调控的理论基础；通过对水、土、气、生等要素的长期观测，系统研究了山区水文、绿洲生态水文、荒漠生态水文，拓展了水文学研究领域，精确量化了不同生态系统的生态需水量，奠定了内陆河流域山地－平原－荒漠系统的生态水文学理论基础；首次对干旱内陆河流域上、中、下游土壤－植被－大气系统水热传输过程进行系统观测，建立了土壤－植被－大气模拟模型，创建了干旱内陆河流域水热耦合基础理论。

"寒区水文过程及机理研究"获得甘肃省自然科学奖一等奖，该成果以高寒区冰川动态、寒区水文要素第一手资料为基础，获取了满足寒区水文机理模拟与过程研究所需的全要素信息，在冰川面积遥感信息自动提取方法上有所突破，降水观测与同位素化学方法应用取得了认识上的进展，基于冰面消融过程和气候因子的各种冰川水文模拟方法趋于成熟。该成果开展了观测－试验－机理－过程－模拟的系统性研究，为定量认识冰川水资源分布规律、冰川消融过程对径流的影响、冰川水文作用等提供了可靠的科学依据，并极大地丰富了相关研究，推动了我国冰川水文学迈向学科体系化高度。该成果对多年冻土变化影响径流的机理有了清楚的认识：多年冻土的存在改变了流域产汇流过程，多年冻土覆盖率不同的流域，其年内径流过程即年内径流分配也有显著差异。冻土年代际变化对径流的影响主要出现在多年冻土高覆盖率流域，多年冻土变化后导致下垫面和储水条件发生变化，进而导致冬季径流增加。该成果还阐释了融雪径流变化对流域水文过程的影响，延长了融雪径流预报的预见期；通过中国西部冰川融水评估平台的构建，系统计算了中国西部冰川水资源在1961~2006年的变化序列，实现了对中国西部流域冰川水资源变化的动态评估，并针对不同流域提出了应对冰川融水变化的适应性对策；构建了地面-遥感监测一体化冰川洪水预警平台，成功实现了对洪水灾害的预警。

"祁连山涵养水源生态系统恢复技术集成及应用"获得甘肃省科技进步奖一等奖，该成果基于多年定位监测，在祁连山地区首次建立了水源涵养增贮潜力的评价体系，开展了水源涵养功能的动态评估，对祁连山区水文过程模拟的误差小于20%；研发了祁连山水源涵养林树种配置技术、水源涵养林结构优化配置技术、退化涵养林修复技术，确定了祁连山区水源涵养功能最佳的林地面积不超过15%，建立了祁连山森林生态系统水源涵养潜能提升技术体系；研发了"鼠害防治+禁牧封育+施肥+补播+牧草地改建"的退化草地修复技术，建立了"施肥+草地鼠害防治+生长季适度利用"的退化草地保护模式，牧草产量成倍增加；研发了低密度宽林带林草间作优化配置技术，建立了"低密建植+高密锁边+人工辅植"的退耕地修复模式、"保墒整地+集水补灌+造林配置"的浅山区造林模式、"灌木造林+草本间作"的水土保持模式，集成了浅山区造林与水土保持技术体系，减少了40%的水土流失量；研发了洪水疏流-渗滤-拦蓄技术、黏土压沙-石堤阻沙-生物生态保护技术、水热耦合的高效农业技术，构建了集防沙治沙、洪水资源利用、生态农业为一体的山前农业综合技术体系。

"塔里木河流域生态用水调控与管理技术及应用"获得新疆维吾尔自治区科学技术进步奖一等奖，该成果提出了干旱区内陆河生态用水调控的创新性理论和技术，综合集成了生态与环境、水文与水资源、地理信息系统与遥感等多学科技术，研究了内陆河流域生态用水管理与调控的监测、评价、调度和集成等关键技术，建成了我国最大内陆河塔里木河流域的生态用水调度系统。该系统的运行保证了塔里木河下游河道恢复生态水量调度，并拯救了两岸大面积濒临死亡的胡杨林。该成果研发的关键技术和理论方法已成功应用于国内最大的内陆河水资源管理系统——塔里木河流域水量调度管理信息系统中,该系统被联合国开发计划署推荐为河流治理技术典范之一,并被联合国教科文组织"千年生态系统评估"(The Millennium Ecosystem Assessment,MA)计划项目、中国和比利时政府间合作项目"基于水文建模与遥感的塔里木盆地干旱半干旱生态系统综合水资源管理支持研究"以及联合国开发计划署"加强中国农村地区水资源管理与饮水安全"项目所采用。

"西北干旱区水资源形成、转化与未来趋势研究"获得新疆维吾尔自治区科学技术进步奖一等奖,该成果以西北干旱区典型流域为代表,通过现代观测手段和数值模拟方法研究干旱区径流构成及其时空变化规律,揭示了水资源构成组分变化与气候变化间的关系;建立了分布式水资源模型,以研究当年为界,模拟复演过去 50 年水资源供需情况,并通过情景分析模拟研究气候变化与人类活动对水资源的影响;根据未来气候变化情景和社会经济发展情况预估未来水资源需求及变化趋势,以及未来 50 年水资源供需的可能变化,提出了应对气候变化的水资源管理对策。

"中国天山北坡冰川积雪及其气候变化响应研究"获得新疆维吾尔自治区科学技术进步奖一等奖,该成果以两个野外台站为依托,揭示中国天山冰川积雪特征和变化规律,围绕冰川积雪对气候变化的响应过程、机理和影响这一科学问题的系统成果,深化了对冰川、积雪及水资源的科学认识,产生了重要的国际影响。该项目查明和预估了新疆不同地区冰川、积雪水资源的时空变化及其对水文、水资源的影响,为国家重大决策、西北地区的水资源管理与高效利用、区域经济社会可持续发展战略规划提供了重要的科学依据,并为强化新疆冰雪监测和冰雪科普教育、发展冰川特色旅游,以及天山世界自然遗产申报等做出了重要贡献。

(二)水资源领域科技支撑西部生态屏障建设的重大工程项目与成效

西北干旱区由于其独特的地理和气候条件,面临着严重的水资源短缺和生态环境脆弱问题。近年来，科技在该地区的水资源管理和生态环境保护中发挥了关键作用。

1. 祁连山水资源和生态保护项目

祁连山是我国西北重要的水源涵养地，具有独特的生态系统。近年来，受气候变化和人类活动的影响，祁连山地区的冰川退缩、水资源减少和生态环境退化问题日益突出。该地区的科技支撑措施包括：①遥感技术监测，利用卫星遥感技术对祁连山地区的冰川变化、水体面积和植被覆盖进行长期监测，为生态环境保护提供数据支持；②水资源综合管理，采用水文模型和气候模型对区域水资源进行模拟和预测，制定科学合理的水资源管理方案；③生态修复技术，在受损区域实施植被恢复、生态调水等措施，提升区域水源涵养能力和生态系统稳定性。通过综合治理和科技支撑，祁连山地区的生态环境得到显著改善，冰川融水和河流径流得到了有效保护，生态系统恢复取得积极进展。

2. 塔里木河流域综合治理工程

塔里木河是中国最长的内陆河，其流域内生态环境十分脆弱。由于过度开采和气候变化的影响，塔里木河下游地区出现了严重的生态危机。该地区的科技支撑措施主要包括以下几项：通过生态调水，利用高效的水资源调度技术，将上游的水资源合理分配到下游，保障了下游生态系统的用水需求。建立流域水资源管理信息系统，实现对水资源的实时监控和科学调度，提高水资源利用效率。构建综合环境监测网络，对流域内的水质、水量和生态环境进行动态监测，为决策提供依据。综合治理措施使塔里木河下游的生态环境显著改善，胡杨林得到恢复，水质明显提升，流域内的生物多样性增加。

3. 张掖市节水灌溉工程

张掖市位于甘肃省河西走廊中部，农业用水需求巨大，但水资源十分有限。为了提高农业用水效率，推广高效节水灌溉技术成为重要任务。

该地区的科技支撑措施主要包括以下几项：推广使用滴灌和喷灌等高效节水灌溉技术，大幅减少农业用水量，提高水资源利用率。建立农业用水监测系统，对灌溉用水进行实时监控，优化灌溉方案，避免浪费。建设农业科技示范园区，推广节水灌溉技术和新型农艺措施，提高农业生产效率和可持续性。项目实施后，张掖市农业用水量显著减少，农作物产量提高，同时减少了地下水的开采压力，保护了区域的水资源和生态环境。

4. 黑河流域综合治理项目

黑河流域是我国第二大内陆河流域，横跨青海、甘肃和内蒙古三省区。由于气候变化和人类活动的影响，黑河流域面临着水资源短缺和生态环境退化的问题。该地区的科技支撑措施主要包括以下几项：利用水文模型和气候模型对流域内水资源进行科学调度，优化配置水资源，确保上、中、下游各段用水的合理分配。建立完善的生态水文监测网络，对流域内水文变化、生态环境进行实时监测和评估，为治理措施的制定提供科学依据。通过在流域内推广高效节水灌溉技术、植被恢复工程和生态补水措施，提升区域水资源利用效率和生态系统恢复能力。通过综合治理，黑河流域的水资源管理水平显著提升，生态环境逐步恢复，流域内的生态系统稳定性增强。

5. 青海湖生态保护与恢复工程

青海湖是我国最大的内陆湖泊，也是重要的生态屏障。近年来，受气候变化和人类活动的影响，青海湖面临水位下降、湿地萎缩和生态环境退化的问题。该地区的科技支撑措施主要包括以下几项：通过引水工程，增加青海湖的补水量，维持湖泊水位稳定。在湖区及周边实施湿地恢复项目，保护和恢复湿地生态系统，增加生物多样性。开展青海湖生态环境监测与科学研究，评估湖泊水文变化和生态系统健康状况，为制定生态保护措施提供科学依据。通过一系列保护与恢复措施，青海湖的生态环境得到了显著改善，湖泊水位逐步回升，湿地生态系统恢复，生物多样性增加。

6. 石羊河流域综合治理工程

石羊河流域位于甘肃省中部，是典型的内陆河流域。由于气候变化和不合理的水资源开发利用，流域内的水资源短缺和生态环境问题十分突出。该地区的科技支撑措施主要包括以下几项：利用先进的水资源调控技术，优化流域内水资源配置，确保下游生态环境的用水需求。在流域内实施植被恢复、生态调水等措施，提高水源涵养能力，恢复生态系统。建立水资源和生态环境综合监测系统，对流域内的水文和生态变化进行动态监测和评估。通过综合治理，石羊河流域的水资源管理水平显著提升，生态环境逐步恢复，流域内的生态系统稳定性增强。

三、水资源利用领域科技支撑西部生态屏障建设的新使命和新要求

2021联合国《世界水发展报告》和联合国《2030年可持续发展议程》中明确指出了正确认识水资源价值、提高水资源利用效率对保障生态脆弱区和经济欠发达区域水资源安全、实现可持续发展目标的重要性。在我国新时代生态文明建设大背景下，"山水林田湖草沙"统筹治理和"节水优先、空间均衡、系统治理、两手发力"的治水思路是水资源利用领域科技支撑西部生态屏障建设的新使命和新要求。为支撑西部生态屏障建设，实现绿色高质量发展目标，亟须加深对水－生态－社会经济系统相互作用和耦合机制的认识，优化区域和流域水资源利用与生态保护调控措施。我国需要在已有成果的基础上，面向水资源利用领域科技支撑西部生态屏障建设重大需求，加强相关科研任务布局和人才培养，加快推进水资源综合科学观测网络平台建设，加大对水－生态－社会经济耦合系统的综合研究，构建人水和谐的生态系统，为水安全保障与水生态文明建设提供支撑。

第二节 水资源利用领域科技支撑西部生态屏障建设的战略布局

一、总体思路

按照"节水优先、空间均衡、系统治理、两手发力"的治水思路，紧密围绕国家西部生态屏障建设重大需求和水文与水资源国际科技发展前沿，以"山水林田湖草沙冰"一体化治理理念为指导，统筹推进生态保护修复、水资源节约与优化配置、水灾害防治、水环境治理的科技创新，全面提升西部水资源利用、保护和管理能力，突破数字化、网络化和智能化等一批现代水文与水资源关键技术，建设空-天-地一体化监测预警平台和精准化决策模拟器，培育西部水文与水资源人才高地，构建西部水生态和水安全保障体系，引领国际生态脆弱区水资源研究领域创新发展。

二、体系布局

汇聚中国科学院内外科技力量，以国家、中国科学院及地方项目为依托，针对西部生态屏障建设组织和协调重大科技任务部署，搭建跨区域、跨学科的科技协作平台，整合已有的野外观测与监测站点、统一观测标准和规范，形成以水资源及其利用要素为核心的大型观测网络和研究平台支持系统，从战略性、关键性和基础性科技任务三个方面分期部署多层次科技任务，促进西部生态屏障建设研究。

（1）战略性科技方向：围绕水生态文明建设、区域水安全保障等国家重大战略性和全局性需求，瞄准世界科技前沿和未来学科发展方向，亟待布局北方防沙治沙带跨流域调水与水资源配置等战略性科技重点研究方向。

（2）关键性科技方向：瞄准水资源及其利用领域科技布局中的关键点与核心技术，亟待布局内陆河流域"山水林田湖草沙冰"系统中人工调控水循环途径，以及北方防沙治沙带水资源与水安全技术体系与策略等关键性科技重点研究方向。

（3）基础性科技方向：瞄准水资源及其利用领域基础研究和水文与水资源发展能力建设，解决本领域基础条件不足的问题，亟待布局内陆河流域空–天–地一体化和智慧化的水与生态安全监测预警决策平台，以及变化环境下生态脆弱区水文与水资源模拟与预估等基础性科技重点研究方向。

三、阶段目标

（一）战略性科技方向

近期（2025年）：构建涵盖控制标准、防控策略、管理系统的调水工程风险防控体系。

中期（2035年）：揭示调水工程区的气候特点和地质条件，提出跨流域调水规划方案及工程项目建议。

远期（2050年）：优化南水北调西线工程的调水方案，完成全球变化背景下跨流域水资源精准评估与配置。

（二）关键性科技方向

近期（2025年）：建立健全"山水林田湖草沙冰"生命共同体水资源高效管理协调机制；建立跨流域、多要素、多过程、多尺度水循环与生态系统综合集成模拟模型。

中期（2035年）：揭示"山水林田湖草沙冰"生命共同体水资源承载能力；构建智能化水资源科学调配技术体系。

远期（2050年）：完成全球变化背景下"山水林田湖草沙冰"水循环人工调控体系；实现变化环境下的极端水文事件预测，研发寒区旱区水资源配置关键技术，完成干旱区生态修复和节水技术体系。

（三）基础性科技方向

近期（2025年）：完成北方防沙治沙带水文与水资源及生态空–天–地一体化监测体系设计；开展变化环境下生态脆弱区水文过程可预报性和模拟不确定性研究。

中期（2035年）：初步建成北方防沙治沙带水文与水资源及生态空–天–地一体化监测站网；揭示生态脆弱区水文过程和生态系统演变的相互影响机制，研发基于多源数据和人工智能的生态脆弱区水文模拟技术。

远期（2050年）：全面建成北方防沙治沙带水文与水资源及生态空–天–地一体化监测站网，实现关键区域全要素观测自动化；建成变化环境下生态脆弱区水文与水资源模拟及预报平台，实现生态脆弱区水文模拟和预报应用示范。

第三节　水资源利用领域科技支撑西部生态屏障建设的战略任务

一、三层次科技任务

北方防沙治沙带水资源利用领域科技支撑西部生态屏障建设的战略

任务是查清变化环境下西部水资源的利用变化规律，并提出建设支撑西部绿色高质量发展的水资源战略和科技体系的方法。三层次科技任务在不同区域具体表达如下。

（一）战略性科技任务

北方防沙带位于西北干旱区，在水资源、自然地理特征、生态系统方面具有强烈的分区性（山区—绿洲—荒漠），水资源分布与社会经济发展、生态建设布局不协调，生态环境脆弱。水资源季节分配和作物需水量的不匹配，加大了区域农业用水的不安全因素，使农业水资源的可持续利用面临巨大挑战。跨流域调水是解决区域水资源短缺问题、维持社会经济可持续发展、改善自然生态环境的一项重大战略举措。南水北调西线工程的建设，将会使西部地区的资源优势转化为经济优势，为西部大开发提供水资源保障。南水北调西线工程的受水区生态系统破坏严重，并呈现出逐渐恶化的趋势，南水北调西线工程投入使用后，将为生态脆弱地区提供水资源，可有效地遏制土地沙漠化，使生态系统得到恢复，极大地改善西部地区的生态环境。后续水源将大大提高西北地区的水资源保障能力，支持"一带一路"建设，打造黄河—河西—新疆现代丝绸之路生态经济走廊，保障少数民族地区及边疆地区的发展、稳定与安全等。

通过大型调水工程可重造水文网络和分配流量，创建"人工河"网络。开展调水工程运行风险管控关键技术及应用研究，构建涵盖控制标准–防控策略–管理系统的调水工程风险防控体系。结合调水工程区的气候特点和地质条件，综合考虑规划、建设、运行管理等条件，加深对技术经济可行性的认识。根据调水区的用水需求，结合新形势、新战略，规划方案比选论证全面深化，分析流域节水潜力、供需形势及调水必要性，按照"生态优先、绿色发展"的理念，对跨流域调水规划方案及工程项目建议书成果进行深入研究。利用多指标比对法，从南水北调西线工程调水断面下移自流方案和抽水方案入手，通过调水河流可调水量、环境影响、移民范围、投资费用和经济效益等指标探讨方案的优劣，论证工程下移自流方案的可行性与优越性。同时，在确定工程总体布局方案时，也要开展南水北调西线工程的后续水源和调水到西北其他缺水地区问题的研究。

（二）关键性科技任务

1. 内陆河流域"山水林田湖草沙冰"系统中水循环人工调控途径

1）战略意义

"山水林田湖草沙冰"生命共同体以山、水、林、田、湖、草、沙、冰等不同的资源环境要素所组成的复杂巨系统为主体，是对多层次、多尺度资源环境要素相互作用关系及人地协同关系的高度凝练。科学认识山、水、林、田、湖、草、沙、冰等生态资源之间存在的物质、能量流动与交换，改变过去对单一要素进行生态修复的割裂格局，实现对生态系统的整体保护、系统修复和综合治理。结合已有的生态修复工程，探索内陆河流域"山水林田湖草沙冰"系统中人工调控水循环途径对进一步巩固生态修复工程的成效具有重要意义。

2）遴选依据

在 1990～2020 年，西北干旱区水体面积出现增长趋势，平均每年增长约 386.59 千米^2，西北干旱区湖泊水域面积也呈增长趋势。其中，新疆南部地区的湖泊扩张速度最快，平均每年扩张面积高达 24.85 千米^2，尤其是山区湖泊面积扩大明显（夏光等，2018）。河西走廊地区的湖泊面积扩张速度相对缓慢，平均每年仅增加约 1.68 千米^2。地表水体面积虽然在扩大，但是陆地水储量总体却处于减少态势，尤以天山地区及南北两麓平原区减少最多，说明这些区域的地下水处于超采状态。西北干旱区的区域植被整体呈现出增加趋势，大致可分为两个阶段：第一阶段是

1982~1998 年的快速增强阶段，第二阶段是 1998 年出现"跃动式"升温后，平原区天然植被覆盖度出现逆转（夏光等，2018）。

"山水林田湖草沙冰"生命共同体这一理念科学地界定了人与自然和生态系统要素之间的内生关系，为人类认识自然界和协调人与自然关系提供了重要的理论依据（王夏晖等，2015），是对人地关系的一种生动阐述。调控水循环过程，统筹兼顾"山水林田湖草沙冰"，深入分析水资源在修复模式、修复技术、修复制度等方面的过程，以此促进生态修复工程在不同区域和不同时段的合理有序展开。

3）主要内涵

按照"山区涵养水源、绿洲高效节水、稳定过渡带"的思路，以保护祁连山冰雪水源为核心，提升区域水资源承载能力；防止腾格里沙漠、巴丹吉林沙漠和库姆塔格沙漠合拢，加固北部绿洲边缘防沙固沙体系；实施好"山水林田湖草沙冰"系统治理，加快平原高效人工绿洲建设；统筹推进河西走廊的祁连山区、中部平原区和北山山地生态保护、治理和建设工作，稳固建成祁连山绿色屏障、北部防沙固沙带和走廊人工绿洲组合而成的西北地区重要绿色屏障。

4）阶段目标

近期（2025 年）：建立健全"山水林田湖草沙冰"生命共同体水资源高效管理协调机制。

中期（2035 年）：揭示"山水林田湖草沙冰"生命共同体水资源承载能力。

远期（2050 年）：构建全球变化背景下"山水林田湖草沙冰"水循环人工调控体系。

5）与重大任务的衔接

"山水林田湖草沙冰"系统治理是新时期"美丽中国"生态建设的战略途径。"十三五"期间，科技部"典型脆弱生态系统保护与修复"专项聚焦祁连山区，开展了水源涵养、退化草地修复与国家公园试点建设的研发工作。本关键性科技任务可以此为基础，进一步强化高原地区"山水林田湖草沙冰"水循环人工调控体系研究，探索系统整体保护与水资源调控方案。

2. 北方防沙治沙带水资源与水安全技术体系与策略

1）战略意义

针对变化环境下内陆河流域不同空间尺度及时间尺度下水循环演变机理、节水与非常规水资源利用、水循环模拟与水资源科学调配、河湖治理与流域水资源保护、水工程建设运行与安全保障、水信息采集与智慧管理技术等展开定量研究，对于保障内陆河流域的水资源安全具有重要意义。

2）遴选依据

北方防沙治沙带的生态地位突出，区位优势明显，既是我国重要的生态屏障地区，也是我国"一带一路"建设的重要路段，在推进西部大开发形成新格局、黄河流域生态保护和高质量发展中具有十分重要的作用。但该区域水资源短缺严重，水生态退化严重，水灾害威胁加重，水污染问题突出，如荒漠–绿洲过渡带天然洪水完全消失、防风固沙林大面积死亡等。因此，合理开发利用水资源、高效节水和水量调配是西北内陆区可持续发展亟须解决的关键科技问题；集成西北内陆区水资源安全保障技术体系，可为丝绸之路经济带水资源安全提供重要保障。河西走廊水资源安全保障技术体系的建立是该区域目前面临的关键科学问题。

3）主要内涵

在全球变暖和强人类活动的影响下，建立跨流域、多要素、多过程、多尺度水循环与生态系统综合集成模拟模型，构建智能化水资源科学调配技术体系，实现变化环境下的极端水文事件预测，研发寒区旱区水资源配置关键技术，以及完善干旱区生态修复和节水技术体系。加强水资源统一管理，联合运用地表水与地下水。地下水开发与高效节水、盐碱化防治、生态环境保护相结合，限制地下水超采，合理界定流域内经济社会系统和生态系统的水量分配方案。

4）阶段目标

近期（2025年）：建立跨流域、多要素、多过程、多尺度水循环与生态系统综合集成模拟模型。

中期（2035年）：构建智能化水资源科学调配技术体系。

远期（2050年）：实现变化环境下的极端水文事件预测，研发寒区旱区水资源配置关键技术，完成干旱区生态修复和节水技术体系。

（三）基础性科技任务

1. 内陆河流域空－天－地一体化和智慧化的水与生态安全监测预警决策平台

1）战略意义

在全球气候变化和人类活动的作用下，山地－绿洲－荒漠生态系统面临的生态风险压力不断增加。系统监测和量化自然与人为作用下生态系统结构与功能的变化过程，综合评估和预测其变化趋势，是当前面临的基础性科技问题，特别是干旱区脆弱生态系统空－天－地一体化的监测和评估技术亟待加强。

2）遴选依据

多元传感器在卫星、无人机和水文监测站等不同平台上的数据传输、处理、同化与融合，以及解决水资源监测中设备延时和移动性问题，仍需深入研究。借鉴国内外先进经验和国家水资源监测工程成果，利用北斗卫星和5G等新一代通信技术，全面升级一体化监测设备的通信模块，实现信息传输的实时切换。未来，随着遥感技术的进步，更高时空分辨率、更广光谱覆盖及更有针对性的遥感数据产品将在干旱区水资源监测中得到更深入的应用。

3）主要内涵

水资源与生态监测是生态建设的基础，本区域内陆面过程复杂、观测平台数量有限、观测难度大，难以支撑寒区旱区生态水文研究，因此建立完善的、多要素的、自动化、智能化和网络化监测平台是基础性科技任务。需要对监测仪器进行升级创新，构建空－天－地一体化监测体系和智慧化的生态环境监控预警综合体系，进而解析生态系统变化的水资源与生态服务效应，构建水与生态安全监测预警决策平台。

4）阶段目标

近期（2025年）：完成北方防沙治沙带水文水与资源与生态空－天－地一体化监测体系设计。

中期（2035年）：初步建成北方防沙治沙带水文与水资源与生态空－天－地一体化监测站网。

远期（2050年）：全面建成北方防沙治沙带水文与水资源与生态空－天－地一体化监测站网，实现关键区域全要素观测自动化。

5）研究基础

干旱区水资源监测先后经历了人工监测、计算机系统远程监测、基于数据传输单元的远程监测和基于物联网的远程监测等阶段。随着网络的应用与普及，支持多种数据输出接口的智能仪表通过与计算机连接，形成一个大规模的计算机系统监测网络。随后，在无线通信技术的支持下，水资源监测数据以有线（以太网、公共交换电话网络、非对称数字用户线路等）或无线（超短波、卫星、全球移动通信系统、通用分组无线业务等）的方式传输到远程监测中心，形成更便利的水资源监测数据传输网。近年来，物联网技术被应用到水资源监测中，进一步实现了监测数据的网关汇总和上报。干旱区水资源监测技术已较为成熟，为构建远程监测系统提供了可能，由水资源监测点经过卫星等自动化装置采集数据并输送到系统中心，在水资源信息查询平台上即可查到观测站数据，水资源实时监控管理系统能够对水资源进行实时调度，同时结合收费系统实现自动收费。

6）与重大任务的衔接

优化布局中国科学院西部生态系统研究网络，并与中国科学院其他研究院所的野外监测平台相结合，加强寒区旱区水文与水资源及生态方面的监测能力建设，形成完善的、多要素的、自动化、智能化和网络化监测平台，并支撑国家观测平台和网络体系，为国家重要生态系统保护和修复重大工程、国家重大科技计划和国家重点研发计划等项目提供重要支撑。

2. 变化环境下北方防沙治沙带水文与水资源模拟与预估

1）战略意义

北方防沙治沙带总体上地广人稀，生态系统脆弱，大部分地区由于水资源要素监测网络不够完善、地下水资源调查不足等原因，水文与水资源模拟技术的发展相对缓慢，矿区水污染和干旱区水生态等问题未受到足够关注，西北地区每平方千米的水文观测站点较少，山区水资源预测精度不高。然而，在全球变暖背景下，极端气候水文事件频繁发生，泥石流、崩塌、滑坡、冰湖溃决、山洪、雪灾、干旱和冻胀融沉等灾害呈现多发趋势，严重威胁西部地区的水资源、生态环境和人民生命安全。因此，发展变化环境下的西部生态脆弱区水文与水资源模拟和预估技术对于区域水资源精细化管理、可持续利用及防灾减灾都具有重要意义。

2）遴选依据

西北干旱区站点的统计资料分析显示，西北干旱区气温极值向暖趋势明显，异常偏暖的极端事件显著增加（Wang et al., 2013）。西北干旱区的河川径流对冰川（积雪）的依赖性较强，随着气候变暖加剧和极端气候水文事件的增多，冰川水资源变化将更为复杂。根据第二次冰川编目，

1970~2009年，中国西部冰川的面积从43 650.0千米²减少到34 152.9千米²（Su et al., 2022），减少了21.8%，冰川的体积从3865.2千米³减少到3078.3千米³（Su et al., 2022），减少了20.4%。西北干旱区水循环过程独特，产汇流过程复杂，地表水与地下水频繁转换，构建适合于该区的基于特殊山盆结构的分布式水文与水资源模型，探讨水资源时空分布及对经济社会系统和生态系统可能造成的重大影响，成为西北干旱区水文循环研究的关键。

北方防沙治沙带气候复杂多变，是全球气候变化的敏感区域，也是生态相对脆弱的区域；季风和西风的共同作用增强了西部的水循环过程，导致降水、冰川、湖泊和径流变化的空间差异进一步加剧，严重影响了西部生态系统对水资源的调节作用。同时，极端天气事件增加，进而导致洪涝灾害、冰湖溃决、泥石流灾害等事件的发生及水土资源的流失，给区域及周边水资源和生态环境安全造成威胁。

3）主要内涵

以水资源可持续利用、水资源服务区域社会经济发展和生态安全屏障建设等需求为导向，重点布局变化环境下北方防沙治沙带水文过程和生态系统演变的相互影响机制、变化环境下水文过程可预报性和不确定性分析、基于多源数据和人工智能的北方防沙治沙带水文模拟技术、变化环境下水文与水资源模拟及预报平台等方面的研究任务，为北方防沙治沙带短期、中期和长期的水文模拟和预报提供支持。

4）阶段目标

近期（2025年）：开展变化环境下北方防沙治沙带水文过程可预报性和模拟不确定性研究。

中期（2035年）：揭示北方防沙治沙带水文过程和生态系统演变的相互影响机制，研发基于多源数据和人工智能的生态脆弱区水文模拟技术。

远期（2050年）：建成变化环境下北方防沙治沙带水文与水资源模拟

及预报平台,实现生态脆弱区水文模拟和预报应用示范。

5)研究基础

近几十年来,全球范围内开展了大量关于缺资料地区的水文模拟研究,取得了丰富的研究成果,不过针对我国西部地区缺资料地区的研究相对较少。目前已积累了部分区域的水文气象观测资料和全球或区域性地面水文气象要素驱动数据集(CLDAS、CMADS、GLDAS、CMIP等),以及针对西部典型地区发展的水文模型,这些为缺资料地区的水文模拟提供了数据和技术支持。

6)与重大任务的衔接

科技部等国家部门部署了一系列重点研发计划任务,开展山洪模拟和预估研究,这对缺资料地区的水文模拟研究有重要参考作用。缺资料地区的水文与水资源模拟及预报平台是对国家水文与水资源预报预警的有益拓展和补充。

二、组织实施

依托国家部委和中国科学院的科技任务成果和当前部署,利用研究成果和观测网络,针对三层次科技任务进行多层次布局,推广"揭榜挂帅"机制,开展科研攻关。推动中国科学院、各高校和地方单位合作,共同承担科技项目,建立常态化合作机制,提供地方配套和支撑。

战略性科技任务:由中国科学院科技战略咨询研究院和学部牵头,联合全国相关部门,分解目标,组织跨机构、跨部门、跨领域的科研团队。依托水资源领域的核心高校或研究机构,建立协同研究中心,发挥学科交叉和人才优势,确保产出重大科研成果。

关键性科技任务:在长期科技计划框架下,中国科学院设专项,组织相关研究所,解决水资源领域支撑西部生态屏障建设的问题,提出系统解决方案。

基础性科技任务：在重大科技任务基础上，发挥中国科学院和水利部的优势，与生态屏障区地方合作，利用中央和地方经费，布局重大研究网络和平台建设任务。

第四节　促进水资源利用领域科技发展的战略保障

一、重大举措

（一）水资源利用领域支撑西部生态屏障建设的重大举措建议

1. 气候变化和人类活动影响下干旱区水资源的科学评估

干旱区水资源的科学评估受自然、社会、工程、环境、政策、管理等多方面的影响，在评估过程中要关注以下问题。

在评估指标体系上，指标的选取要以水资源的自然属性为基础，注重水资源的自然、经济、社会、环境等多方面的关联研究，要考虑水资源开发现状，还要考虑在气候变化和人类活动影响下其能否适应、满足目前和将来的需求，而又不会引起生态环境功能问题。

在评估内容上，水资源评估应针对不同时空尺度，综合评估区域的水资源承载力、丰富度、脆弱性、服务功能、生态环境影响、可持续利用性等特性，最终形成气候变化和人类活动影响下较为综合全面的水资源可持续评价结果。

在评估手段上，由于干旱区站点资料缺乏，遥感与水文模型集成已经成为常用水资源评估方法之一。随着对陆面水文过程与大气、生态系统、人类活动等要素的互动作用理解的深化，水文模型将充分耦合这些要素的动态过程，从而进一步提高模拟精度，而遥感技术对这些要素的动态监测为水文模型提供了重要数据基础；虽然目前遥感技术已有能力提供大量实时的高分辨率数据，但真正能够应用的水文参数数据集产品并不全面，在西北干旱区，由于缺乏本地数据，这些模型的使用效果较差，因此如何在数据缺乏地区应用水文模型是亟须解决的问题。

在全球气候变化、"一带一路"倡议、生态文明建设、西北综合安全需求、水利工作新局面等综合复杂环境下，须遵从党中央、国务院新时期的治水理念，大力加强西北内陆河水资源安全与保障技术研发，提高水文与水资源监测监控能力，为水问题的解决提供强有力的科技支撑。

2. 创新跨流域调水工程论证方法，科学认识南水北调西线工程

跨流域调水是解决区域水资源短缺、维持社会经济可持续发展、改善自然生态环境的一项重大战略举措。南水北调西线工程是在西北各地缺水背景下提出的。在实践过程中，应创新跨流域调水工程论证方法，科学认识南水北调西线工程。

1）构建涵盖控制标准－防控策略－管理系统的调水工程风险防控体系

通过大型调水工程，创建"人工河"网络，强化跨流域调水工程与水文网络之间的联系。在跨流域调水工程中，须考虑对多水源嵌套的复杂跨流域调水工程的运行调度问题。此外，水源区水量转移涉及调水风险、水源区河道生态风险和水库运行风险等，应构建涵盖控制标准、防控策略、管理系统的调水工程风险防控体系。

2）综合考虑规划、建设、运行管理等条件

跨流域调水工程沿线涉及不同的地理和气候区域，需要综合考虑规划、建设、运行管理等条件。在水资源时空分布不均问题愈发严重的情况下，应将跨流域调水工程纳入水资源综合管理范畴，同时考虑绿色基础设施的作用。例如，南水北调西线工程调水区位于多年冻土和季节性

冻土的交会区，必须查明不同类型冻土的分布情况，制定相应的防范措施。此外，要根据调水区的用水需求，分析流域节水潜力、供需形势及调水必要性，按照"生态优先、生态保护"的理念，对跨流域调水规划方案及工程项目建议书成果进行深入研究。

3）提高方案生成能力，在多方案基础上选择最佳方案

南水北调西线调水区水资源丰富，水资源开发利用程度较低，可调水量潜力大。可先研究距黄河较近、调水量适宜、工程规模较小、工程艰巨性及困难相对较小的通天河、雅砻江、大渡河等流域的调水工程。利用多指标比对法，从西线工程调水断面下移自流方案和抽水方案入手，论证工程下移自流方案的可行性与优越性，并开展南水北调西线工程的后续水源和调水到西北其他缺水地区问题的研究。南水北调西线工程在大渡河、雅砻江、通天河及其支流各断面的调水量占当地径流量的比例在规划中是比较大的，关于这些水量被调走之后，当地乃至调水断面的下游地区受到的影响应进行详尽分析和研究。可基于南水北调西线工程方案涉及的工程长隧洞施工技术、水量调度及水资源优化配置、工程引水与水库多目标联合调度技术、工程对调水河流生物多样性的影响、工程水质分析及预测研究、多水源调水定价、水权管理模式、调水补偿机制等问题展开研究。在搞清调水工程区地形、地质、经济、社会、生态、环境等情况的基础上，采用现代科学技术手段，迅速提高方案的生成能力和多维视角的评价能力，使南水北调西线工程的调水方案建立在厚实的方案支持基础上。在权衡跨流域调水工程的总体效益与成本时，设立多个水资源利用情境，从多个价值维度进行分析研究。近年，国际上开始流行"水足迹"（指一个国家、一个地区或一个人在一定时间内消费的所有产品和服务所需要的水资源数量）概念和技术，以此评价人类对水资源时空分布的依赖程度，衡量人类活动对水资源的影响。

南水北调西线工程的建设将会使西部地区的资源优势转化为经济优

势，为西部大开发提供水资源保障。南水北调西线工程投入使用后，将为生态脆弱地区提供水资源，可有效地遏制土地沙漠化，恢复并建立新的生态系统，大大提高这一地区的环境容量及承载力。后续水源将大大提高西北地区的水资源保障能力，支持现代丝绸之路生态经济建设，保障少数民族地区及边疆地区的发展、稳定与安全。

3. 建立取用水全面控制和精准计量体系，提升水资源利用效率

水资源问题已成为西北地区经济社会可持续发展和生态环境维持良好的最大制约和短板。水是生命之源、生产之要、生态之基，但在日常生活中，浪费水资源的现象时有发生。人们的用水没有被精准计量和用水不善是造成这种现象的原因之一。为了提升西北地区的水资源利用效率，就必须建立完善的取用水全面控制和精准计量体系。

1）加强取水管理，提高取水口取水监测计量覆盖面

对工业、生活、服务业取水口，要全面配备计量设施，其中规模以上的应在线计量，对于水资源紧缺和过度开发利用地区应做更高要求。对地表水灌区渠首取水口，33 千米^2 以上的大中型灌区要在线计量。在监测计量准确度方面，取用水户要依法安装取水计量设施，将取水计量作为取水许可管理的条件。通过监测计量数据，及时发现和处理超许可、超计划取水问题。加强监测计量数据在用水统计调查、水资源调查评价等工作中的应用。

2）推动再生水、雨水、苦咸水等非常规水利用

实施区域再生水循环利用试点，在城镇中逐步普及建筑中水回用技术和雨水集蓄利用设施，加快实施苦咸水水质改良和淡化利用。统筹考虑经济、社会、自然的协调发展，把节水与生态保护、流域综合治理结合起来。在中游节水的同时做好上游产流区的水源涵养工作，开展人工干预增水，增加水资源总量，提高水资源供给保证率。

3）坚持"以水定城、以水定地、以水定人、以水定产"，约束供水成本

按照"把水资源作为最大刚性约束"要求，大力推动全社会节水，全面提升水资源利用效率，把节水贯穿到社会经济发展的全过程和全领域。在保障基本生态用水的前提下，确定各区域经济社会发展的可用水量。聚焦合理分水、管住用水、控制总量、盘活存量等方面，完善已有的水量分配、用水定额管理、水资源调度、取水许可及其动态管理、灌区用水、水资源计量监控等制度，建立水资源承载能力评价、用水权初始分配、闲置取用水指标处置等制度。明确节水标准，把标准定额体系作为约束用水户的用水行为的依据。以可用水量为前提，做好对水资源需求的优化和取舍，紧密结合区域实际，合理规划产业布局，调整产业结构，控制产业规模，使经济社会发展与水资源条件相适应。

4）实施节水评价，强化监管

限制用水浪费，对与取用水相关的水利规划、需开展水资源论证的相关规划、与取用水相关的水利工程项目、办理取水许可的建设项目等开展节水评价。通过调整水价，倒逼节水，建立反映市场供求、水资源稀缺程度和供水成本的水价形成机制，按照不同行业的特点建立多层次供水价格体系。从水利工程管理体制改革入手，减员增效，提高效率，降低成本。从水资源经营机制入手，建立市场竞争机制。建立完善用水者对供水成本的监督机制，增强外部约束的作用力。通过降低成本，为水权改革提供更大的空间。

5）发展节水灌溉技术，提升灌区智能化水平

建立水联网智慧灌区节水灌溉示范区，将田间节水灌溉技术与智能取水技术相结合，提升灌区数字化监测、智能化控制、精准化调度水平。加强取用水计量在线监测系统建设，实施灌溉用水总量控制和定额管理，通过以水定地、退地还水等举措，推进农业节水和水资源的严格管理。

6）完善水资源配置网络与格局，提高水资源利用效率和效益

严重缺水与用水浪费并存的重要原因是水资源配置格局不合理。各级政府与机构必须正确定位未来水利改革发展的方向，以建设山区水库替代过多的平原水库，作为提高水利工程调蓄和优化供给能力、为农业高效节水与工业和城镇化发展提供保障的基础手段。须进一步完善北疆"网式结构"、南疆"环式结构"、东疆"串式结构"的水资源配置格局，不仅要完善重大水资源配置工程，也要做好"最后一公里"的配套建设，切实让重大水利工程的综合效益得到充分发挥。

（二）水资源利用领域与其他领域交叉融合发展共同支撑西部生态屏障建设的重大举措建议

1. 揭示人水关系耦合作用机理，探索人与自然和谐共生优化调控途径

北方防沙治沙带水资源短缺，水土流失严重，水资源供需矛盾突出。水资源问题的实质是人与水关系的协调与调整。促进区域水资源利用，实施水资源可持续发展战略，必须遵循人与自然和谐相处的客观规律。科学把握流域生态环境适宜度，使资源环境与经济社会协调发展。在干旱区影响生态环境最关键的因子是水，最核心的问题是社会经济与生态环境的耗用水比例。

1）加强人与自然和谐共生的理念建设

实行节水教育，树立和提高人的节水意识，科学利用水资源。在人水关系中，坚持"以人为本"的思想理念，将"以和为贵"的思想与水保护开发融为一体，形成人水和谐价值观。

2）加强人与自然和谐共生的制度建设

健全提高西北地区水资源利用效率的法律、技术、政策体系。建立统一的水资源管理机构和体系，完善法规政策。用制度纠正损害水环境、浪费水资源的无序行为。建立水市场，科学制定水价政策等。实施最严格的

水资源管理制度，划定水资源开发利用、用水效率控制、水功能区限制纳污三条红线，严格控制用水总量，坚决遏制用水浪费，严格控制入河排污总量。生产企业用水，须通过缴纳取水费，取得当地的取水证。

3）加强人与自然和谐共生的行为建设

全面建设节水型社会，提高水资源利用率，做好节约用水工作。成立节约用水机构，理顺节约用水职能；加大节水的宣传力度，提高全民节水意识，以安装计量水表为突破口，全面加强节约用水工作。推广使用节水新技术、节水型器具。科学合理利用水资源，将"以需定供"的传统开发模式转变为"以供定需"的可持续利用模式，从而实现可持续发展。在农业方面，通过综合运用灌区节水改造、田间高效节水等工程措施和种植结构调整等非工程措施，提高农业综合节水能力；在工业方面，重点推进高耗水行业节水技术改造，限制高耗水工艺和高耗水设备，提高工业用水效率；在城乡生活方面，削减耗水型产业，采用先进节水技术，通过强化公共用水管理、合理调整水价、推广城市建筑节水技术、加强城镇污水集中处理与再生水回用等措施促进节水。

关注水安全，建设民生水利。水安全关系全民健康、社会发展。民生水利是可持续发展水利阶段性的客观要求，又是当前水利工作中的重中之重，旨在强调以人为本，解决好人民群众的生命安全、生活条件、生产发展、生态改善等基本水利问题。

建立水利工程，形成节水型输排灌水管网跨流域调水工程。通过建立跨流域调水工程，不仅可以调节水资源分布不均，缓解水资源的短缺问题，而且在一定程度上可以缓解生态环境的恶化。充分依靠大自然的自我修复能力，将人工治理与生态修复相结合，生态、经济和社会效益统筹兼顾，加快水土保持建设，解决水土流失等生态问题。发展绿色经济，严格管理污水排放，调整回用水水质标准，加强水资源保护，维护河流健康，解决水污染问题。

2. 研究流域经济－生态用水平衡，科学用水及应对干旱区生态安全风险

1）遵循自然经济社会规律

干旱区内陆河流域面对人工绿洲社会经济系统和天然绿洲生态系统两大竞争性用水户，须合理制定流域内水量分配机制，科学合理地确定生态保护区的范围、目标和需水总量，明晰生态水权，加强河道各主要控制断面的引水监控，保证水资源的有效管理和生态环境用水。建立完善、统一的生态补偿机制，调整与生态环境保护和建设相关的各方利益关系，并使其制度化、规范化、市场化。要采取多种形式，加强宣传教育，形成爱水、节水、保水的良好社会环境，以人水和谐的新理念统领整个水利工作，坚持以人为本的科学发展观，按照人与自然和谐发展的理念，坚持全面规划、统筹兼顾、标本兼治、综合治理。进一步完善大江大河的防洪减灾体系，水利开发应严格遵循以下限制条件：一是不挤占生态环境用水，保证河道内生态基流及用水总量的需求；二是不能为解决现有的大面积灌溉缺水问题而增加用水量；三是要不断完善防洪抗旱的工程和非工程体系，构建高标准的城市防洪排涝饮水体系，建成全面的防洪减灾体系，建立防洪抗旱、救灾及灾后重建机制，使之调控供水过程与用户需水过程相适应；四是加强水资源统一管理，联合运用地表水与地下水。

2）建设维护良好的水环境和生态系统

以解决水问题为先导，将水利发展与粮食生产、消除贫困、生态保护等紧密结合起来。重视生态与水的密切关系，对生态问题严重的河流流域，采取节水、防污、调水等措施予以修复，涵养水资源；有计划地进行湿地补水，保护湿地。在地下水超采区，采取封井、限采等措施，保护地下水。对于水土流失等生态脆弱地区，注重发挥大自然的自我修复能力，实行退耕还林、封山禁牧禁柴等措施。同时，解决好生态修复

区的粮食问题、经济发展等问题，为实施自然修复创造条件。

建设生态保护功能区，把生态保护功能区作为一项主要的制度不断完善。细化、量化各功能区"生态红线"和生态环境敏感目标。建立建设项目环境功能区准入制度。建立入河污染物限排总量控制制度和水功能区监督管理制度，严格执行入河排污口设置申请、审批程序。加大宣传教育力度，建立严格的监督机制和违规处罚制度。

3）大力加强节水型社会建设

建设节水型社会是我国实施可持续发展战略的必然选择，是应对水资源问题的根本出路。通过调整产业结构，全面推进节水型社会建设，不断提高用水效率和效益，并以水资源的可持续利用保障和支撑社会经济可持续发展。要通过管理制度建设和变革，建立合理的水价体系，建立节水减污、高效用水的激励机制，有效抑制低效用水和水污染严重的用水需求，加强工程措施与非工程措施相结合，广泛采用节约用水的技术、设备、工艺和标准，使农业、工业、城市用水效率达到同类地区和国家的先进水平。要加大水利资金的投入，在上游和干流建设一系列水利工程，增加有效水量，减少水资源在河道中的漫延、渗漏、蒸发；在灌区，开展节水工程建设，科学合理地调控灌溉农业的发展规模和总用水量，保障新型工业化、新型城镇化和天然绿洲生态用水。特别需要指出的是，要进一步提高民众的水危机意识，在全社会形成节约用水的风气。农业上要改变"灌水越多越好"的传统观念，调控灌溉农业发展；同时要合理制定水价，各地可根据水资源现状，制定不同的水价和相应的用水定额，实行超定额用水加价的办法，实现建立节水型工业、节水型城市、节水型社会的目标。

4）建立考核评价机制

水对人类的生存和发展具有不可替代的地位和作用。各级政府是实施环境保护规划的责任主体，要把环境保护规划的目标、任务、措施和重点工程纳入本地区国民经济和社会发展总体规划纲要，把环境保护规划执行情况作为综合评价的重要内容。分期对环境保护规划执行情况进行评估和考核，评估和考核结果向社会公布，并作为考核各级政府政绩的重要内容。

随着水环境系统受到人类活动的影响日益严重，水危机日益显现，水危机管理包括洪水危机管理、枯水危机管理、水环境危机管理和水生态危机管理。加强宣传教育，防止人为造成的水危机，减少危害；居安思危，预防为主；统一领导，分级负责；依法规范，加强管理；快速响应，协同应对；依靠科技，提高素质，建立健全全社会以防为主，防、控、治三位一体的安全保障体制和应急应变机制。

3. 完善区域联防联控机制，实现"山水林田湖草沙冰"生命共同体的协同管理

"山水林田湖草沙冰"生命共同体这一理念科学地界定了人与自然和生态系统要素之间的内生关系，为人类认识自然界和协调人与自然的关系提供了重要的理论依据。基于这一理念，生态修复决策者和管理者应当将自然生态系统视为不可分割的整体，科学认识山、水、林、田、湖、草、沙、冰等生态资源之间存在的物质、能量流动与交换，改变过去对单一要素进行生态修复的割裂格局，实现对生态系统的整体保护、系统修复和综合治理。结合已有的生态修复工程，全面总结值得借鉴和推广的经验、存在问题和改进方向，进一步巩固生态修复工程的成效，同时也为其他区域即将开展的生态修复工程提供重要参考。生态修复工程是一项复杂的系统工程，涵盖了自然、社会、经济、文化等众多要素，因此必须要统筹兼顾，以此促进生态修复工程在不同区域和不同时段的合理有序展开。

针对西北地区而言，实现"山水林田湖草沙冰"生命共同体的协同管理的关键在于遵循钱学森提出的"多采光、少用水、新科技、高效益"

的沙产业理论，形成以生态项目扶持产业发展，以产业发展带动生态建设，政府政策性引导、企业产业化经营、农牧民市场化参与的防沙治沙新格局，成为"绿水青山就是金山银山"的实践创新样板。目前，西北干旱区主要发展肉苁蓉、酿酒葡萄、现代牧业、沙漠生态旅游、光伏发电五大产业。

1）治沙、致富兼顾，大力发展经济林产业

西北地区干旱少雨，沙漠化和荒漠化土地居多，适宜种植肉苁蓉、酿酒葡萄、苹果、梨、枣等经济作物。遵循"向生态要效益、将效益做生态、可循环可持续"生态产业观，不断增强沙区绿色产业富民带动力。

2）"借光治沙"，实现光伏产业、生态治理与帮扶致富互融共赢

西北地区有着丰富的光照资源，适宜大力发展光伏发电绿色清洁能源产业，开启西北地区"借光治沙"新模式。光伏板下发展设施农业、高效农业，也可有效带动经济增收。

3）"风景"变景区，扎实推进生态旅游发展

不断加大沿沙一线旅游景点的开发建设力度，将光伏园区、有机牧场、葡萄酒庄、中草药基地等现代农牧业产业化成果打造成为新的旅游景点。

4）建立健全水资源高效管理协调机制

形成系统治理、协调联动、整体推进的工作格局。强化流域规划、水资源配置、水工程调度、监测监督等作用，实行全过程统一管理。区域管理服从流域管理，统一协调最严格水资源管理、水利工程规划与建设、河湖管理、水权水价改革、水行政执法与监督等重要工作，建立分工明确、运转协调的水资源管理体制，优化流域机构监管职能，推动解决重大水资源问题，实现水资源科学高效管理。建立部门协同管理机制，实施水土共治。

5）建立超用水量监测预警及水资源管理奖惩机制

各级政府开展水资源监测预警体系建设，因地制宜采取工程措施、非工程管控措施，遏制地表水过度开发、地下水超采加剧的趋势，逐步实现水资源可持续利用。建立水资源保护管理奖惩机制，县级以上人民政府按照国家和省（自治区）有关规定对水资源保护管理中做出显著成绩的单位和个人给予表彰奖励，并将取用水违法违规记录纳入全国统一的信用信息共享平台。

二、保障措施

（一）体制机制保障

成立水资源利用支撑西部生态屏障建设领导小组，完善生态屏障建设中央—地方—科研机构联动协作机制；探索多元化生态补偿机制，建立跨地区、跨流域补偿示范区。

（二）平台建设保障

完善和优化山区和高寒高海拔地区空－天－地一体化水资源要素观测技术和网络，加强水资源和生态环境保护数据库平台建设；推动水资源利用领域国家实验室建设；构建流域/区域综合模拟重大科学装置；通过科技部和国家自然科学基金委员会已有的平台加大针对西部生态屏障区域的研究经费保障力度。

（三）数据协同保障

按照我国《科学数据管理办法》，制定西部生态屏障建设科学数据汇交标准和共享方案，所有相关科技任务的成果、科技文献、科学数据、生物种质资源等各类科技资源，应提交到国家科学数据中心或国家生物种质与实验材料资源库，并按照规定开放共享。

（四）人才资源保障

加大人才队伍建设经费投入，为水资源利用领域科技支撑西部生态屏障建设研究培养百人规模的科技人才，包括10%的领军人才、20%的学科带头人和70%的青年骨干。

（五）国际合作保障

发挥中国在联合国教科文组织、国际水文计划、国际水资源协会等国际科学组织中的作用，推动西部生态屏障区水资源利用领域相关科技计划项目的开展。

依托已有的双边和多边国际合作平台，如"一带一路"国际科学组织联盟、澜沧江—湄公河合作机制、国际山地综合开发中心等，以及科技部、国家自然科学基金委员会和中国科学院与其他国家相关机构之间的合作平台，开展针对西部生态屏障区的水资源国际合作研究项目，积极引进科技人才、输出科技影响力，加强和拓展该领域的国际合作研究力量。

参考文献

白霞, 陈渠昌, 张士杰, 等. 2008. 论黄土沟壑区小尺度水资源优化配置的重要性[J]. 中国水利水电科学研究院学报, 6(2): 149-155.

常启昕, 孙自永, 潘钊, 等. 2022. 高寒山区河道径流的形成与水文调节机制研究进展[J]. 地球科学, 47(11): 4196-4209.

车涛, 郝晓华, 戴礼云, 等. 2019. 青藏高原积雪变化及其影响[J]. 中国科学院院刊, 34(11): 1247-1253.

陈超, 潘学标, 张立祯, 等. 2011. 气候变化对石羊河流域棉花生产和耗水的影响[J]. 农业工程学报, 27(1): 57-65.

陈丹, 莫兴国, 林忠辉, 等. 2006. 基于MODIS数据的无定河流域蒸散模拟[J]. 地理研究, 25(4): 617-623.

陈德亮, 徐柏青, 姚檀栋, 等. 2015. 青藏高原环境变化科学评估：过去、现在与未来[J]. 科学通报, 60: 3025-3035.

陈洪松, 邵明安, 王克林. 2005. 黄土区深层土壤干燥化与土壤水分循环特征[J]. 生态学报, (10): 2491-2498.

陈思. 2021-08-26. 科技创新支撑长江流域综合管理[N]. 中国水利报, 5版.

陈喜, 黄日超, 黄峰, 等. 2022. 西北内陆河流域水循环和生态演变与功能保障机制研究[J]. 水文地质工程地质, 49(5): 12-21.

陈亚宁, 李稚, 范煜婷, 等. 2014. 西北干旱区气候变化对水文水资源影响研究进展[J]. 地理学报, 69(9): 1295-1304.

陈亚宁, 李稚, 方功焕, 等. 2017. 气候变化对中亚天山山区水资源影响研究[J]. 地理学报, 72(1): 18-26.

陈亚宁, 杨青, 罗毅, 等. 2012. 西北干旱区水资源问题研究思考[J]. 干旱区地理, 35(1): 1-9.

陈怡平. 2020-08-18. 统筹建黄河流域生态系统新格局[N]. 中国科学报, 7版.

陈奕铮. 2021. SWAT模型产沙模块改进与黄土高原典型流域径流产沙模拟[D]. 咸阳：西北农林科技大学.

陈玉恒. 2002. 国外大规模长距离跨流域调水概况[J]. 南水北调与水利科技, (3): 42-44.

陈兆波. 2007. 生物节水研究进展及发展方向[J]. 中国农业科学, 40(7): 1456-1462.

陈忠升. 2016. 中国西北干旱区河川径流变化及归因定量辨识[D]. 上海：华东师范大学.

成金华, 尤喆. 2019. "山水林田湖草是生命共同体"原则的科学内涵与实践路径 [J]. 中国人口·资源与环境, 29(2): 1-6.

程国栋, 赵林, 李韧, 等. 2019. 青藏高原多年冻土特征、变化及影响 [J]. 科学通报, 64(27): 2783-2795.

党丽娟. 2020. 黄河流域水资源开发利用分析与评价 [J]. 水资源开发与管理, 7: 33-40.

党学亚, 张俊, 常亮, 等. 2022. 西北地区水文地质调查与水资源安全 [J]. 西北地质, 55(3): 81-95.

邓铭江, 龙爱华, 李江, 等. 2020. 西北内陆河流域"自然-社会-贸易"三元水循环模式解析 [J]. 地理学报, 75: 1333-1345.

邸苏闯, 游松财, 刘喆惠. 2012. 基于 GIS 的水量平衡模型在黄土高原地区土壤水分模拟中的应用 [J]. 中国农村水利水电, (5): 11-14, 17.

丁童慧, 陈军飞. 2022. 水-能源-粮食纽带关系研究综述及前景展望 [J]. 资源与产业, 24(2): 19-29.

丁永建, 韩添丁, 夏军. 2012. 水与区域可持续发展 [M]. 北京：中国水利水电出版社.

丁元芳, 黄旭. 2020. 通辽市平原区地下水埋深变化及其影响因素分析 [J]. 东北水利水电, 38(4): 30-32, 72.

董小涛, 付鹏, 唐永美. 2020. 取用水流量在线监测方案研究 [J]. 水资源开发与管理, (3): 68-72.

杜懿, 王大刚, 祝金鑫. 2021. 基于 CMIP5 的中国西北地区暖湿化演变研究 [J]. 水资源与水工程学报, 32(5): 61-69, 77.

范国燕. 2011. 山西省水资源可持续发展对策浅析 [J]. 山西水土保持科技, (3): 18-19.

范立民, 姬永涛, 蒋泽泉, 等. 2021. 黄河中游 (陕西段) 大型煤炭基地地质环境 (地下水) 监测网建设关键技术 [C]// 第四届中国矿山地质环境保护学术论坛论文摘要集: 7-8.

范利可, 李坤育, 齐利园, 等. 2022. 高水平氮素添加促进内蒙古温带典型草原生态系统碳固持 [J]. 河南师范大学学报 (自然科学版), 50(5): 131-137.

范荣生, 阎逢春. 1989. 延河"77·7"特大暴雨洪水 [J]. 水文, (1): 52-57.

方海泉, 薛惠锋, 蒋云钟, 等. 2018. 取用水监测点的水量计算与变化趋势分析 [J]. 系统工程理论与实践, (9): 2390-2400.

冯晓玙, 黄斌斌, 李若男, 等. 2020. 三江源区生态系统和土壤保持服务对未来气候变化的响应特征 [J]. 生态学报, 40(18): 6351-6361.

方婧. 2014. 取用水计量在线监测系统建设方案探讨 [J]. 治淮, (11): 28-29.

冯朝红. 2021. 基于水资源承载力的西北地区农业可持续发展评估研究 [D]. 西安：西安理工大学.

冯家豪, 赵广举, 穆兴民, 等. 2020. 黄河中游区间干支流径流变化特征与归因分析 [J]. 水力发电学报, 39(8): 90-103.

付强. 2012. 水资源系统分析 [M]. 北京：中国水利水电出版社.

傅伯杰, 欧阳志云, 施鹏, 等. 2021. 青藏高原生态安全屏障状况与保护对策. 中国科学院院刊, 36(11): 1298-1306.

高茂生, 叶思源, 史贵军, 等. 2010. 潮汐作用下的滨海湿地浅层地下水动态变化 [J]. 水文地质工程地质, 37(4): 24-27, 37.

高雅玉, 田晋华, 宋佳奇. 2015. 黄土高原半干旱区雨洪资源高效管理利用技术模式研究 [J]. 中国水土保持, (12): 64-67.

巩同梁, 刘昌明, 刘景时. 2006. 拉萨河冬季径流对气候变暖和冻土退化的响应 [J]. 地理学报, 61(5): 519-526.

顾朝军, 穆兴民, 高鹏, 等. 2017. 1961—2014 年黄土高原地区降水和气温时间变化特征研究 [J]. 干旱区资源与环境, 31(3): 136-143.

桂娟, 李宗省, 冯起, 等. 2019. 祁连山古浪河流域径流组分特征 [J]. 冰川冻土, 41(4): 918-925.

郭冬, 吐尔逊·哈斯木, 张同文, 等. 2022. 博斯腾湖流域气候变化及其对径流的影响 [J]. 沙漠与绿洲气象, 16(1): 87-95.

郭军庭, 张志强, 王盛萍, 等. 2014. 应用 SWAT 模型研究潮河流域土地利用和气候变化对径流的影响 [J]. 生态学报, 34(6): 1559-1567.

郭燕莎, 王劲峰, 殷秀兰. 2011. 地下水监测网优化方法研究综述 [J]. 地理科学进展, 30(9): 1159-1166.

韩庆功, 彭守璋. 2021. 黄土高原潜在自然植被空间格局及其生境适宜性 [J]. 水土保持学报, 35(5): 188-193, 203.

韩双宝, 李甫成, 王赛, 等. 2021. 黄河流域地下水资源状况及其生态环境问题 [J]. 中国地质, 48(4): 1001-1019.

韩小强, 陈新元. 2017. 西北干旱区水资源的时空分布特征及其利用. 地球科学进展, 32(3): 367-374.

郝春沣, 贾仰文, 王浩. 2012. 气象水文模型耦合研究及其在渭河流域的应用 [J]. 水利学报, 43(9): 1042-1049.

郝琳茹. 2016. 汾河流域岩溶泉水资源保护措施浅析 [J]. 山西水利, 32(10): 16-17.

郝美玉, 朱欢, 熊雄, 等. 2020. 青海湖刚毛藻分布特征变化及成因分析. 水生生物学报, 44(5): 1152-1158.

郝帅, 孙才志, 宋强敏. 2021. 中国能源-粮食生产对水资源竞争的关系：基于水足迹的视角 [J]. 地理研究, 40(6): 1565-1581.

贺明侠, 王连俊. 2005. 地下水及地质作用对建筑工程的影响 [J]. 土工基础, (3): 19-22.

贺添, 邵全琴. 2014. 基于 MOD16 产品的我国 2001—2010 年蒸散发时空格局变化分析 [J]. 地球信息科学学报, 16(6): 979-988.

胡春宏, 张晓明. 2019. 关于黄土高原水土流失治理格局调整的建议 [J]. 中国水利, (23): 5-7, 11.

胡春宏, 张晓明. 2020. 黄土高原水土流失治理与黄河水沙变化 [J]. 水利水电技术, 51(1): 1-11.

胡桂全, 翁燕章. 2013. 南水北调中线沙河至黄河段沿线地下水位变化规律研究 [J]. 南水北调与水利科技, 11(6): 120-124.

胡梦珺, 刘文兆, 赵姚阳. 2003. 黄土高原农、林、草地水量平衡异同比较分析 [J]. 干旱地区农业研究, (4): 113-116.

胡文峰, 姚俊强, 张文娜. 2021. 1961—2018 年新疆降水量时空变化特征 [J]. 武夷学院学报, 40(3): 45-51.

华维, 董一平, 范广洲. 2010. 青藏高原年日照时数变化的时空特征 [J]. 山地学报, 28(1): 21-30.

黄河水利委员会. 2020. 中国西北干旱区水资源状况及管理对策. 水利发展研究, 20(4): 33-39.

黄强，孟二浩. 2019. 西北旱区水文水资源科技进展与发展趋势 [J]. 水利与建筑工程学报，17(3): 1-9.

黄维东，李计生，王毓森，等. 2016. 国家地下水监测工程（水利部分）甘肃省建设项目概述 [J]. 甘肃水利水电技术，52(10): 1-6.

计文化，王永和，杨博，等. 2022. 西北地区地质、资源、环境与社会经济概貌 [J]. 西北地质，55(3): 15-27.

贾绍凤. 1995. 根据植被估算黄土高原的自然侵蚀和加速侵蚀：以安塞县为例 [J]. 水土保持通报，15(4): 25-32.

贾绍凤，梁媛. 2020. 新形势下黄河流域水资源配置战略调整研究 [J]. 资源科学，42(1): 29-36.

贾绍凤，吕爱锋，韩雁，等. 2014. 中国水资源安全报告 [M]. 北京：科学出版社.

贾小旭. 2014. 典型黄土区土壤水分布及其对草地生态系统碳过程的影响 [D]. 咸阳：西北农林科技大学.

贾仰文，王浩，倪广恒，等. 2005. 分布式流域水文模型原理与实践 [M]. 北京：中国水利水电出版社.

贾仰文，王浩，周祖昊，等. 2010. 海河流域二元水循环模型开发及其应用：I. 模型开发与验证 [J]. 水科学进展，21(1): 1-8.

蒋秀华，王玲，抄增平，等. 2002. 黄河上游用水计量监测监督管理模式探讨 [J]. 人民黄河，(2): 26-27.

焦紫岚，王家强，迟春明，等. 2020. 塔里木河干流区年径流量变化特征及其主要影响因素 [J]. 塔里木大学学报，32(4): 96-104.

姜大川，赵钟楠，何奇峰，等. 2023. 关于推进成渝地区水网建设的若干思考 [J]. 中国水利，(9): 4-6.

克里木，姜付仁. 2019. 新疆水资源禀赋、开发利用现状及其长期战略对策 [J]. 水利水电技术，50(12): 57-64.

雷慧闽，蔡建峰，杨大文，等. 2012. 黄河下游大型引黄灌区蒸散发长期变化特性 [J]. 水利水电科技进展，32(1): 13-17.

雷志栋，杨诗秀，谢森传. 1988. 土壤水动力学 [M]. 北京：清华大学出版社.

李彬权，牛小茹，梁忠民，等. 2017. 黄河中游干旱半干旱区水文模型研究进展 [J]. 人民黄河，39(3): 1-4, 9.

李春玲，张建华. 2019. 西北干旱区地下水资源的开发与管理. 水利学报，50(5): 625-633.

李达净，张时煌，刘兵，等. 2018. "山水林田湖草—人"生命共同体的内涵、问题与创新 [J]. 中国农业资源与区划，39(11): 1-5，93.

李福林，陈华伟，王开然，等. 2018. 地下水支撑生态系统研究综述 [J]. 水科学进展，29(5): 750-758.

李江，龙爱华. 2021. 近60年新疆水资源变化及可持续利用思考 [J]. 水利规划与设计，(7): 1-5, 72.

李娟，国伟华，常青. 2018. 南水北调受水区水资源合理配置探讨 [J]. 山东水利，(1): 18-19.

李蓝君，宋孝玉，夏露，等. 2018. 黄土高原沟壑区典型造林树种蒸散发对气候变化的响应 [J]. 农业工程学报，34(20): 148-159.

李明, 孙洪泉, 苏志诚. 2021. 中国西北气候干湿变化研究进展 [J]. 地理研究, 40(4): 1180-1194.

李培月. 2014. 人类活动影响下地下水环境研究: 以宁夏卫宁平原为例 [D]. 西安: 长安大学.

李佩成, 李启垒. 2016. 干旱半干旱地区水文生态与水安全研究文集 (四) [M]. 西安: 陕西科学技术出版社.

李瑞强, 王晓红. 2018. 西北干旱区水资源开发与可持续利用研究. 中国水利, 26(5): 45-52.

李舒, 师鹏飞, 谷晓伟, 等. 2021. GRACE 重力卫星监测煤矿开采区地下水变化研究 [J]. 水利学报, 52(12): 1439-1448.

李双双, 孔锋, 韩鹭, 等. 2020. 陕北黄土高原区极端降水时空变化特征及其影响因素 [J]. 地理研究, 39(1): 140-151.

李同昇, 陈谢扬, 芮旸, 等. 2021. 西北地区生态保护与高质量发展协同推进的策略和路径 [J]. 经济地理, 41(10): 154-164.

李相儒, 金钊, 张信宝, 等. 2015. 黄土高原近 60 年生态治理分析及未来发展建议 [J]. 地球环境学报, 6(4): 248-254.

李祥东. 2019. 西北干旱区土壤水分时空变异特征及其影响因素研究 [D]. 咸阳: 中国科学院大学 (中国科学院教育部水土保持与生态环境研究中心).

李新荣. 2012. 荒漠生物土壤结皮生态与水文学研究 [M]. 北京: 高等教育出版社.

李兴, 史海滨, 程满金, 等. 2007. 集雨补灌对玉米生长及产量的影响 [J]. 农业工程学报, 23(4): 34-38.

李雅, 张增强, 沈锋, 等. 2014. 堆肥 + 零价铁可渗透反应墙修复黄土高原地下水中铬铅复合污染 [J]. 环境工程学报, 8(1): 110-115.

李玉山, 许叶新. 2011. 黄河源区亟待建立地下水监测体系 [J]. 黄河报: 003.

李志, 赵西宁. 2013. 1961—2009 年黄土高原气象要素的时空变化分析 [J]. 自然资源学报, 28(2): 287-299.

李志, 郑粉莉, 刘文兆. 2010. 1961—2007 年黄土高原极端降水事件的时空变化分析 [J]. 自然资源学报, 25(2): 291-299.

励强. 1989. 自然侵蚀和加速侵蚀的理论和方法的探讨 [J]. 水土保持学报, 3(3): 1-8, 14.

梁冰, 赵金冬. 2013. 水资源监测技术要点分析 [J]. 能源与节能, (7): 89-90, 103.

梁海斌, 薛亚永, 安文明, 等. 2018. 黄土高原不同退耕还林植被土壤干燥化效应 [J]. 水土保持研究, 25(4): 77-85.

梁鹏飞, 辛惠娟, 李宗省, 等. 2022. 祁连山黑河径流变化特征及影响因素研究 [J]. 干旱区地理, 45(5): 1460-1471.

凌敏华, 陈喜, 程勤波, 等. 2011. 地表水文过程与地下水动力过程耦合模拟及应用 [J]. 水文, 31(6): 8-13.

刘波, 肖子牛, 马柱国. 2010. 中国不同干湿区蒸发皿蒸发和实际蒸发之间关系的研究 [J]. 高原气象, 29(3): 629-636.

刘布春, 梅旭荣, 李玉中, 等. 2006. 农业水资源安全的定义及其内涵和外延 [J]. 中国农业科学, 39(5): 947-951.

刘昌明. 2014. 水文科学创新研究进展 [M]. 北京: 科学出版社.

刘昌明, 李艳忠, 刘小莽, 等. 2016. 黄河中游植被变化对水量转化的影响分析 [J]. 人民黄河, 38(10): 7-12.

刘昌明, 田巍, 刘小莽, 等. 2019. 黄河近百年径流量变化分析与认识 [J]. 人民黄河, 41(10): 11-15.

刘昌明, 郑红星, 王中根, 等. 2006. 流域水循环分布式模拟 [M]. 郑州: 黄河水利出版社.

刘传琨, 胡玥, 刘杰, 等. 2014. 基于温度信息的地表-地下水交互机制研究进展 [J]. 水文地质工程地质, 41(5): 5-10, 18.

刘钢, 王慧敏, 徐立中. 2018. 内蒙古黄河流域水权交易制度建设实践 [J]. 中国水利, (19): 39-42.

刘国彬, 李敏, 上官周平, 等. 2008. 西北黄土区水土流失现状与综合治理对策 [J]. 中国水土保持科学, 6(1): 16-21.

刘国彬, 上官周平, 姚文艺, 等. 2017. 黄土高原生态工程的生态成效 [J]. 中国科学院院刊, 32: 11-19.

刘鹄, 赵文智, 李中恺. 2018. 地下水依赖型生态系统生态水文研究进展 [J]. 地球科学进展, 33(7): 741-750.

刘家宏. 2005. 黄河数字流域模型 [D]. 北京: 清华大学.

刘嘉麒. 2014. 新疆地区自然环境演变、气候变化及人类活动影响 [M]. 北京: 中国水利水电出版社.

刘建军, 陈刚, 王刚. 2019. 西北干旱区地下水资源利用现状与保护对策. 地理科学, 39(1): 123-130.

刘金涛, 宋慧卿, 张行南, 等. 2014. 新安江模型理论研究的进展与探讨 [J]. 水文, 34(1):1-6.

刘敬伟, 谢运山, 刘礼庆, 等. 2016. 走航式 ADCP 和传统水文测验的比较分析 [J]. 西北水电, (3): 9-12.

刘静, 龙爱华, 李江, 等. 2019. 近 60 年塔里木河三源流径流演变规律与趋势分析. 水利水电技术, 50(12): 10-17.

刘娟. 2018. 黄土高原地区农业可持续发展的对策研究. 广州: 华南农业大学.

刘俊国, 崔文惠, 田展, 等. 2021. 渐进式生态修复理论 [J]. 科学通报, 66(9): 1014-1025.

刘磊. 2004. 基于模拟器技术的流域仿真系统研究 [D]. 北京: 清华大学.

刘鹏举. 2007. 黄土区嵌套流域多尺度分布式地表径流模拟系统研究 [D]. 北京: 北京林业大学.

刘时银, 丁永建, 李晶, 等. 2006. 中国西部冰川对近期气候变暖的响应 [J]. 第四纪研究, 26(5): 762-771.

刘守阳. 2013. 黄土丘陵沟壑区旱作山地枣林耗水规律研究 [D]. 咸阳: 西北农林科技大学.

刘维成, 张强, 傅朝. 2017. 近 55 年来中国西北地区降水变化特征及影响因素分析 [J]. 高原气象, 36(6): 1533-1545.

刘晓燕, 等. 2016. 黄河近年水沙锐减成因 [M]. 北京: 科学出版社.

刘智勇. 2012. 基于 SWAT-SUFI 模型的黄土高原典型流域径流模拟及水资源管理系统的开发 [D]. 咸阳: 西北农林科技大学.

刘仲民. 2022. 西北地区农业节水潜力与对策研究 [J]. 中国水利, (15): 24-27.

刘卓颖. 2005. 黄土高原地区分布式水文模型的研究与应用 [D]. 北京: 清华大学.

卢一湖. 2011. 景电二期延伸向民勤调水工程荣获中国水利优质工程"大禹奖" [J]. 甘肃水利

水电技术, 47(1): 29.

栾金凯. 2019. 蒙古高原内流流域水面面积和实际蒸散发量的变化和归因研究 [D]. 西安: 西安理工大学.

罗宇, 尹殿胜, 穆兴民, 等. 2021. 延河流域实际蒸散发时空特征及影响因素分析 [J]. 中国水土保持科学 (中英文), 19(4): 51-59.

吕达仁, 陈佐忠, 陈家宜, 等. 2005. 内蒙古半干旱草原土壤-植被-大气相互作用综合研究 [J]. 气象学报, (5): 571-593.

马强. 2012. 内蒙古自治区现代特色农业发展研究 [D]. 北京: 中国农业科学院.

马柱国, 符淙斌, 周天军, 等. 2020. 黄河流域气候与水文变化的现状及思考 [J]. 中国科学院院刊, 35(1): 52-60.

莫兴国, 刘苏峡, 林忠辉, 等. 2004. 黄土高原无定河流域水量平衡变化与植被恢复的关系模拟 [C]// 中华人民共和国水利部水土保持司、中国科学院资源环境科学与技术局. 全国水土保持生态修复研讨会论文汇编: 7.

莫兴国, 章光新, 林忠辉, 等. 2016. 气候变化对北方农业区水文水资源的影响 [M]. 北京: 科学出版社.

穆聪, 李家科, 邓朝显, 等. 2019. MIKE 模型在城市及流域水文—环境模拟中的应用进展 [J]. 水资源与水工程学报, 30(2): 71-80.

穆兴民, 李朋飞, 刘斌涛, 等. 2022. 1901—2016 年黄土高原土壤侵蚀格局演变及其驱动机制 [J]. 人民黄河, 44(9): 36-45.

穆艳, 王延平. 2017. 黄土长武塬区苹果林地水量平衡研究 [J]. 农业现代化研究, 38(1): 161-167.

那音太, 秦福莹, 贾根锁, 等. 2019. 近 54a 蒙古高原降水变化趋势及区域分异特征 [J]. 干旱区地理, 42(6): 1253-1261.

南纪琴, 王景雷, 秦安振. 2016. 中国西北旱区农业水土资源空间匹配对比分析 [J]. 灌溉排水学报, 35: 44-48.

南卓铜, 李述训, 刘永智. 2002. 基于年平均地温的青藏高原冻土分布制图及应用 [J]. 冰川冻土, (2): 142-148.

倪明霞, 段峥嵘, 夏建新. 2022. 气候变化下南疆主要河流径流变化及水资源风险 [J]. 应用基础与工程科学学报, 30(4): 834-845.

宁婷婷. 2017. Budyko 框架下黄土高原流域蒸散时空变化及其归因分析 [D]. 咸阳: 中国科学院大学 (中国科学院教育部水土保持与生态环境研究中心).

宁珍, 高光耀, 傅伯杰. 2020. 黄土高原流域水沙变化研究进展 [J]. 生态学报, 40(1): 2-9.

牛纪苹, 粟晓玲, 唐泽军. 2016. 气候变化条件下石羊河流域农业灌溉需水量的模拟与预测 [J]. 干旱地区农业研究, 34(1): 206-212.

牛磊. 2011. 基于亚洲地下水资源与环境地质图的跨界含水层研究 [D]. 北京: 中国地质大学 (北京).

潘仁红. 2005. 水平式 ADCP 在水文应用中的技术探讨 [J]. 水利水文自动化, (4): 45-47.

裴婕, 赵芳媛, 董刚, 等. 2017. 黄土高原地区水量平衡研究 [J]. 山西大学学报 (自然科学版), 40(1): 175-186.

彭辉. 2013. 黄土高原流域生态水文模拟和植被生态用水计算 [D]. 北京: 中国水利水电科学

研究院.

彭少明, 郑小康, 王煜, 等. 2017. 黄河流域水资源 - 能源 - 粮食的协同优化 [J]. 水科学进展, 28(5): 681-690.

戚明杰, 赖华. 2014. 城市智能化供水调度系统的研究与应用 [J]. 自动化仪表, 35(5): 34-37.

齐学斌, 黄仲冬, 乔冬梅, 等. 2015. 灌区水资源合理配置研究进展 [J]. 水科学进展, 26(2): 287-295.

钱宁. 1989. 高含沙水流运动 [M]. 北京: 清华大学出版社.

钱维宏, 丁婷, 汤帅奇. 2010. 亚洲季风季节进程的若干认识 [J]. 热带气象学报, 26(1): 111-116.

秦大庸, 冯琳, 刘俊, 等. 2006. 黄河中上游水土流失区水资源可持续利用模式 [J]. 资源科学, 28(4): 172-176.

邱临静, 郑粉莉, YIN R. 2012. DEM 栅格分辨率和子流域划分对杏子河流域水文模拟的影响 [J]. 生态学报, 32(12): 3754-3763.

曲迪, 范文义, 杨金明, 等. 2014. 塔河森林生态系统蒸散发的定量估算 [J]. 应用生态学报, 25(6): 1652-1660.

任国玉, 袁玉江, 柳艳菊, 等. 2016. 我国西北干燥区降水变化规律 [J]. 干旱区研究, 33(1): 1-19.

任绪燕, 任永泰, 武方宸, 等. 2021. 区域水 - 能源 - 粮食关联系统协同发展模型 [J]. 水土保持通报, 41(5): 218-225.

任雨, 张勃, 陈曦东. 2023. 科尔沁沙地土地荒漠化敏感性评估 [J]. 中国沙漠, 43(2): 159-169.

阮朋朋. 2015. 水资源监测的具体技术方法分析 [J]. 科技展望, (3): 119.

芮孝芳. 2017. 论流域水文模型 [J]. 水利水电科技进展, 37(4): 1-7, 58.

桑燕芳. 2017. 水文过程复杂非平稳变化特性识别研究 [M]. 北京: 中国水利水电出版社.

山仑, 邓西平. 2000. 黄土高原半干旱地区的农业发展与高效用水 [J]. 中国农业科技导报, (4): 34-38.

山仑, 徐炳成. 2019. 新时期黄土高原退耕还林 (草) 有关问题探讨 [J]. 水土保持通报, 39(6): 295-297.

邵明安, 郭忠升, 夏永秋, 等. 2010. 黄土高原土壤水分植被承载力研究 [M]. 北京: 科学出版社.

邵明安, 贾小旭, 王云强, 等. 2016. 黄土高原土壤干层研究进展与展望 [J]. 地球科学进展, 31(1):14-22.

邵蕊. 2020. 黄土高原大规模植被恢复的区域蒸散耗水规律及其生态水文效应 [D]. 兰州: 兰州大学.

邵蕊, 李垚, 张宝庆. 2020. 黄土高原退耕还林 (草) 以来植被水分利用效率的时空特征及预测 [J]. 科技导报, 38(17): 81-91.

邵薇薇, 杨大文, 孙福宝, 等. 2009. 黄土高原地区植被与水循环的关系 [J]. 清华大学学报 (自然科学版), 49(12): 1958-1962.

佘冬立, 邵明安, 俞双恩. 2011. 黄土高原典型植被覆盖下 SPAC 系统水量平衡模拟 [J]. 农业机械学报, 42(5): 73-78.

师长兴, 王随继, 许炯心, 等. 2016. 黄河宁蒙段河道洪峰过程洪 - 床 - 岸相互作用机理 [M].

北京：科学出版社．

施雅风，沈永平，胡汝骥．2002．西北气候由暖干向暖湿转型的信号、影响和前景初步探讨 [J]．冰川冻土，24(3): 219-226．

史辅成，王国安，高治定，等．1991．黄河 1922—1932 年连续 11 年枯水段的分析研究 [J]．水科学进展，2(4): 258-263．

史占红，戚珊珊，林仪，等．2018．非接触式水位计校准装置的研制与应用 [J]．水利信息化，(5): 38-43．

束龙仓，鲁程鹏，李伟．2008．考虑参数不确定性的地表水与地下水交换量的计算方法 [J]．水文地质工程地质，(5): 68-71．

水利部水利水电规划设计总院．2014．中国水资源及其开发利用调查评价 [M]．北京：中国水利水电出版社．

宋建军．2003．解决西北地区水资源问题的出路 [J]．科技导报，(1): 55-57．

宋丽丽，李建华．2017．西北干旱区生态环境保护与修复．生态学杂志，37(11): 3301-3308．

宋伟，韩赜，刘琳．2019．山水林田湖草生态问题系统诊断与保护修复综合分区研究：以陕西省为例 [J]．生态学报，39(23): 8975-8989．

宋献方，刘鑫，夏军，等．2009．基于氢氧同位素的岔巴沟流域地表水 - 地下水转化关系研究 [J]．应用基础与工程科学学报，17(1): 8-20．

宋晓猛，占车生，夏军，等．2014．流域水文模型参数不确定性量化理论方法与应用 [M]．北京：中国水利水电出版社．

苏冰倩，王茵茵，上官周平．2017．西北地区新一轮退耕还林还草规模分析 [J]．水土保持研究，24(4): 59-65．

苏布达，孙赫敏，李修仓，等．2020．气候变化背景下中国陆地水循环时空演变 [J]．大气科学学报，43(6): 1096-1105．

孙从建，陈伟，王诗语．2022．气候变化下的塔里木盆地西南部内陆河流域径流组分特征分析 [J]．干旱区研究，39(1): 113-122．

孙鸿烈．2000．中国资源科学百科全书 [M]．北京：中国大百科全书出版社，石油大学出版社．

孙鸿烈，郑度，姚檀栋，等．2012．青藏高原国家生态安全屏障保护与建设 [J]．地理学报，67(1): 3-12．

孙淼．2018．黄土高原实际蒸散发模拟与植被用水可持续性分析 [D]．咸阳：西北农林科技大学．

孙娜，周建中，张海荣，等．2018．新安江模型与水箱模型在柘溪流域适用性研究 [J]．水文，38(3): 37-42．

汤秋鸿，兰措，苏凤阁，等．2019a．青藏高原河川径流变化及其影响研究进展 [J]．科学通报，64(27): 2807-2821．

汤秋鸿，刘星才，周园园，等．2019b．''亚洲水塔''变化对下游水资源的连锁效应 [J]．中国科学院院刊，34(11): 1306-1312．

汤秋鸿，刘宇博，张弛，等．2020．青藏高原及其周边地区降水的水汽来源变化研究进展 [J]．大气科学学报，43(6): 1002-1009．

唐克丽，等．2004．中国水土保持 [M]．北京：科学出版社．

唐小萍，闫小利，尼玛吉，等．2012．西藏高原近 40 年积雪日数变化特征分析 [J]．地理学报，

67(7): 951-959.

仝永丽，刘志军，魏晓巍．2014．内蒙古自治区再生水综合利用潜力分析[J]．内蒙古水利，(3)：81-83．

汪中华，田宇薇．2022．我国水-能源-粮食耦合关系及影响因素[J]．南水北调与水利科技（中英文），20(2)：243-252．

王斌，黄金柏，宫兴龙，等．2016．Free Search算法率定的Sacramento模型在东北寒旱区的应用[J]．农业机械学报，47(6)：171-177．

王澄海，张晟宁，张飞民，等．2021．论全球变暖背景下中国西北地区降水增加问题[J]．地球科学进展，36(9)：980-989．

王大纯，张人权，史毅虹，等．1995．水文地质学基础[M]．北京：地质出版社．

王福生．2020．南水北调西线工程的新思路与新方案：西线调水应从怒江、帕龙江或雅鲁藏布江选点的调研[J]．开发研究，(1)：1-5．

王纲胜，夏军，朱一中，等．2004．基于非线性系统理论的分布式水文模型[J]．水科学进展，(4)：521-525．

王光谦，钟德钰，吴保生．2020．黄河泥沙未来变化趋势[J]．中国水利，(1)：9-12, 32．

王海刚．2013．西北地区农田水利建设现状及对策探析[J]．改革与开放，(18)：95-96．

王浩，王建华，秦大庸．2004．流域水资源合理配置的研究进展与发展方向[J]．水科学进展，15(1)：123-128．

王红．2014．水土保持典型措施对地下水补给生态基流的影响研究[D]．咸阳：中国科学院大学（中国科学院教育部水土保持与生态环境研究中心）．

王磊，王忠静，尹航，等．2006．GBHM模型原理及其在中尺度流域的应用[J]．冰川冻土，(2)：256-261．

王礼先，张志强．1997．雨洪利用技术概述[J]．新疆环境保护，19(2)：10-12, 37．

王利娜，朱清科，仝小林，等．2016．黄土高原近50年降水量时空变化特征分析[J]．干旱地区农业研究，34(3)：206-212．

王蕊，王中根，夏军．2008．地表水和地下水耦合模型研究进展[J]．地理科学进展，27(4)：37-41．

王少波．2007．面向用水户的水资源合理配置研究[D]．西安：西安理工大学．

王淑燕．2014．基于GPRS的嘉峪关市水资源实时监控管理系统研究[D]．南京：南京邮电大学．

王卫光，孙风朝，彭世彰，等．2013．水稻灌溉需水量对气候变化响应的模拟[J]．农业工程学报，29(14)：90-98．

王文杰，李阳，李峰．2021．西北干旱区水资源问题及其应对措施．水资源保护，37(3)：55-61．

王文科，宫程程，张在勇，等．2018．旱区地下水文与生态效应研究现状与展望[J]．地球科学进展，33(7)：702-718．

王晓红，乔云峰．2016．环境变化条件下的地表水资源评价方法及应用[M]．北京：中国水利水电出版社．

王欣，连文皓，魏俊锋，等．2023．青藏高原水资源现状与问题[J]．水科学进展，34(5)：812-826．

王煦然，原野．2021．黄土高原沟域生态保护修复与乡村振兴的结合路径：以山西省静乐县为例[J]．中国土地，(9)：37-39．

王雅舒，李小雁，石芳忠，等．2019．退耕还林还草工程加剧黄土高原退耕区蒸散发[J]．科学通报, 64: 588-599.

王妍. 2021. 塔里木河三源流径流及其组分变化研究 [D]. 西安: 西安理工大学.

王煜, 侯红雨, 龚华. 2011. 黄河流域 2030 年主要节水目标研究 [J]. 人民黄河, (11): 45-46, 49.

王煜, 彭少明, 武见, 等. 2020. 黄河流域水资源均衡调控理论与模型研究 [J]. 水利学报, 51(1): 44-55.

王振. 2021. 长江经济带蓝皮书·长江经济带发展报告（2019—2020）[M]. 北京: 社会科学文献院出版社.

王振兴. 2020. 高原冻土退化条件下区域地下水循环演化机制研究：以大通河源区为例 [D]. 北京: 中国地质科学院.

王夏晖, 陆军, 饶胜. 2015. 新常态下推进生态保护的基本路径探析 [J]. 环境保护, 43(1): 29-31.

魏晶茹, 马瑜, 白冰, 等. 2016. 基于 PSO-SVM 算法的环境监测数据异常检测和缺失补全 [J]. 环境监测管理与技术, (4): 53-56, 68.

吴钢, 赵萌, 王辰星. 2019. 山水林田湖草生态保护修复的理论支撑体系研究 [J]. 生态学报, 39(23): 8685-8691.

吴健华, 李培月, 钱会. 2013. 基于 Holt 指数平滑模型的地下水水质预测 [J]. 工程勘察, 41(10): 38-41, 48.

吴奇凡. 2019. 黄土高原陆地水储量变化归因分析及区域尺度地下水补给 [D]. 杨凌: 西北农林科技大学.

吴绍洪, 潘韬, 杨勤业, 等. 2014. 中国重大气象水文灾害风险格局与防范 [M]. 北京: 科学出版社.

吴伟伟. 2021. 黄土高原旱垣地高效雨水集蓄利用工程模式应用研究 [J]. 中国防汛抗旱, 31(2): 29-33.

吴钊, 李戈亮, 孙怡萍. 2021. 黄土高原水资源调控及生态保护研究评述 [J]. 西北水电, (3): 1-5.

吴振宗. 2022. 中国西北半干旱区植被近二十年的变绿及其驱动因素与环境影响 [D]. 兰州: 兰州大学.

习近平. 2017. 决胜全面建成小康社会夺取新时代中国特色社会主义伟大胜利：在中国共产党第十九次全国代表大会上的报告（2017 年 10 月 18 日）[M]. 北京: 人民出版社.

夏军, 王纲胜, 吕爱锋, 等. 2003. 分布式时变增益流域水循环模拟 [J]. 地理学报, (5): 789-796.

夏军, 张永勇, 吴时强. 2013. 气候变化对河湖水环境生态影响及其对策 [M]. 北京: 中国水利水电出版社.

夏光, 王勇, 刘越, 等. 2018. 中国共产党十八大以来生态环境保护的历史性变化 [J]. 环境与可持续发展, (1): 11-20.

肖蓓, 崔步礼, 李东昇, 等. 2017. 黄土高原不同气候区降水时空变化特征 [J]. 中国水土保持科学, 15(1): 51-61.

肖森元, 苏军, 杨广, 等. 2022. 气候变化和人类活动对玛纳斯河流域径流及干旱的影响 [J]. 人民珠江, 43(7): 21-28, 51.

谢艾楠, 关雪, 苗添升. 2021. 西辽河"量水而行"方案下通辽市用水思考 [J]. 中国农村水利水电, (9): 112-116, 123.

熊伟, 冯颖竹, 高清竹, 等. 2011. 气候变化对石羊河、大凌河流域灌溉玉米生产的影响 [J]. 干旱区地理, 34(1): 150-159.

熊育久, 冯房观, 方奕舟, 等. 2021. 蒸散发遥感反演产品应用关键问题浅议 [J]. 遥感技术与应用, 36(1): 121-131.

徐刚, 胡焰鹏, 樊云, 等. 2009. H-ADCP 实时流量在线监测系统研究 [J]. 中国农村水利水电, (9): 92-95.

徐红星, 王伟. 2018. 西北干旱区的水质问题及其治理措施. 环境工程, 36(4): 89-95.

徐宗学, 刘浏, 刘兆飞. 2015. 气候变化影响下的流域水循环 [M]. 北京: 科学出版社.

徐宗学, 罗睿. 2010. PDTank 模型及其在三川河流域的应用 [J]. 北京师范大学学报 (自然科学版), 46(3): 337-343.

许炯心. 2004. 黄土高原丘陵沟壑区坡面 - 沟道系统中的高含沙水流（Ⅰ）: 地貌因素与重力侵蚀的影响 [J]. 自然灾害学报, (1): 55-60.

许笠, 王延乐, 华小军. 2014. 雷达水位计在水情监测系统中的应用研究 [J]. 人民长江, 45(2): 74-77.

许廷武. 1997. 水文系统模型综述 [J]. 海河水利, (1): 33-35.

许学工, 郭洪海, 彭慧芳. 2004. 平原水库对周边地下水及土壤的影响: 以黄河三角洲耿井水库为例 [J]. 中国环境科学, 24(1): 115-119.

薛继亮. 2014. 生态脆弱地区高耗水产业和水权分配协同体系建设研究: 以黄河上中游流域为例 [J]. 资源与产业. 16(4): 52-56.

严登华, 秦天玲, 肖伟华, 等. 2012. 基于低碳发展模式的水资源合理配置模型研究 [J]. 水利学报, (5): 586-593.

严宇红, 周政辉. 2017. 国家地下水监测工程站网布设成果综述 [J]. 水文, 37(5): 74-78.

严正宵. 2020. 基于 HEC-HMS 模型的黄土高原区岔巴沟流域山洪模拟与预警研究 [D]. 西安: 西北大学.

晏利斌. 2015. 1961—2014 年黄土高原气温和降水变化趋势 [J]. 地球环境学报, 6(5): 276-282.

杨大文, 楠田哲也. 2005. 水资源综合评价模型及其在黄河流域的应用 [M]. 北京: 中国水利水电出版社.

杨大文, 张树磊, 徐翔宇. 2015. 基于水热耦合平衡方程的黄河流域径流变化归因分析 [J]. 中国科学: 技术科学, 45(10): 1024-1034.

杨大文, 李翀, 倪广恒, 等. 2004. 分布式水文模型在黄河流域的应用 [J]. 地理学报, (1): 143-154.

杨桂山, 马荣华, 张路, 等. 2010. 中国湖泊现状及面临的重大问题与保护策略 [J]. 湖泊科学, 22(6): 799-810.

杨吉山, 郑明国, 姚文艺, 等. 2014. 黄土沟道重力侵蚀地貌因素分析 [J]. 中国水土保持, (8): 42-45, 69.

杨洁, 裴婷婷. 2018. 气候和植被变化对黄土高原蒸散发的影响 [J]. 草原与草坪, 38(2): 61-65, 72.

杨勤科, 李锐. 1998. LISEM: 一个基于 GIS 的流域土壤流失预报模型 [J]. 水土保持通报, 18(3): 82-89.

杨阳, 贾文锐, 胡爱萍, 等. 2019. 黄土高原半干旱地区水资源供需分析及合理配置研究: 以庆阳市西峰区为例 [J]. 陇东学院学报, 30(2): 55-58.

杨瑛娟, 张峰, 薛惠锋. 2019. 一种模态傅里叶-支持向量机优化的取用水监测异常数据重构方法 [J]. 运筹与管理, 28(2): 52-59.

杨泽元, 王文科. 2009. 干旱半干旱区地下水引起的生态效应的研究现状与发展趋势 [J]. 干旱区地理, 32(5): 739-745.

姚俊强. 2020. 西北干旱区大气水分循环过程及影响研究 [J]. 气象, (6): 872.

姚俊强, 李漠岩, 迪丽努尔·托列吾别克, 等. 2022. 不同时间尺度下新疆气候"暖湿化"特征 [J]. 干旱区研究, 39(2): 333-346.

姚俊强, 毛炜峄, 陈静, 等. 2021. 新疆气候"湿干转折"的信号和影响探讨 [J]. 地理学报, 76(1): 57-72.

姚俊强, 杨青, 陈亚宁, 等. 2013. 西北干旱区气候变化及其对生态环境影响 [J]. 生态学杂志, 32(5): 1283-1291.

姚俊强, 杨青, 刘志辉, 等. 2015. 中国西北干旱区降水时空分布特征 [J]. 生态学报, 35(17): 5846-5855.

姚檀栋, 秦大河, 沈永平, 等. 2013. 青藏高原冰冻圈变化及其对区域水循环和生态条件的影响 [J]. 自然杂志, 35(3): 179-186.

姚檀栋, 邬光剑, 徐柏青, 等. 2019. "亚洲水塔"变化与影响 [J]. 中国科学院院刊, 34(11): 1201-1209.

姚檀栋, 余武生, 杨威, 等. 2016. 第三极冰川变化与地球系统过程 [J]. 科学观察, 11(6): 55-57.

姚文艺, 焦鹏. 2016. 黄河水沙变化及研究展望 [J]. 中国水土保持, (9): 55-62, 63.

叶建帮. 2016. 取用水远程监测终端的研究与设计 [D]. 武汉: 武汉理工大学.

易浪, 任志远, 张翀, 等. 2014. 黄土高原植被覆盖变化与气候和人类活动的关系 [J]. 资源科学, 36: 166-174.

殷禹宇, 胡友彪, 刘启蒙, 等. 2016. 地表水与地下水相互作用研究进展 [J]. 绿色科技, (4): 50-52.

尹立河, 张俊, 王哲, 等. 2021. 西北内陆河流域地下水循环特征与地下水资源评价 [J]. 中国地质, 48(4): 1094-1111.

英爱文. 2006. 地下水监测与评价 [J]. 水文, (3): 63-66.

游成铭, 胡中民, 郭群, 等. 2016. 氮添加对内蒙古温带典型草原生态系统碳交换的影响 [J]. 生态学报, 36(8): 2142-2150.

于海峰, 史小红, 孙标, 等. 2021. 2011—2020年呼伦湖水质及富营养化变化分析 [J]. 干旱区研究, 38(6): 1534-1545.

余新晓, 陈丽华. 1996. 黄土地区防护林生态系统水量平衡研究 [J]. 生态学报, (3): 238-245.

袁作新. 1988. 流域水文模型 [M]. 北京: 水利电力出版社.

曾丽红, 宋开山, 张柏, 等. 2010. 松嫩平原不同地表覆盖蒸散特征的遥感研究 [J]. 农业工程学报, 26(9): 233-242.

曾燕, 邱新法, 刘昌明. 2014. 黄河流域蒸散量分布式模拟 [J]. 水科学进展, 25(5): 632-640.

张宝庆, 邵蕊, 赵西宁, 等. 2020. 大规模植被恢复对黄土高原生态水文过程的影响 [J]. 应用基础与工程科学学报, 28(3): 594-606.

张峰, 薛惠锋, WEI W, 等. 2017. 水资源监测异常数据模态分解 - 支持向量机重构方法[J]. 农业机械学报, 48(11): 316-323.

张峰, 宋晓娜, 万毅. 2019. 工业取用水监测奇异数据挖掘与重构方法[J]. 统计研究, 36(9): 68-81.

张国庆. 2018. 青藏高原湖泊变化遥感监测及其对气候变化的响应研究进展[J]. 地理科学进展, 37(2): 214-223.

张洪泉. 2018. "红旗河"调水方案的制约因素与中国西北干旱治理对策[J]. 水资源保护, 34(4): 8-11, 79.

张建梅, 马燮铫, 李艳忠. 2020. 1980—2016年黄河中游河龙区间植被动态及其对径流的影响[J]. 南水北调与水利科技（中英文）, 18(3): 91-109.

张杰, 杨兴国, 李耀辉, 等. 2005. 应用EOS/MODIS卫星资料反演与估算西北雨养农业区地表能量和蒸散量[J]. 地球物理学报, 48(6): 1261-1269.

张静, 王力, 韩雪, 等. 2016. 黄土塬区农田蒸散的变化特征及主控因素[J]. 土壤学报, 53(6): 1421-1432.

张琨, 吕一河, 傅伯杰, 等. 2020. 黄土高原植被覆盖变化对生态系统服务影响及其阈值[J]. 地理学报, 75(5): 949-960.

张强, 林婧婧, 刘维成, 等. 2019. 西北地区东部与西部汛期降水跷跷板变化现象及其形成机制[J]. 中国科学(地球科学), 49(12): 2064-2078.

张诗妍, 胡永云, 李智博. 2022. 我国西北降水变化趋势和预估[J]. 气候变化研究进展, 18(6): 683-694.

张晓雨. 2012. 中蒙农业合作研究[D]. 呼和浩特: 内蒙古大学.

张学成, 王玲. 2001. 黄河天然径流量变化分析[J]. 水文, (5): 30-33.

张妍, 李发东, 欧阳竹, 等. 2013. 黄河下游引黄灌区地下水重金属分布及健康风险评估[J]. 环境科学, 34(1): 121-128.

张镱锂, 刘林山, 王兆锋, 等. 2019. 青藏高原土地利用与覆被变化的时空特征[J]. 科学通报, 64(27): 2865-2875.

张亦弛, 刘昌明, 杨胜天, 等. 2014. 黄土高原典型流域LCM模型集总、半分布和分布式构建对比分析[J]. 地理学报, 69(1): 90-99.

张永雷, 许玉凤, 潘网生. 2017. 地表水地下水联合耦合模拟进展[J]. 现代农业科技, (24): 153-155, 159.

张志强, 刘晓霞. 2020. 西北干旱区的水资源现状与挑战. 环境科学研究, 33(7): 1452-1460.

赵安周, 张安兵, 刘海新, 等. 2017. 退耕还林(草)工程实施前后黄土高原植被覆盖时空变化分析[J]. 自然资源学报, 32(3): 449-460.

赵林, 丁永建, 刘广岳, 等. 2010. 青藏高原多年冻土层中地下冰储量估算及评价[J]. 冰川冻土, 32(1): 1-9.

赵林, 胡国杰, 邹德富, 等. 2019. 青藏高原多年冻土变化对水文过程的影响[J]. 中国科学院院刊, 34(11): 1233-1246.

赵凌玉, 潘志华, 安萍莉, 等. 2012. 北方农牧交错带作物耗水特征及其与气温和降水的关系：以内蒙古呼和浩特市武川县为例[J]. 资源科学, 34(3): 401-408.

赵美丽. 2021. 内蒙古：湿地保护修复见成效[J]. 国土绿化, (2): 14-17.

赵求东, 叶柏生, 丁永建, 等. 2011. 典型寒区流域水文过程模拟及分析[J]. 冰川冻土, 33(3): 595-605.

赵人俊. 1984. 流域水文模拟：新安江模型与陕北模型[M]. 北京：水利电力出版社.

赵西宁, 冯浩, 吴普特, 等. 2006. 黄土高原小流域雨水资源承载能力综合评价[J]. 中国生态农业学报, 14(3): 33-35.

赵西宁, 吴普特, 冯浩, 等. 2009. 黄土高原半干旱区集雨补灌生态农业研究进展[J]. 中国农业科学, 42(9): 3187-3194.

赵阳, 胡春宏, 张晓明, 等. 2018. 近70年黄河流域水沙情势及其成因分析[J]. 农业工程学报, 34(21): 112-119.

郑粉莉, 唐克丽, 张科利, 等. 1995. 自然侵蚀和人为加速侵蚀与生态环境演变[J]. 生态学报, 15(3): 251-259.

郑景云, 文彦君, 方修琦. 2020. 过去2000年黄河中下游气候与土地覆被变化的若干特征[J]. 资源科学, 42(1): 3-19.

中国气象局. 2020. 中国气候公报. 北京：气象出版社.

中华人民共和国水利部. 2021. 2020年中国水资源公报[EB/OL]. http://www.mwr.gov.cn/sj/tjgb/szygb/202107/P020210909535630794515.pdf[2024-09-02].

周剑, 马晨昊, 刘林峰, 等. 2016. 基于区间证据理论的多传感器数据融合水质判断方法[J]. 通信学报, (9): 20-29.

周淑梅. 2013. 黄土高原丘陵沟壑区不同尺度小流域次降雨水文过程模型研究[D]. 咸阳：中国科学院大学(中国科学院教育部水土保持与生态环境研究中心).

周伟, 官炎俊, 刘琪, 等. 2019. 黄土高原典型流域生态问题诊断与系统修复实践探讨：以山西汾河中上游试点项目为例[J]. 生态学报, 39(23): 8817-8825.

周志鹏, 孙文义, 穆兴民, 等. 2019. 2001—2017年黄土高原实际蒸散发的时空格局[J]. 人民黄河, 41(6): 76-80, 84.

周志强, 刘红. 2020. 西北干旱区水资源利用效率研究[J]. 农业现代化研究, 41(6): 1125-1132.

朱飙. 2022. 西北地区气候暖湿化背景下水汽、潜在蒸散及极端温度和降水的变化特征[D]. 兰州：兰州大学.

朱发昇. 2008. 甘肃省水利水电建设重点工程综述[J]. 甘肃水利水电技术, 44(6): 357-363.

朱金峰, 刘悦忆, 章树安, 等. 2017. 地表水与地下水相互作用研究进展[J]. 中国环境科学, 37(8): 3002-3010.

朱芮芮, 李兰, 李金晶, 等. 2006. 基于GIS的无定河流域分布式水资源模拟[J]. 人民黄河, 28(3): 55-56.

朱显谟. 2000. 抢救"土壤水库"实为黄土高原生态环境综合治理与可持续发展的关键：四论黄土高原国土整治28字方略[J]. 水土保持学报, (1): 1-6.

邹长新, 王燕, 王文林, 等. 2018. 山水林田湖草系统原理与生态保护修复研究[J]. 生态与农村环境学报, 34(11): 961-967.

左其亭, 李佳伟, 马军霞, 等. 2021. 新疆水资源时空变化特征及适应性利用战略研究[J].

水资源保护, 37(2): 21-27.

左其亭, 王中根. 2019. 现代水文学[M]. 北京：中国水利水电出版社.

AÐALGEIRSDÓTTIR G, GUDMUNDSSON G H, BJÖRNSSON H. 2005. Volume sensitivity of vatnajökull ice cap, iceland, to per turbations in equilibrium line altitude[J]. Journal of Geophysical Research: Earth Surface, 110(F4).

AKIYAMA T, KAWAMURA K. 2007. Grassland degradation in China: Methods of monitoring, management and restoration[J]. Grassland Science, 53(1): 1-17.

ALLAN R, PEREIRA L, SMITH M. 1998. Crop Evapotranspiration—Guidelines for Computing Crop Water Requirements-FAO Irrigation and Drainage Paper 56[M]. Rome: Fao.

AL-SHAIBANI A M. 2008. Hydrogeology and hydrochemistry of a shallow alluvial aquifer, western Saudi Arabia[J]. Hydrogeology Journal, 16(1): 155-165.

ALTANSUKH O, DAVAA G. 2011. Application of index analysis to evaluate the water quality of the Tuul River in Mongolia[J]. Journal of Water Resource, 336050(6): 398-414.

ARABATZIS S, BASIL M. 2005. An integrated system for water resources monitoring, economic evaluation and management[J]. Operational Research, 5: 193-208.

ASIAN DEVELOPMENT BANK. 2020. Overview of Mongolia's Water Resources System and Management: A Country Water Security Assessment[M]. Mandaluyong City: Metro Manila.

BAI M, MO X, LIU S, et al. 2020. Detection and attribution of lake water loss in the semi-arid Mongolian Plateau: A case study in the Lake Dalinor[J]. Ecohydrology, 14(1): e2251.

BAILING M, ZHIYONG L, CUNZHU L, et al. 2018. Temporal and spatial heterogeneity of drought impact on vegetation growth on the Inner Mongolian Plateau [J]. The Rangeland Journal, 40(2): 113-128.

BAO C, YONG M, BUEH C, et al. 2022. Analyses of the dust storm sources, affected areas, and moving paths in Mongolia and China in early spring[J]. Remote Sensing, 14(15): 366.

BAO G, QIN Z, BAO Y, et al. 2014. NDVI-based long-term vegetation dynamics and its response to climatic change in the Mongolian Plateau[J]. Remote Sensing, 6(9): 8337-8358.

BATSUKH K, ZLOTNIK V A, SUYKER A, et al. 2021. Prediction of biome-specific potential evapotranspiration in Mongolia under a scarcity of weather data[J]. Water, 13(18): 2470.

BHATTACHARYA A, BOLCH T, MUKHERJEE K, et al., 2021. High Mountain Asian glacier response to climate revealed by multi-temporal satellite observations since the 1960s[J]. Nature Communications, 12: 4133.

BIEMANS H, SIDERIUS C, LUTZ A F, et al. 2019. Importance of snow and glacier meltwater for agriculture on the Indo-Gangetic Plain[J]. Nature Sustainability, 2: 594-601.

BISKOP S, MAUSSION F, KRAUSE P, et al. 2016. Differences in the water-balance components of four lakes in the southern-central Tibetan Plateau[J]. Hydrology and Earth System Sciences, 20(1): 209-225.

BLASCH K W, BRYSON J R. 2007. Distinguishing sources of ground water recharge by using δ^2H and $\delta^{18}O$[J]. Groundwater, 45(3): 294-308.

BROWN P H, XU K. 2010. Hydropower development and resettlement policy on China's Nu

River[J]. Journal of Contemporary China, 19(66): 777-797.

BRUN F, BERTHIER E, WAGNON P, et al. 2017. A spatially resolved estimate of High Mountain Asia glacier mass balances from 2000 to 2016[J]. Nature Geoscience, 10: 668-673.

BRUN F, TREICHLER D, SHEAN D, et al. 2020. Limited contribution of Glacier Mass loss to the recent increase in Tibetan Plateau lake volume[J]. Frontiers in Earth Science, 8: 582060.

CAO S, CHEN L, SHANKMAN D, et al. 2011. Excessive reliance on afforestation in China's arid and semi-arid regions: Lessons in ecological restoration[J]. Earth-Science Reviews, 104(4): 240-245.

CAO T G, YI Y J, LIU H X, et al. 2020. Integrated ecosystem services-based calculation of ecological water demand for a macrophyte-dominated shallow lake[J]. Global Ecology and Conservation, 21.

CHANG J, YE R Z, WANG G X. 2018. Review: Progress in permafrost hydrogeology in China[J]. Hydrogeology Journal, (26): 1387-1399.

CHEN J, JOHN R, SUN G, et al. 2018. Prospects for the sustainability of Social-Ecological Systems (SES) on the Mongolian Plateau: Five critical issues[J]. Environmental Research Letters, 13(12).

CHEN X, LONG D, LIANG S, et al. 2018. Developing a composite daily snow cover extent record over the Tibetan Plateau from 1981 to 2016 using multisource data[J]. Remote Sensing of Environment, 215: 284-299.

CHEN Y. 2014. Water Resources Research in Northwest China[M]. Dordrecht: Springer.

CUO L, ZHANG Y, ZHU F, et al. 2014. Characteristics and changes of streamflow on the Tibetan Plateau: A review[J]. Journal of Hydrology: Regional Studies, 2: 49-68.

DAVAA G, PUREVDAGVA K H, OYUNKHUU G, et al. 2014. Climate change impact on glaciers and river runoff in the Kharkhiraa River Basin, Mongolia. In Central Asian Ecosystems: Proceedings of the 12th International Symposium on Exploration, Protection, and Sustainable Use of Uvs Lake (Ulaangom) [in Mongolian].

DEHECQ A, GOURMELEN N, GARDNER A S, et al. 2019. Twenty-first century glacier slowdown driven by mass loss in High Mountain Asia[J]. Nature Geoscience, 12: 22-27.

DENG L, SHANGGUAN Z. 2021. High quality developmental approach for soil and water conservation and ecological protection on the Loess Plateau[J]. Frontier Agricultural Science and Engineering, 8(4): 501-511.

DEY P, MISHRA A. 2017. Separating the impacts of climate change and human activities on streamflow: A review of methodologies and critical assumptions[J]. Journal of Hydrology, 548: 278-290.

DING J, CUO L, ZHANG Y, et al. 2021. Annual and seasonal precipitation and their extremes over the Tibetan Plateau and its surroundings in 1963-2015[J]. Atmosphere, 12: 620.

DONG G, ZHAO F, CHEN J, et al. 2021. Divergent forcing of water use efficiency from aridity in two meadows of the Mongolian Plateau[J]. Journal of Hydrology, 593: 125799.

DOU H, LI X, LI S, et al. 2020. Mapping ecosystem services bundles for analyzing spatial trade-offs in Inner Mongolia, China[J]. Journal of Cleaner Production, 256: 120444.

DUETHMANN D, MENZ C, JIANG T, et al. 2016. Projections for headwater catchments of the

Tarim River reveal glacier retreat and decreasing surface water availability but uncertainties are large[J]. Environmental Research Letters, 11(5): 054024.

ERDAL D, CIRPKA O A. 2017. Preconditioning an ensemble Kalman filter for groundwater flow using environmental-tracer observations[J]. Journal of Hydrology, 545: 42-54.

FAN D, ZHAO X, ZHU W, et al. 2020. An improved phenology model for monitoring green-up date variation in Leymus chinensis steppe in Inner Mongolia during 1962-2017[J]. Agricultural and Forest Meteorology, 291: 108091.

FAN Z, BAI X. 2021. Scenarios of potential vegetation distribution in the different gradient zones of Qinghai-Tibet Plateau under future climate change[J]. Science of the Total Environment, 796: 148918.

FARINOTTI D. 2017. Asia's glacier changes[J]. Nature Geoscience, 10: 621-622.

FARINOTTI D, ROUND V, HUSS M, et al. 2019. Large hydropower and water-storage potential in future glacier-free basins[J]. Nature, 575(7782): 341-344.

FENG X, FU B, PIAO S. 2016. Revegetation in China's Loess Plateau is approaching sustainable water resource limits[J]. Nature Climate Change, 6(11): 1019-1022.

FENG X, SUN G, FU B, et al. 2012. Regional effects of vegetation restoration on water yield across the Loess Plateau, China[J]. Hydrology and Earth System Sciences, 16(8): 2617-2628.

FLECKENSTEIN J, KRAUSE S, HANNAH D, et al. 2010. Groundwater-surface water interactions: New methods and models to improve understanding of processes and dynamics[J]. Advances in Water Resources, 33(11): 1291-1295.

FU B, WANG S, LIU Y, et al. 2017. Hydrogeomorphic ecosystem responses to natural and anthropogenic changes in the Loess Plateau of China[J]. Annual Review of Earth and Planetary Sciences, 45: 223-243.

GAO X, YE B S, ZHANG S Q, et al. 2010. Glacier runoff variation and its influence on river runoff during 1961-2006 in the Tarim River Basin, China[J]. Science China Earth Sciences, 53(6): 880-891.

GAO Y, CUO L, ZHANG Y. 2014. Changes in moisture flux over the Tibetan Plateau during 1979-2011 and possible mechanisms[J]. Journal of Climate, 27: 1876-1893.

GAO Z, ZHANG L, CHENG L, et al. 2015. Groundwater storage trends in the Loess Plateau of China estimated from streamflow records[J]. Journal of Hydrology, 530: 281-290.

GAO Z, ZHANG L, ZHANG X, et al. 2016. Long-term streamflow trends in the middle reaches of the Yellow River Basin: Detecting drivers of change[J]. Hydrological Processes, 30(9): 1315-1329.

GARMAEV E Z, BOLGOV M V, AYURZHANAEV A A, et al. 2019. Water resources in Mongolia and their current state[J]. Russian Meteorology and Hydrology, 44(10): 659-666.

GEREL O, PIRAJNO F, BATKHISHIG B, et al. 2021. Mineral Resources of Mongolia[M]. Singapore: Springer.

GERTEN D, SCHAPHOFF S, HABERLANDT U, et al. 2004. Terrestrial vegetation and water balance: Hydrological evaluation of a dynamic global vegetation model[J]. Journal of Hydrology, 286(1): 249-270.

GRAFTON R Q, WILLIAMS J, PERRY C J, et al. 2018. The paradox of irrigation efficiency[J]. Science, 361(6404): 748-750.

GRANIER A, BRÉDA N, BIRON P, et al. 1999. A lumped water balance model to evaluate duration and intensity of drought constraints in forest stands[J]. Ecological Modelling, 116(2-3): 269-283.

GRIEBLER C, AVRAMOV M, HOSE G. 2019. Groundwater ecosystems and their services: Current status and potential risks[M]. Atlas of Ecosystem Services: 197-203.

GU X, GUO E, YIN S, et al. 2022. Differentiating cumulative and lagged effects of drought on vegetation growth over the Mongolian Plateau[J]. Ecosphere, 13(12): e4289.

GUO J, SHEN B, LI H, et al. 2024. Past dynamics and future prediction of the impacts of land use cover change and climate change on landscape ecological risk across the Mongolian Plateau[J]. Journal of Environmental Management, 355: 120365.

HAN J, DAI H, GU Z. 2021. Sandstorms and desertification in Mongolia, an example of future climate events: A review[J]. Environmental Chemistry Letters, 19(6): 4063-4073.

HAN Z, HUANG S, HUANG Q, et al. 2020. Effects of vegetation restoration on groundwater drought in the Loess Plateau, China[J]. Journal of Hydrology, 591:125566.

HANES R, VARSHA G, BAKSHI B. 2018. Including nature in the food-energy-water nexus can improve sustainability across multiple ecosystem services[J]. Resources, Conservation and Recycling, 137: 214-228.

HE X, ZHOU J, ZHANG X B, et al. 2006. Soil erosion response to climatic change and human activity during the Quaternary on the Loess Plateau, China[J]. Regional Environmental Change, 6: 62-70.

HU J, WU Y, WANG L, et al. 2021. Impacts of land-use conversions on the water cycle in a typical watershed in the southern Chinese Loess Plateau[J]. Journal of Hydrology, 593(2): 125741.

HUANG M, SHAO M, LI Y. 2001. Comparison of a modified statistical-dynamic water balance model with the numerical model WAVES and field measurements[J]. Agricultural Water Management, 1(48): 21-35.

HUANG X, DENG J, WANG W, et al. 2017. Impact of climate and elevation on snow cover using integrated remote sensing snow products in Tibetan Plateau. Remote Sensing of Environment, 190: 274-288.

HUNT J D, BYERS E, WADA Y, et al. 2020. Global resource potential of seasonal pumped hydropower storage for energy and water storage[J]. Nature Communications, 11(1): 1-8.

IMMERZEEL W W, LUTZ A F, ANDRADE M, et al. 2020. Importance and vulnerability of the world's water towers[J]. Nature, 577(7790): 364-369.

IMMERZEEL W W, VAN BEEK L P H, BIERKENS M F P. 2010. Climate change will affect the Asian water towers[J]. Science, 328(5984): 1382-1385.

IPCC. 2014. Climate Change 2014: Synthesis Report [M]. Cambridge: Cambridge University Press.

IPCC. 2021. Climate Change 2021: The Physical Science Basis [M]. Cambridge: Cambridge University Press.

JANSSON P, MOON D. 2001. A coupled model of water, heat and mass transfer using object orientation to improve flexibility and functionality[J]. Environmental Modelling & Software, 16(1): 37-46.

JIANG J, ZHOU T J. 2021. Human-induced rainfall reduction in drought-prone Northern Central Asia[J]. Geophysical Research Letters, 48 (7): 1-9.

JIE W H, XIAO C L, ZHANG C, et al. 2021. Remote sensing-based dynamic monitoring and environmental change of wetlands in southern Mongolian Plateau in 2000-2018[J]. China Geology, 4(2): 353-363.

JIN H J, HE R X, CHENG G D, et al. 2009. Changes in frozen ground in the source area of the Yellow River on the Qinghai-Tibetan Plateau, China, and their eco-environmental impacts[J]. Environmental Research Letters, 4: 1-11.

JIN Z, GUO L, FAN B. 2019. Effects of afforestation on soil and ambient air temperature in a pair of catchments on the Chinese Loess Plateau[J]. Catena, 175: 356-366.

JIN Z, GUO L, LIN H. 2018. Soil moisture response to rainfall on the Chinese Loess Plateau after a long-term vegetation rehabilitation[J]. Hydrological Processes, 32(12): 1738-1754.

JOHN R, CHEN J, KIM Y, et al. 2016. Differentiating anthropogenic modification and precipitation-driven change on vegetation productivity on the Mongolian Plateau[J]. Landscape Ecology, 31(3): 547-566.

JOHN R, CHEN J, NAN L, et al. 2009. Land cover/land use change in Semi-Arid Inner Mongolia: 1992-2004[J]. Environmental Research Letters, 4(4): 045010.

JOHN R, CHEN J, OUYANG Z T, et al. 2013. Vegetation response to extreme climate events on the Mongolian Plateau from 2000 to 2010[J]. Environmental Research Letters, 8(3): 035033.

JORDAN G, GOENSTER-JORDAN S, LAMPARTER G J, et al. 2018. Water use in agro-pastoral livelihood systems within the Bulgan River watershed of the Altay Mountains, Western Mongolia[J]. Agriculture, Ecosystems & Environment, 251: 180-193.

KAIHOTSU I, ASANUMA J, AIDA K, et al. 2019. Evaluation of the AMSR2 L2 soil moisture product of JAXA on the Mongolian Plateau over seven years (2012-2018)[J]. SN Applied Sciences, 1(11): 1477.

KAN B, SU F, XU B, et al. 2018. Generation of high mountain precipitation and temperature data for a quantitative assessment of flow regime in the Upper Yarkant Basin in the Karakoram[J]. Journal of Geophysical Research: Atmospheres, 123(16): 8462-8486.

KANG S, AHN J. 2015. Global energy and water balances in the latest reanalyses[J]. Asia-Pacific Journal of Atmospheric Sciences, 51(4): 293-302.

KANG S, NIU J, ZHANG Q, et al. 2020. Niche differentiation is the underlying mechanism maintaining the relationship between community diversity and stability under grazing pressure[J]. Global Ecology and Conservation, 24: e01246.

KARLBERG L, BEN-GAL A, JANSSON P, et al. 2006. Modelling transpiration and growth in salinity-stressed tomato under different climatic conditions[J]. Ecological Modelling, 190(1): 15-40.

KEERY J, BINLEY A, Crook N, et al. 2007. Temporal and spatial variability of groundwater-surface water fluxes: Development and application of an analytical method using temperature time series[J]. Journal of Hydrology, 336(1-2): 1-16.

KHANAL S, LUTZ A F, KRAAIJENBRINK P D A, et al. 2021. Variable 21st century climate change response for rivers in High Mountain Asia at seasonal to decadal time scales[J]. Water Resources Research, 57(5): e2020WR029266.

KIBLER K M, TULLOS D D. 2013. Cumulative biophysical impact of small and large hydropower development in Nu River, China[J]. Water Resources Research, 49: 3104-3118.

KIM N, CHUNG I, WON Y, et al. 2008. Development and application of the integrated SWAT-MODFLOW model[J]. Journal of Hydrology, 356(1-2): 1-16.

KOLLET S, MAXWELL R. 2006. Integrated surface-groundwater flow modeling: A free-surface overland flow boundary condition in a parallel groundwater flow model[J]. Advances in Water Resources, 29(7): 945-958.

KONG F, SONG J, ZHANG Y, et al. 2019. Surface water-groundwater interaction in the Guanzhong Section of the Weihe River Basin, China[J]. Groundwater, 57(4): 647-660.

KONYA K, KADOTA T, NAKAZAWA F, et al. 2013. Surface mass balance of the Potanin Glacier in the Mongolian Altai Mountains and comparison with Russian Altai Glaciers in 2005, 2008, and 2009[J]. Bulletin of Glaciological Research, 31: 9-18.

KOREN I, ALTARATZ O, REMER L, et al. 2012. Aerosol-induced intensification of rain from the tropics to the mid-latitudes[J]. Nature Geoscience, 5(2): 118-122.

LARABI S, ST-HILAIRE A, CHEBANA F, et al. 2018. Multi-criteria process-based calibration using functional data analysis to improve hydrological model realism[J]. Water Resources Management, 3(1): 1-17.

LEI Y et al. 2014. Response of inland lake dynamics over the Tibetan Plateau to climate change[J]. Climatic Change, 125: 281-290.

LI C, SU F, YANG D, et al. 2018. Spatiotemporal variation of snow cover over the Tibetan Plateau based on MODIS snow product, 2001-2014[J]. International Journal of Climatology, 38: 708-728.

LI D, LONG D, ZHAO J, et al. 2017. Observed changes in flow regimes in the Mekong River Basin[J]. Journal of Hydrology, 551: 217-232.

LI J, PANG Z, KONG Y, et al. 2018. Groundwater isotopes biased toward heavy rainfall events and implications on the local meteoric water line[J]. Journal of Geophysical Research: Atmospheres, 123(11): 6259-6266.

LI L, SONG X, XIA L, et al. 2020. Modelling the effects of climate change on transpiration and evaporation in natural and constructed grasslands in the Semi-Arid Loess Plateau, China[J]. Agriculture, Ecosystems & Environment, 302: 107077.

LI L, ZHANG L, WANG H, et al. 2007. Assessing the impact of climate variability and human activities on streamflow from the Wuding River Basin in China[J]. Hydrological Processes, 21(25): 3485-3491.

LI S G, ASANUMA J, KOTANI A, et al. 2007. Evapotranspiration from a Mongolian steppe under grazing and its environmental constraints[J]. Journal of Hydrology, 333(1): 133-143.

LI Y, LI X, HUANG G, et al. 2021. Sedimentary organic carbon and nutrient distributions in an endorheic lake in semiarid area of the Mongolian Plateau[J]. Journal of Environmental Management, 296: 113184.

LI Y, WANG W, LIU Z, et al. 2008. Grazing gradient versus restoration succession of Leymus chinensis (Trin.) Tzvel. Grassland in Inner Mongolia[J]. Restoration Ecology, 16(4): 572-583.

LI Z, CAO W, REN Y, et al. 2022. Enrichment mechanisms for the co-occurrence of arsenic-fluoride-iodine in the groundwater in different sedimentary environments of the Hetao Basin, China[J]. Science of the Total Environment, 839: 156184.

LI Z, LIN X, COLES A, et al. 2017. Catchment-scale surface water-groundwater connectivity on China's Loess Plateau[J]. Catena, 152: 268-276.

LIANG W, BAI D, WANG F Y, et al. 2015. Quantifying the impacts of climate change and ecologicalrestoration on streamflow changes based on a Budyko hydrological model in China's Loess Plateau[J]. Water Resources Research, 51(8): 6500-6519.

LIN Z J, LUO J, NIU F J. 2016. Development of a thermokarst lake and its thermal effects on permafrost over nearly 10yr in the Beiluhe Basin, Qinghai-Tibet Plateau[J]. Geosphere, 12(2): 632-643.

LIU H, LIU Y, CHEN Y, et al. 2023. Dynamics of global dryland vegetation were more sensitive to soil moisture: Evidence from multiple vegetation indices[J]. Agricultural and Forest Meteorology, 331: 109327.

LIU J, ZHAO D, GERBENS-LEENES P W, et al. 2015. China's rising hydropower demand challenges water sector[J]. Scientific Reports, 5(1): 1-14.

LIU S, HUANG S, XIE Y. 2018. Spatial-temporal changes of rainfall erosivity in the Loess Plateau, China: Changing patterns, causes and implications[J]. Catena, 166: 279-289.

LIU X, JIANG J, SHAO J, et al. 2010. Gene transcription profiling of Fusarium graminearum treated with an azole fungicide tebuconazole[J]. Applied Microbiology and Biotechnology, 85(4): 1105-1114.

LIU X, XU Z, YANG H, et al. 2021. Responses of the glacier mass balance to climate change in the Tibetan Plateau during 1975-2013[J]. Journal of Geophysical Research: Atmospheres, 126(7): e2019JD032132.

LIU Y, KUMAR M, KATUL G G, et al. 2020a. Plant hydraulics accentuates the effect of atmospheric moisture stress on transpiration[J]. Nature Climate Change, 10(7): 691-695.

LIU Y, SONG H, AN Z, et al. 2020b. Recent anthropogenic curtailing of Yellow River runoff and sediment load is unprecedented over the past 500 y[J]. Proceedings of the National Academy of Sciences of the United States of America, 117(31): 18251-18257.

LIU Y, YAMANAKA T. 2012. Tracing groundwater recharge sources in a mountain-plain transitional area using stable isotopes and hydrochemistry[J]. Journal of Hydrology, 464-465(10): 116-126.

LIU Y, ZHUANG Q, CHEN M, et al. 2013. Response of evapotranspiration and water availability to changing climate and land cover on the Mongolian Plateau during the 21st century[J]. Global and Planetary Change, 108: 85-99.

LU N, CHEN S, WILSKE B, et al. 2011. Evapotranspiration and soil water relationships in a range of disturbed and undisturbed ecosystems in the Semi-Arid Inner Mongolia, China[J]. Journal of Plant Ecology, 4(1-2): 49-60.

LU P, HAN J P, LI Z S, et al. 2020. Lake outburst accelerated permafrost degradation on Qinghai-Tibet Plateau[J]. Remote Sensing of Environment, 249: 112011.

LUO J, NIU F J, LIN Z J, et al. 2015. Thermokarst lake changes between 1969 and 2010 in the Beilu River basin, Qinghai-Tibet Plateau, China[J]. Science Bulletin, 60(5): 556-564.

LUO M, LIU T, MENG F, et al. 2019. Identifying climate change impacts on water resources in Xinjiang, China[J]. Science of the Total Environment, 676: 613-626.

LUO M, MENG F, SA C, et al. 2021a. Response of vegetation phenology to soil moisture dynamics in the Mongolian Plateau[J]. CATENA, 206: 105505.

LUO M, SA C, MENG F, et al. 2021b. Assessing remotely sensed and reanalysis products in characterizing surface soil moisture in the Mongolian Plateau[J]. International Journal of Digital Earth, 14(10): 1255-1272.

LUO Y, WANG X, PIAO S, et al. 2018. Contrasting streamflow regimes induced by melting glaciers across the Tien Shan-Pamir-North Karakoram[J]. Scientific Reports, 8(1): 1-9.

LUTZ A, IMMERZEEL W, SHRESTHA A, et al. 2014. Consistent increase in High Asia's runoff due to increasing glacier melt and precipitation[J]. Nature Climate Change, 4: 587-592.

LÜ Y, FU B, FENG X, et al. 2012. A policy-driven large scale ecological restoration: Quantifying ecosystem services changes in the Loess Plateau of China[J]. PLOS ONE, 7(2): e31782.

MA F, CHEN J, CHEN J, et al. 2022. Hydrogeochemical and isotopic evidences of unique groundwater recharge patterns in the Mongolian Plateau[J]. Hydrological Processes, 36(5): e14554.

MA J, WANG X S, EDMUNDS W M. 2005. The characteristics of groundwater resources and their changes under the impacts of human activity in the arid northwest China—A case study of Shiyang River basin[J]. Journal of Arid Environments, 61(2): 277-295.

MA N, SZILAGYI J, ZHANG Y S, et al. 2019. Complementary-relationship-based modeling of terrestrial evapotranspiration across China during 1982-2012: Validations and spatiotemporal analyses[J]. Journal of Geophysical Research-Atmospheres, 124(8): 4326-4351.

MA Q, WU J, HE C, et al. 2021. The speed, scale, and environmental and economic impacts of surface coal mining in the Mongolian Plateau[J]. Resources, Conservation and Recycling, 173: 105730.

MA R, et al. 2011. China's lakes at present: Number, area and spatial distribution[J]. Science China Earth Sciences, 54(2): 283-289.

MAMAT Z, HALIK Ü, KEYIMU M, et al. 2018. Variation of the floodplain forest ecosystem service value in the lower reaches of Tarim River, China[J]. Land Degradation & Development, 29(1): 47-57.

MAO G, LIU J. 2019. WAYS v1: A hydrological model for root zone water storage simulation on a global scale[J]. Geoscientific Model Development, 12(12): 5267-5289.

MARK S, SYED A. 2015. Water balance of the Sudanese savannah woodland region[J].

Hydrological Sciences Journal, 60(4):706-722.

MBAKA J, MWANIKI M A. 2015. Global review of the downstream effects of small impoundments on stream habitat conditions and macroinvertebrates[J]. Environmental Reviews, 23(3): 257-262.

MENG F, LUO M, SA C, et al. 2022. Quantitative assessment of the effects of climate, vegetation, soil and groundwater on soil moisture spatiotemporal variability in the Mongolian Plateau[J]. Science of the Total Environment, 809: 152198.

MIAO B, LI Z, LIANG C, et al. 2018. Temporal and spatial heterogeneity of drought impact on vegetation growth on the Inner Mongolian Plateau[J]. The Rangeland Journal, 40(2): 113-128.

MILES E, MCCARTHY M, DEHECQ A, et al. 2021. Health and sustainability of glaciers in High Mountain Asia[J]. Nature Communications, 12: 2868.

MO K, CHEN Q, CHEN C, et al. 2019. Spatiotemporal variation of correlation between vegetation cover and precipitation in an arid mountain-oasis river basin in Northwest China[J]. Journal of Hydrology, 574: 138-147.

NAKAZAWA K, NAGAFUCHI O, OTEDE U, et al. 2020. Risk assessment of fluoride and arsenic in groundwater and a scenario analysis for reducing exposure in Inner Mongolia[J]. RSC Advances, 10(31): 18296-18304.

OYUUNBAATAR D, SAIKHANZHARGAL D, DAVAA G, et al. 2010. Some problems of integrated management of water resources in the Onon River Basin[R]. WWF (Ulaanbaatar) [in Mongolian].

POKHREL Y, KOIRALA S, YEH J, et al. 2015. Incorporation of groundwater pumping in a global land surface model with the representation of human impacts[J]. Water Resources Research, 51(1): WR015602.

PRITCHARD H D. 2019. Asia's shrinking glaciers protect large populations from drought stress. Nature, 569: 649-654.

QIN Z, ZHU Y, LI W, et al. 2008. Mapping Vegetation Cover of Grassland Ecosystem for Desertification Monitoring in Hulun Buir of Inner Mongolia, China[M]. Cardiff: SPIE.

RANI D, SRIVASTAVA D. 2016. Optimal operation of Mula reservoir with combined use of dynamic programming and genetic algorithm[J]. Sustainable Water Resources Management, 2(1): 1-12.

ROHDE M, FROEND R, HOWARD J. 2017. A global synthesis of managing groundwater dependent ecosystems under sustainable groundwater policy[J]. Groundwater, 55(3): 293-301.

SATO T, KIMURA F, KITOH A. 2007. Projection of global warming onto regional precipitation over Mongolia using a regional climate model[J]. Journal of Hydrology, 333(1): 144-154.

SHAO R, ZHANG B, HE X, et al. 2021. Historical water storage changes over China's Loess Plateau[J]. Water Resources Research, 57: WR028661.

SHAO R, ZHANG B, SU T, et al. 2019. Estimating the increase in regional evaporative water consumption as a result of vegetation restoration over the Loess Plateau, China[J]. Journal of Geophysical Research: Atmospheres, 124: JD031295.

SHARAF M. 2013. Major elements hydrochemistry and groundwater quality of Wadi Fatimah, West Central Arabian Shield, Saudi Arabia[J]. Arabian Journal of Geosciences, 6(7): 2633-2653.

SHEN Z, ZHANG Q, CHEN D, et al. 2021. Varying effects of mining development on ecological conditions and groundwater storage in dry region in Inner Mongolia of China[J]. Journal of Hydrology, 597: 125759.

SHEN Z, ZHANG Q, SINGH V P, et al. 2019. Agricultural drought monitoring across Inner Mongolia, China: Model development, spatiotemporal patterns and impacts[J]. Journal of Hydrology, 571: 793-804.

SONG C, HUANG B, RICHARDS K, et al. 2014. Accelerated lake expansion on the Tibetan Plateau in the 2000s: Induced by glacial melting or other processes[J]. Water Resources Research, 50: 3170-3186.

SONG C, SHENG Y, KE L, et al. 2016. Glacial lake evolution in the southeastern Tibetan Plateau and the cause of rapid expansion of proglacial lakes linked to glacial-hydrogeomorphic processes[J]. Journal of Hydrology, 540: 504-514.

SONG L L, ZHUANG Q L, YIN Y H, et al. 2017. Spatio-temporal dynamics of evapotranspiration on the Tibetan Plateau from 2000 to 2010[J]. Environmental Research Letters, 12(1): 014011.

SORG A, BOLCH T, STOFFEL M, et al. 2012. Climate change impacts on glaciers and runoff in Tien Shan (Central Asia)[J]. Nature Climate Change, 2: 725-731.

STRUCK J, BLIEDTNER M, STROBEL P, et al. 2022. Central Mongolian lake sediments reveal new insights on climate change and equestrian empires in the Eastern steppes[J]. Scientific Reports, 12(1): 2829.

SU B, XIAO C, CHEN D, et al. 2022. Glacier change in China over past decades: Spatiotemporal patterns and influencing factors[J]. Earth-Science Rev, 226. https://doi.org/10.1016/j.earscirev.2022.103926[2024-05-25].

SU F, DUAN X, CHEN D, et al. 2013. Evaluation of the global climate models in the CMIP5 over the Tibetan Plateau[J]. Journal of Climate, 26(10): 3187-3208.

SU F, ZHANG L, OU T, et al. 2016. Hydrological response to future climate changes for the major upstream river basins in the Tibetan Plateau[J]. Global and Planetary Change, 136: 82-95.

SUMIYA E, DORJSUREN B, YAN D, et al. 2020. Changes in water surface area of the lake in the steppe region of Mongolia: A Case study of Ugii Nuur Lake, central Mongolia[J]. Water, 12(5): 1470.

SUN C, CHEN Y, LI X, et al. 2016. Analysis on the streamflow components of the typical inland river, Northwest China[J]. Hydrological Sciences Journal, 61(5): 970-981.

SUN P, WU Y, WEI X, et al. 2020. Quantifying the contributions of climate variation, land use change, and engineering measures for dramatic reduction in streamflow and sediment in a typical loess watershed, China[J]. Ecological Engineering, 142: 105611.

SUN Q, MIAO C, DUAN Q, et al. 2015. Temperature and precipitation changes over the Loess Plateau between 1961 and 2011, based on high-density gauge observations[J]. Global and Planetary Change, 132: 1-10.

TAN H, WEN X, RAO W, et al. 2016. Temporal variation of stable isotopes in a precipitation-groundwater system: Implications for determining the mechanism of groundwater recharge in high mountain-hills of the Loess Plateau, China[J]. Hydrological Processes, 30(10): 1491-1505.

TANDON K, BAATAR B, CHIANG P W, et al. 2020. A large-scale survey of the bacterial communities in lakes of Western Mongolia with varying salinity regimes[J]. Microorganisms, 8(11): 1729.

TANG Q H, OKI T. 2016. Terrestrial Water Cycle and Climate Change: Natural and Human Induced Impacts[M]. Wiley.

TANG X, XIE G, SHAO K, et al. 2021. Aquatic bacterial diversity, community composition and assembly in the Semi-Arid Inner Mongolia Plateau: Combined effects of salinity and nutrient levels[J]. Microorganisms, 9(2): 208.

TAO S, FANG J, ZHAO X, et al. 2015. Rapid loss of lakes on the Mongolian Plateau[J]. Proceedings of the National Academy of Sciences of the United States of America, 112(7): 2281-2286.

TONG C, WU J, YONG S, et al. 2004. A landscape-scale assessment of steppe degradation in the Xilin River Basin, Inner Mongolia, China[J]. Journal of Arid Environments, 59(1): 133-149.

TREICHLER D, KAAB A, SALZMANN N, et al. 2019. Recent glacier and lake changes in High Mountain Asia and their relation to precipitation changes[J]. The Cryosphere, 13(11): 2977-3005.

ULZII-ORSHIKH D, AIRONG L, DAMBARAVJAA O, et al. 2019. Impact of climate change on water resource in Mongolia[J]. International Journal of Scientific and Research Publications (IJSRP), 9(6): 9019.

VAN DIJK A, GASH J, VAN GORSEL E, et al. 2015. Rainfall interception and the coupled surface water and energy balance[J]. Agricultural and Forest Meteorology, 214-215: 402-415.

VOGT T, SCHNEIDER P, HAHN-WOERNLE L, et al. 2010. Estimation of seepage rates in a losing stream by means of fiber-optic high-resolution vertical temperature profiling[J]. Journal of Hydrology, 380(1-2): 154-164.

WALVOORD M A, KURYLYK, B L. 2016. Hydrologic impacts of thawing permafrost: A review[J]. Vadose Zone Journal, 15(6): 1-20.

WANG B, MA Y, SU Z, et al. 2020. Quantifying the evaporation amounts of 75 high-elevation large dimictic lakes on the Tibetan Plateau[J]. Science Advances, 6(26): 8558.

WANG H J, CHEN Y N, SHI X, et al. 2013. Changes in daily climate extremes in the arid area of Northwestern China[J]. Theoretical and Applied Climatology, 112(1-2): 15-28.

WANG L, YAO T D, CHAI C H, et al. 2021. TP-river: Monitoring and quantifying total river runoff from the third pole[J]. Bulletin of the American Meteorological Society, 102(5): e948-e965.

WANG Q, ZHAI P M, QIN D H. 2020. New perspective on 'warming-wetting' trend in Xinjiang, China [J]. Advances in Climate Change Research, 11(3): 252-260.

WANG S, FU B, PIAO S, et al. 2016. Reduced sediment transport in the Yellow River due to anthropogenic changes[J]. Nat Geosci, 9: 38-41.

WANG T, FRANZ T E, LI R, et al. 2017. Evaluating climate and soil effects on regional soil moisture spatial variability using EOFs[J]. Water Resources Research, 53(5): 4022-4035.

WANG X. 2014. Advances in separating effects of climate variability and human activity on stream discharge: An overview[J]. Advances in Water Resources, 71: 209-218.

WANG X, LUO Y, SUN L, et al. 2021. Different climate factors contributing for runoff increases in the high glacierized tributaries of Tarim River Basin, China[J]. Journal of Hydrology: Regional Studies, 36: 100845.

WANG Y, PI K, FENDORF S, et al. 2019. Sedimentogenesis and hydrobiogeochemistry of high arsenic late pleistocene-holocene aquifer systems[J]. Earth-Science Reviews, 189: 79-98.

WANG Y, SHAO M, LIU Z, et al. 2012. Investigation of factors controlling the regional-scale distribution of dried soil layers under forestland on the Loess Plateau, China[J]. Surveys in Geophysics, 33(2): 311-330.

WANG Y, YANG J, CHEN Y, et al. 2018. The Spatiotemporal Response of Soil Moisture to Precipitation and Temperature Changes in an Arid Region, China[J]. Remote Sensing, 10(3): 468.

WANG Z, LI Z, XU M, et al. 2016. River Morphodynamics and Stream Ecology of the Qinghai-Tibet Plateau[M]. Chicago: CRC Press.

WARD J. 2013. The Ecology of Regulated Streams[M]. Dordrecht: Springer.

WU B, ZHENG Y, WU X, et al. 2015. Optimizing water resources management in large river basins with integrated surface water-groundwater modeling: A surrogate-based approach[J]. Water Resources Research, 51: 2153-2173.

WU J, MIAO C, ZHANG X, et al. 2017. Detecting the quantitative hydrological response to changes in climate and human activities[J]. Science of the Total Environment, 586: 328-337.

WU X, GAO X B, TAN T, et al. 2021. Sources and pollution path identification of PAHs in karst aquifers: An example from Liulin karst water system, Northern China[J]. Journal of Contaminant Hydrology, 241: 103810.

WU X, YAO Z, BRÜGGEMANN N, et al. 2010. Effects of soil moisture and temperature on CO_2 and CH_4 soil—Atmosphere exchange of various land use/cover types in a semi-arid grassland in Inner Mongolia, China[J]. Soil Biology and Biochemistry, 42(5): 773-787.

WU Y, LIU T, PAREDES P, et al. 2016. Ecohydrology of groundwater-dependent grasslands of the Semi-Arid Horqin sandy land of Inner Mongolia focusing on evapotranspiration partition[J]. Ecohydrology, 9(6): 1052-1067.

WUYUNNA, ZHANG Z F, RAN C Q. 2009. Analysis of climatic change in basin of Kherlen River of Mongolia Plateau for the past 50 years[J]. Journal of Dalian Nationalities University, 11(3): 193-195.

XIAO J, SUN G, CHEN J, et al. 2013. Carbon fluxes, evapotranspiration, and water use efficiency of terrestrial ecosystems in China[J]. Agricultural and Forest Meteorology, 182-183: 76-90.

XIE S, MO X, HU S, et al. 2020. Contributions of climate change, elevated atmospheric CO_2 and human activities to ET and GPP trends in the Three-North Region of China[J]. Agricultural and Forest Meteorology, 295: 108183.

XING Z, HUANG H, LI Y, et al. 2021. Management of sustainable ecological water levels of endorheic salt lakes in the Inner Mongolian Plateau of China based on eco-hydrological processes[J]. Hydrological Processes, 35(5): e14192.

XU D Z, LIN Y L. 2021. Impacts of irrigation and vegetation growth on summer rainfall in the

Taklimakan desert[J]. Advances in Atmospheric Sciences, 38(11): 1863-1872.

XU X, HUANG G, QU Z. 2009. Integrating Modflow and GIS technologies for assessing impacts of irrigation management and groundwater use in the Hetao Irrigation District, Yellow River Basin[C]// Collection of 2009 International Forum on Water Resources and Sustainable Development. Beijing.

YAMANAKA T, KAIHOTSU I, OYUNBAATAR D, et al. 2007. Summertime soil hydrological cycle and surface energy balance on the Mongolian steppe[J]. Journal of Arid Environments, 69(1): 65-79.

YAN H, XUE Z, NIU Z. 2021. Ecological restoration policy should pay more attention to the high productivity grasslands[J]. Ecological Indicators, 129: 107938.

YANG K, LU H, YUE S Y, et al. 2018. Quantifying recent precipitation change and predicting lake expansion in the Inner Tibetan Plateau[J]. Climatic Change, 147(1): 149-163.

YANG K, WU H, QIN J, et al. 2014. Recent climate changes over the Tibetan Plateau and their impacts on energy and water cycle: A review[J]. Global and Planetary Change, 112: 79-91.

YANG K, YE B, ZHOU D, et al. 2011. Response of hydrological cycle to recent climate changes in the Tibetan Plateau[J]. Climatic Change, 109(3): 517-534.

YANG T, ALA M, GUAN D, et al. 2021. The effects of groundwater depth on the soil evaporation in Horqin Sandy Land, China[J]. Chinese Geographical Science, 31(4): 727-734.

YANG Z, WANG W, WANG, et al. 2016. Ecology-oriented groundwater resource assessment in the Tuwei River watershed, Shaanxi Province, China[J]. Hydrogeology Journal, 24(8): 1-14.

YAO T, THOMPSON L, YANG W, et al. 2012. Different glacier status with atmospheric circulations in Tibetan Plateau and surroundings[J]. Nature Climate Change, 2(9): 663-667.

YAO T, WU F, DING L, et al. 2015. Multispherical interactions and their effects on the Tibetan Plateau's earth system: A review of the recent researches[J]. National Science Review, 2(4): 468-488.

YAO T, MASSON-DELMOTTE V, GAO J, et al. 2013. A review of climatic controls on $\delta^{18}O$ in precipitation over the Tibetan Plateau: Observations and simulations[J]. Reviews of Geophysics, 51: 525-548.

YAO T, XUE Y, CHEN D, et al. 2019. Recent Third Pole's rapid warming accompanies cryospheric melt and water cycle intensification and interactions between monsoon and environment: Multidisciplinary approach with observations, modeling, and analysis[J]. Bulletin of the American Meteorological Society, 100(3): 423-444.

YE J, HU Y, ZHEN L, et al. 2021. Analysis on land-use change and its driving mechanism in Xilingol, China, during 2000-2020 using the Google earth engine[J]. Remote Sensing, 13(24): 5134.

YEMBUU B. 2021. The Physical Geography of Mongolia[M]. Dordrecht: Springer.

YONG M, SHINODA M, NANDINTSETSEG B, et al. 2021. Impacts of land surface conditions and land use on dust events in the Inner Mongolian Grasslands, China[J]. Frontiers in Ecology and Evolution, 9: 664900.

YU X, LIU H, WANG Q, et al. 2024. Hydrochemical and stable isotope characteristics of surface water and groundwater in Xiliugou and Wulagai River Basin, North China[J]. Ecohydrology & Hydrobiology, 24(1): 62-72.

YU X, WU Y, JIANG C, et al. 2020. Magnetic resonance sounding evidence shows that shallow groundwater discharge maintains the lake landscape in the Hunshandake Sandy Land, North China[J]. Environmental Earth Sciences, 79(13): 327.

ZHANG C, TANG Q, CHEN D. 2016. Recent changes in the moisture source of precipitation over the Tibetan Plateau[J]. Journal of Climate, 30(5): 1807-1819.

ZHANG C, ZHANG W, FENG Z, et al. 2012. Holocene hydrological and climatic change on the Northern Mongolian Plateau based on multi-proxy records from Lake Gun Nuur[J]. Palaeogeography, Palaeoclimatology, Palaeoecology, 323-325: 75-86.

ZHANG G, et al. 2019. Regional differences of lake evolution across China during 1960s-2015 and its natural and anthropogenic causes[J]. Remote Sensing of Environment, 221: 386-404.

ZHANG G, BOLCH T, CHEN W, et al. 2021. Comprehensive estimation of lake volume changes on the Tibetan Plateau during 1976-2019 and basin-wide glacier contribution[J]. Science of the Total Environment, 772: 145463.

ZHANG G, LUO W, CHEN W, et al. 2019. A robust but variable lake expansion on the Tibetan Plateau[J]. Science Bulletin, 64(18): 1306-1309.

ZHANG K, KIMBALL J, RUNNING S. 2016. A review of remote sensing based actual evapotranspiration estimation[J]. WIREs Water, 3(6): 834-853.

ZHANG L, CHENG L, CHIEW F, et al. 2018. Understanding the impacts of climate and land use change on water yield[J]. Current Opinion in Environmental Sustainability, 33:167-174.

ZHANG L, SU F, YANG D, et al. 2013. Discharge regime and simulation for the upstream of major rivers over Tibetan Plateau[J]. Journal of Geophysical Research: Atmospheres, 118(15): 8500-8518.

ZHANG L, TIAN J, HE H, et al. 2015. Evaluation of water use efficiency derived from MODIS products against eddy variance measurements in China[J]. Remote Sensing, 7(9): 11183-11201.

ZHANG Q, CHEN Y, LI Z, et al. 2020. Recent changes in water discharge in snow and glacier melt-dominated rivers in the Tienshan Mountains, Central Asia[J]. Remote Sensing, 12(17): 2704.

ZHANG S, SIMELTON E, LÖVDAHL L, et al. 2007. Simulated long-term effects of different soil management regimes on the water balance in the Loess Plateau, China[J]. Field Crops Research, 100(2): 311-319.

ZHANG X, WANG N A, XIE Z, et al. 2018. Water loss due to increasing planted vegetation over the Badain Jaran Desert, China[J]. Remote Sensing, 10(1): 134.

ZHANG Y, CHEN J, CHEN J, et al. 2023. Characterizing the interaction of groundwater with surface water and precipitation in the Mongolian Plateau in China[J]. Hydrogeology Journal, 31(8): 2323-2336.

ZHANG Y, MUNKHTSETSEG E, KADOTA T, et al. 2005. An observational study of ecohydrology of a sparse grassland at the edge of the Eurasian cryosphere in Mongolia[J]. Journal of Geophysical Research: Atmospheres, 110(D14): D14103.

ZHANG Y, WANG Q, WANG Z, et al. 2020. Impact of human activities and climate change on the grassland dynamics under different regime policies in the Mongolian Plateau[J]. Science of the Total Environment, 698: 134304.

ZHANG Z, GUO H, FENG K, et al. 2024. Analysis of agricultural drought evolution characteristics and driving factors in Inner Mongolia inland river basin based on three-dimensional recognition[J]. Water, 16(3): 440.

ZHANG Z, WANG S, SUN G, et al. 2008. Evaluation of the distributed hydrologic model MIKE SHE for application in a small watershed on the Loess Plateau, Northwestern China[J]. JAWRA Journal of the American Water Resources Association, 44(5): 1108-1120.

ZHAO B, LI Z, LI P, et al. 2020. Effects of ecological construction on the transformation of different water types on Loess Plateau, China[J]. Ecological Engineering, 144: 105642.

ZHAO G, MU X, JIAO J, et al. 2017. Evidence and causes of spatio-temoral changes in runoff and sediment yield on the Chinese Loess Plateau[J]. Land Degradation & Development, 28: 579-590.

ZHAO G, TIAN P, MU X, et al 2014. Quantifying the impact of climate variability and human activities on streamflow in the middle reaches of the Yellow River Basin, China[J]. Journal of Hydrology, 519: 387-398.

ZHAO L J, LIU X H, WANG N L, et al. 2019. Contribution of recycled moisture to local precipitation in the inland Heihe River Basin[J]. Agricultural and Forest Meteorology, 271: 316-335.

ZHAO Y, ZHOU T. 2021. Interannual variability of precipitation recycle ratio over the Tibetan Plateau[J]. Journal of Geophysical Research: Atmospheres, 126: e2020JD033733.

ZHOU J, WANG L, ZHONG X Y, et al. 2021. Quantifying the major drivers for the expanding lakes in the interior Tibetan Plateau[J]. Science Bulletin, 67(5): 474-478.

ZHOU X, WANG Z, XU M, et al. 2017. Stream power as a predictor of aquatic macroinvertebrate assemblages in the Yarlung Tsangpo River Basin (Tibetan Plateau)[J]. Hydrobiologia, 797(1): 215-230.

ZHOU Y, DONG J, XIAO X, et al. 2019. Continuous monitoring of lake dynamics on the Mongolian Plateau using all available landsat imagery and Google earth engine[J]. Science of the Total Environment, 689: 366-380.

ZHOU Y, HEJAZI M, SMITH S, et al. 2015. A comprehensive view of global potential for hydro-generated electricity[J]. Energy & Environmental Science, 8(9): 2622-2633.

ZHU B Q, Ren X Z, RIOUAL P. 2018. Is the groundwater in the Hunshandake Desert (Northern China) of fossil or meteoric water origin? Isotopic and hydrogeochemical evidence[J]. Water, 10(11): 1515.

ZHU R, ZHENG H, LIU C. 2010. Estimation of groundwater residence time and recession rate in watershed of the Loess Plateau[J]. Journal of Geographical Sciences, 20(2): 273-282.

ZUO D, XU Z, YAO W, et al. 2016. Assessing the effects of changes in land use and climate on runoff and sediment yields from a watershed in the Loess Plateau of China[J]. Science of the Total Environment, 544: 238-250.